DIANTIWEIXIU
QINGSONGRUMEN

电梯维修轻松入门

张校珩　主编

中国电力出版社
CHINA ELECTRIC POWER PRESS

内 容 提 要

本书以通俗的语言讲述了电梯的结构原理与维修技能，主要内容包括电梯维修人员基础知识、电梯维修用工具与仪表、电梯机械结构、电梯的电气控制系统基本知识、电梯变频器系统、电梯故障的排除思路和方法、常见电梯故障维修实例及紧急故障处理方法。附录中还列出了常见电梯故障代码及电梯常见中英文对照表等内容。

本书内容新颖、实用性强、资料丰富，既考虑了初学者的入门，又兼顾了中等水平读者对新型电梯资料的需求。

本书既可供职业类院校电梯专业作为教材使用，也适合电梯爱好者和初学者自学使用，同时可供电梯维修短期培训班作为辅助教材使用。

图书在版编目（CIP）数据

电梯维修轻松入门/张校珩主编. —北京：中国电力出版社，2015.11（2022.7重印）

ISBN 978-7-5123-8004-2

Ⅰ.①电… Ⅱ.①张… Ⅲ.①电梯-维修-基本知识 Ⅳ.①TU857

中国版本图书馆CIP数据核字（2015）第154131号

中国电力出版社出版、发行

（北京市东城区北京站西街19号 100005 http://www.cepp.sgcc.com.cn）

北京天宇星印刷厂印刷

各地新华书店经售

*

2015年11月第一版 2022年7月北京第六次印刷

787毫米×1092毫米 16开本 14.5印张 375千字

定价**32.00**元

前 言

随着我国城市的快速发展和建设，电梯也随之在各种类型的高层建筑中被大量安装和使用。电梯设备的维护与维修需要大量的从业人员，为满足电梯初学者、从业者和转岗及下岗人员再就业的需要，特编写本书。

本书内容丰富、全面系统、实用性强，在结合近几年新型电梯的发展和应用基础上，详细介绍了电梯的结构原理、安装、维护、维修及相关仪器仪表的使用，全书在编写过程中力求用简洁的语言、最短的篇幅介绍最多的知识，从而可使广大有志学习电梯技术的人员轻松学会电梯的原理和维修技能。同时本书还涵盖了近几年微机系统、PLC 和变频器技术在电梯中的控制和应用，使这些新的知识能被广大电梯从业人员所掌握。

本书的主要内容包括电梯维修人员基础知识、电梯维修用工具与仪表、电梯机械结构、电梯的电气控制系统基本知识、电梯变频器系统、电梯故障的排除思路和方法、常见电梯故障维修实例及紧急故障处理方法。同时还增加了电梯常见中英文对照表。

本书内容新颖、实用性强、资料丰富，既考虑了初学者的入门，又兼顾了中等水平读者对新型电梯资料的需求、本书既可供职业类院校电梯专业作为教材使用，也适合电梯爱好者和初学者自学使用，同时可供电梯维修短期培训班作为辅助教材使用。

本书由张校珩主编，白润丰、禹雪松任副主编，参加本书编写的人员还有张海潮、杨文杰、韩思佳、刘辉、周沛生、陈正富、赵学超、时更新、刘建新 、曹子建 、贾云飞、陈崇骏、寇志万等。

由于作者水平有限，书中错误和不妥之处在所难免，恳请广大读者批评指正。

编 者

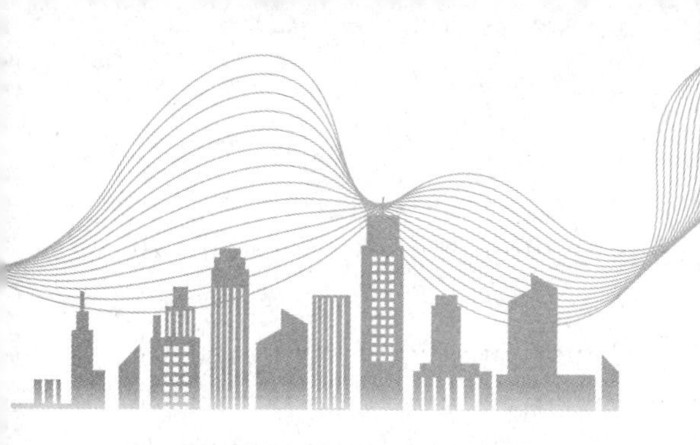

目 录

第一章 电梯维修人员基础知识

第一节 电梯的管理制度与常用符号

一、维护中的管理制度

（1）每周对主要安全设施和电气控制部分进行一次检查；机械部分的检查和润滑。

（2）每隔三个月对其较重要的机械和电气设备进行细致的检查、调整和维修。

（3）每年组织有关专业人员，进行一次技术检验，检查所有机械、电气、安全设施的工作状况；修复、更换磨损严重的零、部件。

（4）根据使用情况，可在3～5年内，进行一次全面的拆卸、清洗、检修和更换重要的机械、电气部件。

（5）根据电梯运行性能和使用率，来确定大修期限。

（6）每年检查一次电气设备的金属外壳接地或接零装置。

（7）每年检查一次电气设备的绝缘电阻。

（8）发现有异常现象时，应立即停驶，详细检查修复后方可使用。

（9）电梯停用7天以上时，须经详细检查并试运行1h后，方可投入正常使用。

（10）平时应将发生的故障、检查经过、维修的过程做详细的记录。

二、人员要求

（1）维修人员必须经电梯生产厂培训的专职人员对电梯进行经常性的管理、维护和检修，进行维修操作的维修人员还须取得当地劳动安全部门颁发的“电梯维修保养安全操作证”。

（2）电梯司机须由取得上岗操作证者担任；应具有高度的责任心，爱护设备，熟练掌握使用方法。

三、安全符号及定义

（1）危险：该符号提醒人们注意高度危险的人身伤害，必须随时遵守，如图1-1所示。

（2）警告：该符号表示一种信息，如果不遵守该符号，可能会导致人员伤害或严重的财产损失，必须随时遵守，如图1-2所示。

（3）小心：该符号指出含有重要的操作使用说明的信息，不遵守该符号可能导致破坏或危险，如图1-3所示。

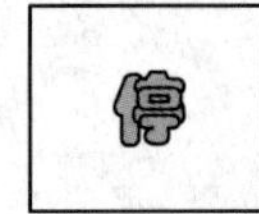

图 1-1　危险符号　　图 1-2　警告符号　　

图 1-3　小心符号

四、维修人员职责

1. 定期检验

定期检验必须根据相应的国家法规要求来进行。如果没有特殊的要求，用户必须确保定期检验由生产厂家的维修公司的技术人员指导来进行。

2. 维护及修理

必须坚持电梯正确使用的安全操作。

技术人员必须进行定期维护工作，如果需要，则进行修理。

3. 电梯安装工作

电梯安装工作只能由专业技术人员进行。且备用零件须由生产厂家提供，当使用由第三方提供的零件时，必须是经国家安全认证的。

4. 电梯安全操作规程

（1）在开启厅门进入轿厢前，必须注意轿厢是否停在该层。

（2）开启轿厢内照明；对于自动控制的电梯不需要此程序。

（3）每日开始工作前，须将电梯上、下行驶数次，视其有无异常现象（自动梯除外，一般自动梯均有自检功能）进行记录。

（4）厅门外不能用手扒启，当厅、轿门未完全关闭时，电梯不能启动。

（5）轿门必须在开门区内，方可在轿厢内手扒开门（在动力电源失电时）。

（6）注意平层精确度有无显著变化。

（7）清洁轿厢内、厅、轿门及乘客可见部位，但禁止用水清洗。

5. 司机在正常行驶时的注意事项

（1）如必须离开轿厢时，应将轿厢停于基站，断开电梯投入运行的电源开关，关闭厅门。

（2）轿厢的运载能力不应超过电梯的额定载质量。

（3）不允许乘客电梯经常作为载货电梯使用。

（4）不允许装运易燃、爆炸的危险物品，如遇特殊情况，需经有关部门批准，并采取安全保护措施。

（5）严禁在厅、轿门开启情况下，用检修速度作正常行驶。

（6）不允许开启轿厢顶安全窗或轿厢安全门来装运长物体。

（7）劝告乘客不要倚靠轿门。

（8）轿厢顶上部，不得放置它物。

6. 电梯发生故障时的应对

当电梯发生如下故障时，对有司机职守的电梯，司机应立即揿按警铃按钮，并及时通知维修人员；对无人看守电梯，请乘客用轿厢内电话通知维修人员。

（1）厅、轿门关闭后，而未能正常启动行驶时。

（2）对设有需揿按启动按钮控制的电梯，当厅、轿门关闭后，在未指令轿厢启动，而自行行驶时。

（3）运行速度有显著变化时。

（4）行驶方向与指令方向相反时。

（5）内选、平层、换速、召唤和指层信号失灵、失控时。

（6）有异常噪声，较大振动和冲击时。

（7）超越端站位置而继续运行时。

（8）安全钳误动作时。

第二节　电梯使用安全说明

一、安全说明

1. 火灾危险

在火灾情况下，轿厢会由于失去电力或由火灾造成的其他缺陷而停止，乘客将不能离开轿厢，并且处于燃烧或窒息的危险环境中。发生火灾时不得使用电梯，因此应在厅门上显示相关的图片及说明。当由于水灾而引起建筑物损坏时，也要停用电梯。火灾危险符号如图 1-4 所示。

2. 加载危险

避免轿厢超载。应仔细阅读轿厢内数据。

轿厢内的载荷必须均匀分布，并防止载荷从一边滑至另一边。根据载荷，轿厢可以停在厅门地坎的上部或下部。当进入或离开轿厢时，请注意台阶，以防绊倒。水平度重调装置（可选）可以确保轿厢位于厅门位置。进出轿厢时，请注意轿厢和厅门之间的间隙（高跟鞋要特别注意）。加载危险符号如图 1-5 所示。

3. 厅门错误危险

如果轿厢没有停止而厅门打开，则要注意不要掉入井道。

如果厅门有问题则注意不要被运行的轿厢挤伤，这特别适用于损坏的厅门或已破损的玻璃厅门。尽量手动关闭厅门，通过机房/控制面板上的主开关关闭运行。

4. 地坎及轿厢地板

过大的载荷对地坎和轿厢地板会造成损坏，不得超过地板所允许载荷。

5. 由门引起的危险

（1）门开启时。如图 1-6 所示，门面板 1 和门框架 2 的间隙，以及门面板的间隙 3 通常为 6mm。当门开启时，当心手指、衣服或其他物体不要挤入以上区域。当心手指或手等碰到玻璃门。远离门区，有小孩及宠物请特别注意这一点。门开启时的符号如图 1-7 所示。

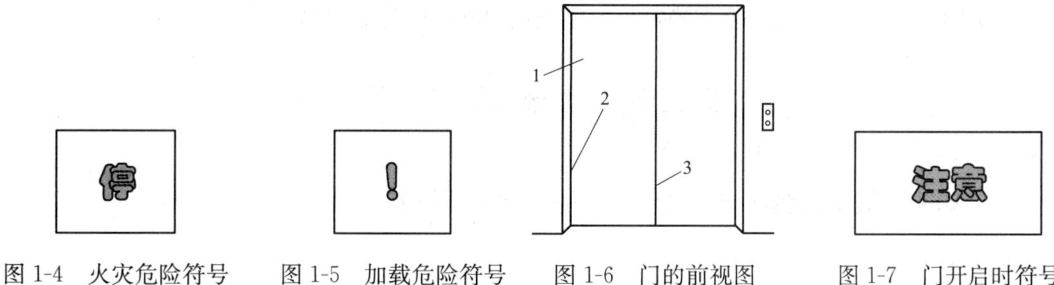

图 1-4　火灾危险符号　　图 1-5　加载危险符号　　图 1-6　门的前视图　　图 1-7　门开启时符号

（2）门关闭时。在进入和离开轿厢时，应立即离开门区，因为门会自动关闭。关闭力最大可达150N，注意这样大小的力会造成对儿童或体弱人员的伤害。

（3）光栅/光电装置。当进入门区时，光栅/光电装置打开，当光线中断时会防止门关闭。

如果电梯在使用，宠物有拉绳或儿童的穿戴有背带，这时要当心儿童或宠物由于父母及授权人员的疏忽而跑入轿厢。如果门关闭，电梯启动时造成拉绳/背带的绞缠，这样将会发生严重事故。

6. 对乘用电梯人员的文明要求

（1）轿厢运行时，乘客必须安静地站立，不允许跳上跳下或前后晃动，必须遵守轿厢内的说明。

（2）只有轿厢内灯亮时才能使用电梯。

（3）燃烧的火柴、烟头及其他物品不得通过门及地坎间的缝隙扔入井道或轿厢内。

二、电梯使用说明（根据各厂家产品不同而不同）

1. 预期用途

电梯是一种垂直运输工具，儿童将电梯作为一种玩具乘上乘下是一种不好的习惯，这种不良习惯有可能造成以下问题。

（1）自动关门会造成挤伤危险。

（2）对其他使用者造成电梯使用不便。

（3）不必要的能量消耗。

（4）可能的损坏会导致额外的费用。

2. 控制功能

（1）所有呼叫操作状态（位置、运行、安全装置）都由主控制器记录下来。主控制器决定了电梯的运行方向，减速及停止。

（2）分类控制。分类控制登记命令及呼叫如下：

命令＝轿厢呼叫

呼叫＝厅外呼叫

当轿厢上下移动时，它以其自然顺序进行处理，而不应答反方向的厅外呼叫。

当该方向的所有轿厢呼叫或厅外呼叫服务完毕后，轿厢才能改变方向。厅外呼叫的运行方向的应答与轿厢操作面板呼叫的回应相同。

（3）自动优化控制使电梯可以改变其交通流向并确保等候时间最短。

3. 超载指示

如果轿厢超载，则轿厢门一直会保持打开状态，轿厢内会显示超载信号，同时会有声音提醒。

4. 门自动控制功能

当轿厢到达厅门口，门会自动打开，门开启数秒后自动关闭。

门关闭通过光栅/光电装置来确定。如果光线中断，门将立即停止关闭并重新打开。

第三节　功能操作说明

一、功能和显示说明（根据各厂家产品不同而不同）

1. 厅外呼叫

在每层厅门口内都有呼叫按钮（厅外呼叫）。

每次呼叫将立即被登记并通过按钮内的光学信号来接收和显示。

有两种不同的按钮类型如图 1-8 所示。

一旦轿厢到达目的楼层，则所登记的呼叫将被消除，光学信号消失。

2. 轿厢内部目的地选择

所有的指示及操作单元都是轿厢控制面板的一部分。

每个层楼配有按钮，随时可以操作。每条命令将立即被登记，并通过按钮内的光学信号来显示。

一旦轿厢到达目的楼层，则被登记的呼叫将被取消，相应按钮的光学信号也将消失。

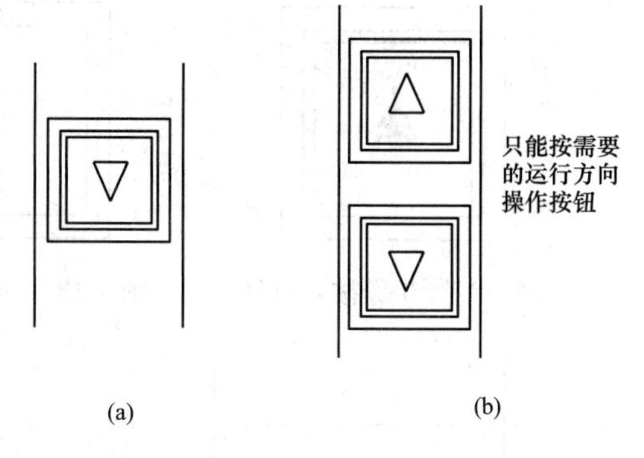

图 1-8 按钮类型

（a）单按钮集合控制；（b）双按钮集合控制

只要给定了轿厢呼叫或厅外呼叫，则轿厢将在相应的运行方向上为每次厅外呼叫服务，只有当所有朝终端方向的轿厢呼叫完成后，并且没有给定进一步的轿厢呼叫，这时轿厢才能改变方向。

3. 开关与按钮说明

（1）钥匙开关。钥匙开头符号如图 1-9 所示。

1）用途：装在厅召唤箱的控制面板上，只有授权的人员才可使用。由授权的人员进行无间断的直接运行。

2）位置：位于控制面板上、厅门入口、预先指定层楼。

（2）门关闭按钮。门关闭按钮可用于在给定轿厢呼叫后立即关闭门，从而减少了等候时间。而光电装置/光栅仍然处于活动状态。门关闭按钮符号如图 1-10 所示。

（3）门开启按钮。门开启按钮可开启门或使门保持开启状态。当操作门开启按钮时，关闭运动将被中止，门会重新打开。几秒后门将会关闭。门开启按钮符号如图 1-11 所示。

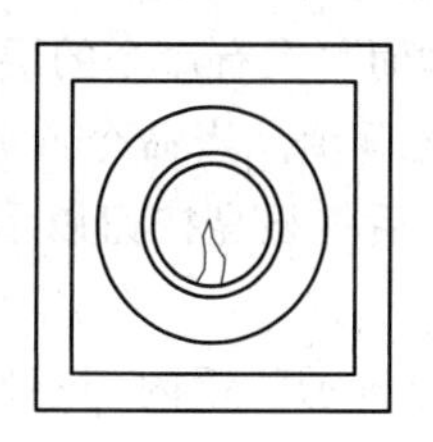

图 1-9 钥匙开关符号

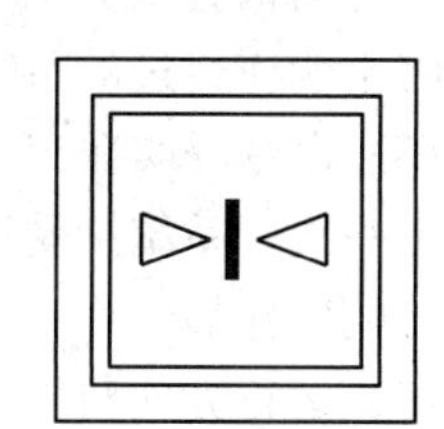

图 1-10 门关闭按钮符号

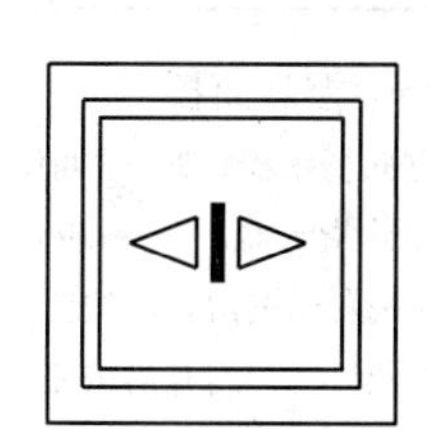

图 1-11 门开启按钮符号

（4）报警按钮。在操作报警按钮时，报警装置将被启动。报警按钮符号如图 1-12 所示。

（5）方向指示器。方向指示器指示所登记的运行方向。方向指示器符号如图 1-13 所示。

（6）超载指示器。超载指示器给出一个光学及声音信号以指示轿厢超载，有些电梯会用语音提醒乘客。如果轿厢超载，它将不能运行并保持门开启状态。一旦超载消除，信号将自动停止，恢复正常操作。超载指示器符号如图 1-14 所示。

（7）轿厢位置指示器/方向指示器。轿厢位置指示器允许读取轿厢所处的位置并显示特殊信息，如检修操作。

4. 控制面板（根据生产厂家不同而有很大差异）

控制面板如图 1-15 所示。

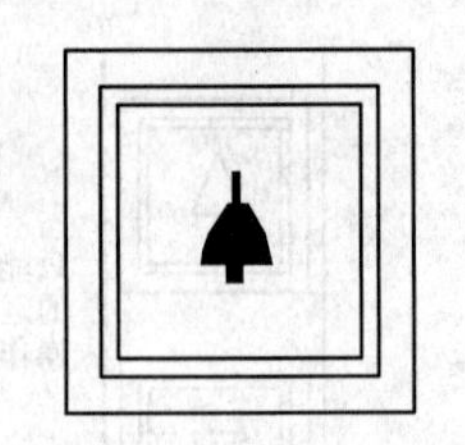

图 1-12　报警按钮符号

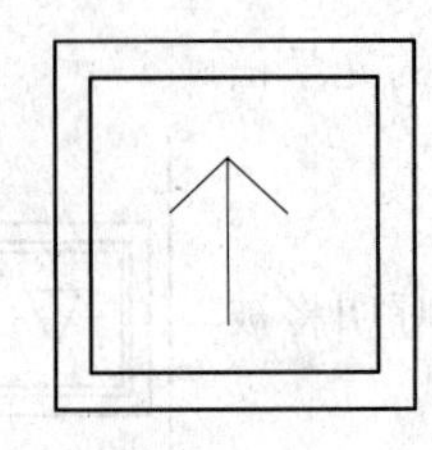

图 1-13 方向指示器符号

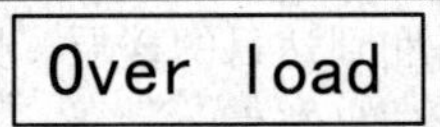

图 1-14　超载指示器符号

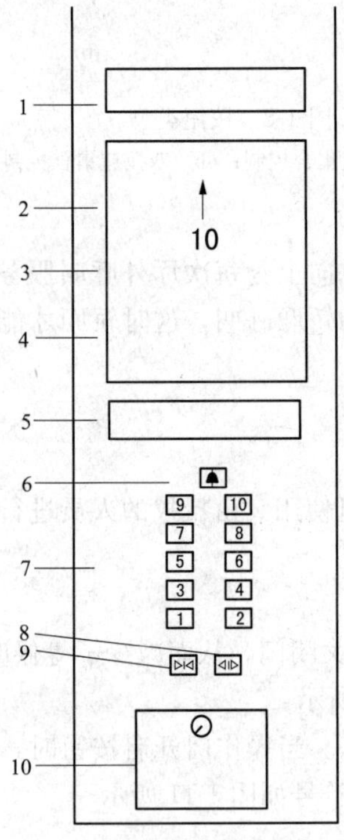

图 1-15　控制面板图

1—铭牌；2—方向指示器；3—轿厢位置指示器；4—超载指示器；5—蜂鸣器；6—报警按钮；7—发光按钮，该按钮可用于选择目标楼层；8—门开启按钮；9—门关闭按钮；10—司机控制箱

二、电梯正常运行的操作

(1) 在基站召唤箱上插入钥匙，打开电源锁，接通控制电源，轿门和层门同步开启，进入轿厢将轿内照明灯打开。按下欲往层站按钮（内命令），电梯自动关门，启动运行，驶往指令层站，平层停车开门。

(2) 有司机运行。司机运行状态下具有以下功能：自动定向、司机选择定向、无自动关门（需司机按关门按钮关门）、直驶。

(3) 无司机运行。自动运行状态下具有以下功能：自动定向、自动关闭、轿内命令优先定向。

(4) 司机选择方向。有司机运行状态，司机可按轿厢内上下行按钮改变运行方向。

(5) 外呼蜂鸣提醒司机。有司机状态下，蜂鸣器提醒司机有呼叫请求。

(6) 到站自动开门。当电梯到达目的层站开门区后，自动打开轿门。

(7) 司机直驶。有司机状态下，按下“直驶”按钮，电梯将不响应经过的召唤层站而只在有命令的层站停靠。

(8) 命令呼叫登记与记忆显示。当命令或呼叫信号按钮按下一次，系统接受该信号后将显亮按钮以示已被登记，电梯将响应停靠。

(9) 运行方向与层楼滚动显示。轿内与召唤箱内均有点阵显示楼层和滚动显示运行方向。

(10) 最远端站反向应答。电梯响应非召唤信号到达最远层站，如反向有召唤信号则立即定出反方向。

(11) 本层指令按钮开门。当轿门正在关闭或已关闭，电梯未起动，按本层的指令按钮，轿门自动打开。

(12) 满载自动直驶。当满载时，电梯不响应召唤信号而只响应指令信号。

(13) 自动延时关门设定。无司机运行时，电梯到站自动开门后，延时若干时间自动关门。如停靠该层无召唤信号延时 2.5s，如有召唤信号延时 4s（缺省值）。此延时可在参数中设置。

(14) 本层开门。如本层召唤按钮（与运行方向相同）被按下，轿门自动打开。如按钮按住不放，门保持打开。

（15）本层反向外呼登记。如本层呼叫方向与运行方向相反，该召唤将被登记，否则门将打开。

（16）直接停靠。系统控制电梯完全按照距离原则运行，停站时无任何爬行。

（17）非平层区自动平层。当电梯处于非检修状态下，且未停在平层区。此时只要符合启动的安全要求，电梯将自动以慢车运行至平层区。

（18）开门区间限定保护。如系统发现厅门或轿门打开情况下，电梯处于非开门区间将停止轿厢一切运行。

（19）进门保护。当安全触板动作或光幕动作，重新开门，如安全触板或光幕输出动作不消除则不关门。

（20）门连锁安全保护。电梯门必须具备电气连锁和机械连锁。当电梯门在安全关闭时才能接通电气触头，此时也使机械连锁能起作用，电梯不在该层楼时，乘客不可能轻易从层门外将层门扒开。

（21）端站保护。当端站保护开关（上下强迫停车开关）动作时，系统停止轿厢的一切动作。

（22）端站层楼纠正。当电梯到达端站时，系统将自动纠正层楼数据。

（23）减速开关层楼纠正。当系统检测减速开关动作时，系统将自动纠正层楼数据。

（24）故障停车自动解救。当电梯出现非安全回路及电源性故障，在非开门区急停，电梯将以原运行相反方向爬行至最近楼层，平层后开门。

（25）运行信号故障保护。新型电梯大多数可记录最近的故障，包括发生时间，楼层代码等作为维修记录。

（26）最远层站反向消号。当电梯到达最远层站时，所有指令登记全部消除。

（27）检修运行。检修运行状态下具有以下功能。

1）点动运行。当符合运行条件时，按上/下行按钮可使电梯以检修速度运行。松开按钮即可停止运行。

2）点动开关门。按开/关门按钮可控制电梯的开关门动作，松开门即停止。开门动作只在平层区且电梯不运行时方有效。

（28）消防状态运行（新型电梯大部分有此功能）。

1）当发生火灾时，打开撤离层（基站）的消防开关后，电梯即进入消防运行状态。

2）进入消防状态运行时，电梯返回撤离层（基站）前，外召信号和轿内指令都不能登记，已登记的信号立即撤除。

3）进入消防状态运行时，如电梯正在背离撤离层方向运行，则就近停靠，不开门，并立即反向直驶撤离层。

4）进入消防状态运行时，如电梯停在某一层站，则立即关闭轿厢门和层门，直驶撤离层。

5）进入消防状态运行时，如电梯正在向撤离层方向运行，则电梯直驶撤离层。

6）进入消防状态运行时，电梯到达撤离层后，自动开门放客，然后电梯进入独立运行状态。专供消防员救援使用，并且开关门用手动控制，每次只能接受一个内指令。

（29）以检修速度自动运行。

1）电梯在正常运行状态下，如遇到下列情况，电梯即以检修速度自动平层。①接通电源，电梯停在开门区域外；②以检修状态转换到正常运行状态，电梯停在开门区域外；③发生故障，维修情况下。

2）以检修速度自动运行，方向与当前一次运行的方向相反。

3）以检修速度自动运行到最近层站停层，并自动开门，转向正常运行状态。

第四节　机房和井道管理

一、机房和井道的要求

（1）根据使用单位的具体情况，在机房内应有维护检修人员值班管理，无关人员不应入内。对无人值守机房使用单位应指定物业有资质人员管理。

（2）机房和井道需保证没有雨雪侵入的可能。

（3）机房内应干燥，与水箱和烟道隔离，通风良好。机房应防止渗水有保湿层，寒冷地区应考虑采暖，并有充分的照明（照明电源与控制线路分别敷设）。

（4）机房内保持整洁，除检查维修所必需的工具、仪器和“四氧化碳”灭火装置外，不应存放其他物品。

（5）井道内除规定的电梯设备外，不得存放杂物。

（6）电梯长期不使用时，应将机房的总电源断开。

二、对电梯机房和井道及轿厢清洁要求

电梯作为重要交通工具，因此对各部件必须保持清洁，特别是可见部件的清洁可使乘客乘坐舒适，并延长电梯运行寿命。

1. 清洁范围

要清洁的区域为轿厢内部，包括按钮和显示，轿厢门和门槽，轿厢外部，厅门和厅门槽，底坑，导轨和机房。

2. 职责

清洁只能由专业的或受过培训的人员来进行。当清洁井道（玻璃外壳），底坑和导轨时，技术人员必须在场。

3. 安全预防措施

当在轿厢中使用电气清洁设备时，一旦清洁设备通电，必须确保轿厢门不会关闭。

4. 说明

清洁时，必须注意以下规则。

（1）不得使用包含强溶剂或腐蚀剂的清洁材料，

（2）所有材料都可用肥皂水来清洗而不会产生问题，

（3）当清洁几种不同材料时，应考虑最敏感材料的清洁方法。

5. 清洁轿厢和门

只能使用家用型清洁材料，不得使用任何清洁粉。侵蚀性材料和清洁粉会损坏表面（清洁粉剂破坏金属表面，从而导致金属表面失去光泽）。结构型表面材料或标记镀层的材料（涂刷，粒状等）必须沿表面镀层的方向清洁，以防表面损坏。水及清洁材料不得流入井道。必须遵照清洁材料的使用说明。

6. 清洁底坑

落入底坑的脏物必须定期清除。只有在电梯关闭且在有技术人员指导的情况下才能进入

底坑。

7. 清洁电梯井道、控制柜、曳引机、轿厢顶部及外部零件，墙灯和玻璃电梯。定期清除井道内和轿厢外部零件上的沉积物及灰尘。清洁工作必须在维修专业技术人员指导下进行。

8. 门地坎及门槽

用吸尘器清洁门槽，使用低挥发性溶剂如酒精或煤油来软化固体脏物，接着刷掉，必要时将其刮除。

9. 不同材料的清洁

商用清洁材料及清洁方法见表1-1。

表1-1　商用清洁材料及清洁方法

材料	清洁材料	清洁方法
不锈钢	不锈钢清洁剂	清洗，擦干
照明设备	不锈钢清洁剂	
塑料贴面	塑料清洁剂	
按钮、指示器、显示器	湿布	
玻璃/镜子	玻璃清洁液	喷涂，清洗，擦干
人造/橡胶地板	家用清洁剂	擦洗
石头/贴面	肥皂水	擦洗
地坎和踏板	吸尘器，肥皂水	从槽中清洁松散的脏物及灰尘，擦干
激光雕刻材料	水和清洗液	擦洗，擦干

第五节　维护说明

一、维修基本要求

（1）电梯处于检查或修理时，不允许载客和载货，各层门口，应挂“检修停用”的牌示。

（2）当不需要轿厢运行时，应断开相应位置的开关。

1）在机房时应将电源总开关切断。

2）在轿顶时将安全钳联动开关和轿顶检修箱的急停开关断开。

3）在底坑时应将限速器张紧装置的安全开关，底坑急停开关或其他安全开关断开。

（3）手灯必须用带有护罩的36V及以下的安全电压。

（4）更换熔断器，只能使用相同额定电流的熔断芯（或丝）禁止使用修复的或更大的电流的熔断芯（或丝）。

（5）工作时应有主持和助手协同进行。

（6）工作时如需有司机配合进行，司机要精神集中，严格服从维修人员的指令。

（7）严禁维修人员在井道边和探身至轿厢地坎上，各跨一只脚来进行较长时间的检修工作。

（8）严禁在对重运行范围内进行维护、检修工作（不论在底坑或轿顶有无防护栅栏），当必须在该处工作时，应有专人负责看管轿厢停止运行开关的条件下进行。

（9）检修时，如需拆掉电源总开关两侧或电动机接线盒的导线；当恢复接线时，必须保证相序正确，并要试运行，检查曳引机转向是否正确。

二、电梯主要部件的维护

1. 减速器

(1) 运转时应平稳无振动。

(2) 箱盖、窥视孔、轴承盖等与箱体连接应紧密、不漏油。蜗杆伸出端渗油应不超过150cm/h。

(3) 蜗轮轴上的滚动轴承或滑动轴承，应经常保持轴承润滑良好。对新安装的电梯，在半年内经常检查油逢润滑油油质。如有杂质立即更换，对使用率较低的电梯，可根据润滑油的黏度，杂质情况确定更换时间。

(4) 轴承的温升应不高于60K，最高油温不高于85℃。

(5) 当滚动轴承产生不均匀的噪声、敲击声或温度太高时，应及时检查和清洁或更换。

(6) 箱体、轴承座、电动机与底盘连接螺栓等应该经常检查、紧固，无松动现象。

(7) 检修时如需拆卸零件，必须将轿厢在顶层用钢丝绳吊起，对重在底坑用木楞撑住，将曳引绳从曳引轮上摘下。

2. 制动器

制动臂动作应灵活可靠，电磁衔铁动作可靠，销轴处用N46机油润滑，闸瓦制动带工作表面清洁，如溅入油污应擦净。

(1) 绕组的温升应不高于60K，最高油温不高于85℃。接线螺栓处应无松动现象，绝缘良好。

(2) 制动时两侧闸瓦应紧密均匀地贴合在制动轮的工作表面上，松闸时两侧闸瓦应同时离开制动轮表面，制动带与制动轮的间隙最大不能超过0.7mm。

(3) 当制动带磨损致使与制动轮间隙增大，影响制动性能和击声时，应调整电磁衔铁与闸瓦臂连接螺母。当制动磨损1/4或铆钉露出表面时，制动带应更换。

调整制动弹簧力，在保证安全可靠的原则下，来满足平层准确和舒适感。

3. 曳引电动机

(1) 应经常保持清洁，水或污油不得侵入电动机内部，每月用风箱吹净电动机内部和引出线的灰尘。

(2) 当滚动轴承有异声或噪声，则应更换轴承。

(3) 电动机的连接螺栓应紧固。

4. 曳引轮

(1) 当各绳槽磨损下陷不一致，相差曳引绳直径的1/10，或呈严重凹凸不平麻花状，而影响使用时，应更换。

(2) 当曳引绳索与绳槽底的间隙≤1mm时，绳槽应更换。

5. 导向轮，复绕轮和反绳轮

滚动轴承使用锂基润滑脂润滑，每1200h加注一次，当绳槽磨损影响使用时，应予以更换。

6. 限速器

(1) 涨紧装置的张力轮转动灵活，转动销部分应每周注油一次，每年清洁一次。

(2) 限速器绳索伸长到超出规定范围而切断控制回路时，应截短或更换新绳。

(3) 经常检查夹绳钳口处，并清除异物，以保证动作可靠。

7. 轿厢门和自动门机

(1) 当吊门轮磨损使门扇下坠，其下端面与地坎间的间隙如小于 1mm 时，应调整间隙为 2～5mm。

(2) 经常检查调整吊门滚轮上的偏心挡轮与导轨下端面间的间隙不应大于 0.5mm。

(3) 对设有自动门机的轿厢门，应调整轿门距，开、关门行程 100mm 时，应慢速运行，以防止撞击声。

(4) 门导轨应经常擦拭清洁，使门轻快灵活，运行平稳，门导靴工作面磨损影响使用时，应及时更换。

(5) 电梯因故障中途停在靠近层站的地方，轿厢门能在轿厢内用手扒开力应为不大于 300N。

(6) 自动门机如是直流电动机，每季度检查一次，如碳刷磨损严重应予以更换，并清除电动机内碳屑，在轴承处加注锂基润滑脂。

(7) 自动门机的传动带，因伸长而引起张力降低，影响开、关门的性能时，可调整传动带适当的张紧力。

(8) 安全触板的动作应灵敏可靠，其碰撞力应小于 5N。若是光幕保护，必须经常保持光幕表面清洁和动作可靠。

8. 安全钳

(1) 经常检查转动连杆部分，应灵活无卡死现象。每月在旋转部位注入机械油润滑，锲块的滚、滑动部分动作应灵活可靠，并涂以润滑脂润滑防锈。

(2) 每季度检查非自动复位的安全联动开关和可靠性，当安全钳起作用时，即切断控制回路，迫使电梯停止运行。

(3) 每季度用塞尺检查锲块与导轨工作面的间隙应为 1.5～2mm，且各间隙值应相近似。

9. 导轨

(1) 用滚轮导靴的导轨的工作面上，必须擦净润滑剂，对有自动润滑装置的导轨，每周对该装置应按油位线所示，加注 N46 机械油。

(2) 当导轨工作面由于安全钳制动而造成损伤或毛糙时，应及时修光。

(3) 每年应详细检查导轨连接板和导轨撑架的连接是否紧固，并旋紧全部导轨连接片的螺栓。

10. 层门与门锁

(1) 层门的导轨，吊门滚轮，门导靴，门扇的牵引阻力，门扇下距地坎间的间隙等，按《轿厢门和自动门机构有关要求》调整。

(2) 层门的联动牵引装置，应经常检查，如发现松弛及时调整。

(3) 经常检查各层厅门，在厅门外不能用手将厅门扒开。

(4) 经常检查并调整强迫开关装置，在用手扒开缝时，应使厅门自动闭合严密。

(5) 每月应检查门锁的导电片触头当有虚接和假接现象，触头的弹片压力，能否自动复位，铆接、焊接、胶合处应无松动现象，锁钩臂及滚轮应能灵活转动，轴承处加注锂基润滑脂，每年应清洗一次。

11. 悬挂装置

(1) 曳引钢丝绳，限速器钢丝绳。

1) 曳引绳头组合应安全可靠，且每个绳头均应装有双螺母和开口销。

2）每根曳引绳受力应相近，其偏差不大于5%。

3）曳引绳如有打滑现象，电梯应停用检修。

4）钢丝绳应无机械损伤，当钢丝绳有下列情况之一者应予报废。

a. 钢丝绳出现断股。

b. 钢丝单丝磨损或腐蚀造成实际直径90%时。

c. 钢丝绳的一个绞丝跨距长度（即一个捻距）中达到表1-2中规定的断丝根数时应报废。

表1-2　　电梯报废单丝绳裂根数表

钢丝绳安全系数 n	钢丝绳一个捻距内有下列根数钢丝断裂时，钢丝绳应报废 钢丝表面磨损或腐蚀达直径的百分数					
	0	10%	15%	20%	25%	30%
0～10	16	13	12	11	9	8
10～12	18	15	13	12	10	9
12～14	20	17	15	14	12	10
14～16	22	18	16	15	13	11

注　表中断丝根数，对同向捻钢丝绳取1/2数值为报废依据。

（2）补偿装置。

1）补偿链长度应适当，链的最低点至底坑平面的距离不大于200mm。

2）补偿链与轿厢以及对重处的连接应可靠，安全钩应完好。

3）补偿绳受力应均匀，张紧装置转动部分应灵活，张紧装置上下移动应适当，断绳开关应可靠有效。

12. 缓冲器

（1）油压缓冲器用油：凝固点应在－10℃以下，黏度指标应在75%以上，油号按表1-3选用，油面高度应经常保持在最低油位以上。

表1-3　　油　号　选　用

电梯载质量（kg）	电梯速度（m/s）	缓冲器油油号规格
450～1600	1～1.75	N68机械油GB 448—1984

（2）每两个月检查油压缓冲器的油位及泄漏情况，及时补充油至油位。所有螺栓应紧固，柱塞外圆露出的表面应用汽油清洗，并涂抹防锈油（也可涂抹缓冲器油）。

（3）柱塞复位试验每年应进行一次，缓冲器以低速压到全压缩位置，以开始放开一瞬间起计算，到柱塞回复到自由高度位置止，所需时间应小于120s。

13. 导靴

（1）导靴座应紧固，不能有松动，并保持润滑。

（2）导靴衬侧面磨损量不得超过其厚度的25%（按双面计算）。

（3）滑动导靴应保证对导轨的压紧力，同时应调整弹簧使之压紧。

14. 对重装置

（1）对重导靴衬侧面磨损量不超过其厚度的30%（按双面计算）。

（2）对重导靴应紧固，压对重铁压块应可靠。若有对重轮时，应灵活并保持润滑，其挡绳装置应有效可靠。

15. 电气设备

(1) 安全保护开关应灵活可靠，每月检查一次，拭去表面油垢，核实触头接触的可靠性。弹性触头的压力与压缩裕度，消除触头表面的积垢，烧蚀地方应锉平滑，严重时予以更换。转动和摩擦部分可用润滑脂润滑。

(2) 极限开关应灵活可靠。每年进行一次越程检查，看能否可靠断开电源，迫使电梯停止运行，其运行和摩擦部分可用润滑脂润滑。

(3) 控制柜。

1) 断开驱动电动机的电源，检查控制柜工作的正确性。

2) 经常检查、消除接触器、继电器的积灰，检查触头的接触是否可靠吸合，绕组外表绝缘是否良好，以及机械连锁装置工作的可靠性。无显著噪声，动触头连接的导线头处无断裂现象，接线柱处导线接头应坚固无松动现象。

3) 直流 110V、交流 220V、三相交流 380V 的主电路，在检查时必须分清，防止发生短路，损坏电气元件。

4) 接触器和继电器触头烧蚀部分，如不影响使用性能时，不必修理。如烧伤凹凸不平很显著时，可用组锉刀修平，再用砂布修光。

5) 更换熔丝时，应使其熔断电流与该回路相匹配，对一般控制回路熔丝的额定电流与回路电源额定电流相一致，对电动机回路熔丝的额定电流应为该电动机额定电流的 2.5～3 倍。

6) 电控系统发生故障时，应根据其现象按电气原理图分区、分段查找并排除。

16. 定期检验和重大改装或事故后的检验

电梯投入正常使用后，为了验证其是否处于良好的工作状态，根据国家标准规定，应进行定期的检验。

(1) 定期检验。国家所规定的定期检验，其内容不应超出电梯交付前的检验。所进行的定期试验不应造成过度的磨损或产生使电梯安全性下降的应力。尤其是对安全钳装置和缓冲器部件的试验。当进行这些部件的性能已经在型式试验和交付前的检验中完成。负责定期试验的人员应确认这些部件（在电梯正常运行时，它们不动作）总是处于可动作状态。

定期检验可检验下列部件：门锁装置；钢丝绳；机械制动器（如果制动部件不能有效地使轿厢制停，应仔细检查主轴及联动装置，以保证没有影响其良好操作的磨损、腐蚀和污垢等）；限速器；安全钳装置（在轿厢空载和减速情况下进行试验），缓冲器（在轿厢空载情况下试验）；报警装置。

定期检验和试验应作好详细的记录和报告，并按规定作好保存工作。

(2) 重大改装或事故后的检验。

1) 电梯的重大改装是指下列一项或几项额定速度的改变：额定载质量的改变；轿厢质量的改变；行程的改变；门锁装置的类型改变（相同类型门锁装置的更换不作为重大改变考虑）。

2) 重大改变或变更包括的项目为：控制系统；导轨和导轨类型；门的类型（或增加一个或多个层门或轿门）；电梯曳引机；限速器；缓冲器；安全钳装置。

3) 重大改装或事故后的检验。重大改装或事故后应进行检验，并将有关改装的资料及必要的详图送交负责单位，以决定对电梯的改装部件或已更换部件进行试验。这些试验不超过电梯交付使用前对其原部件所要求的内容。

第六节 电梯作业知识

一、机房操作知识

(1) 危险源：转动机械；地面油污；地面的接线线槽；触电。

(2) 控制措施：始终保持机房入口清洁畅通；随时清楚知道最近的停止开关和主要电路的断路器的位置；对电梯任何一部分作业前，应先切断相关电梯的电源（某些故障的查找、调试操作除外）。注意在控制系统之间可能存在电路相互连接，在接触带电部位之前必须进行测试是否带电；不可想当然认为某个安全开关切断后，将要作业的物体就是绝缘的。安全开关的目的是使电梯停止运行而不是切断电源，在接触任何物体前先测试，确保安全操作和关闭主要断路器。

确保装置始终置于固定位置，只有在维修时才可以开。如果机房地平存在空洞、台阶（高度差大于500mm）必须设置警示标志或安全护栏。

注 意

机器可能随时意外启动。在旋转部件前作业时，附近的衣物可能被卷入而导致伤害。

在旋转部件前工作，不应戴手套。

在移动或使用机房的金属设备之前，先测试设备是否带电。

二、井道操作知识

(1) 上、下轿顶作业程序。

危险源：坠落到电梯井道；电梯移动时，被夹在电梯轿厢和固定物中间；电梯意外移动；困住搭乘电梯的乘客。

1) 进入轿顶。必备的工具：厅门三角钥匙，手电筒；放好厅门安全警示障碍（护栏），将电梯连选2层向下；检查是否有搭乘电梯的乘客，确保电梯轿厢里没有乘客。

a. 使用厅门三角钥匙开启厅门，使用门限位将厅门关至最小，按外呼按钮，验证厅门门锁回路是否有效。操作者站在厅门地坎处，确认急停开关容易被够到（检修盒距地坎1m之内）。

b. 检查电梯轿厢顶部的梯级不超过500mm；如果大于500mm，重复操作使电梯轿顶与楼层位置小于500mm。

c. 再次打开厅门，按下“急停”开关，关闭厅门，按外呼按钮；验证“急停”开关是否有效。

d. 打开厅门，将检修开关扳到“检修”位置，然后恢复“急停”开关，关闭厅门，按外呼按钮，验证“检修”开关是否正常。

e. 打开厅门。按下“急停”开关，打开照明，迅速拿好工具进入轿顶，不要长时间停留在井道与厅门入口之间。

f. 恢复“急停”开关，同时按下“上行”和“公用”按钮，在同时按下“下行”和“公用”按钮，检验检修状态下；“上行”和“下行”是否有效。

g. 操作者开始轿顶作业。

在上述验证的步骤中，验证的等待时间至少10s。

如果电梯尚未安装外呼装置或是群控电梯，可由2人互相沟通，一人在轿厢内通过按内选按钮的方法来验证安全回路是否有效，确定安全作业步骤。

2）退出轿顶。开动电梯至某个楼层，到达可以接触到厅门门锁的高度；离开轿顶前，“急停”开关必须处于有效状态，“检修”开关必须处于检修状态；打开厅门，迅速拿好工具退出轿顶，不要长时间停留在井道与厅门入口之间；关闭轿顶照明，将“检修”开关恢复正常，恢复“急停”按钮。

3）确认电梯恢复正常。

4）关好厅门。

5）确认电梯恢复正常后，离开。

（2）在电梯轿顶作业。

1）危险源：坠落到电梯井道；电梯移动时，被夹在电梯轿厢与固定物中间；电梯移动时，被夹在电梯轿厢与平衡物中间；电梯意外移动；电击。

2）控制措施：在上轿顶前，必须检查轿顶是否有裸露的线头，防止触电事故；在电梯轿顶作业，需移动轿厢位置之前，检查现场每个人和每件物品是否有问题；在电梯轿顶作业，需移动轿厢位置之前，应大声、清楚地告知现场的每一个人，并说明电梯将运行的方向。移动轿厢位置之前，要得到现场所有人的确认；在电梯移动时，不得拥挤在轿厢顶部；应站立在靠近轿厢的中心位置，除非作业任务要求你远离电梯轿厢的中心；当心电梯井道中的障碍物，障碍物可能是静止物，譬如承接梁、托梁（导轨支架），也可能是移动的，譬如对重装置；不得将任何平台直立在电梯轿厢顶部和护栏的限制性区域，或任何电梯轿厢顶部结构部分；如果可以选择，作业时尽量从上往下，而不要从下往上进行。因为电梯上行时可能的危险比下行时要大得多；在电梯轿厢顶部作业时，应始终将电梯调到“检修”模式。

严禁将电梯调为“自动”模式，否则电梯可能随时突然意外运行；电梯在长时间保持不动时，应断开“急停”开关。防止突发事故，造成伤害；决不可认为：断开“急停”开关，电梯就不会运行，要严格按照操作规章作业。在轿顶维修时，需要处理带电问题时，要确认电梯是否断电。

接触之前应先测试。

确保所有现场人员都已经了解出入电梯轿顶的正确方法。

三、地坑操作知识

（1）进电梯地坑控制措施。

1）必备工具：厅门钥匙（三角钥匙），手电筒。

2）打开厅门，使厅门固定，将门关至最小开启位置，按外呼按钮验证厅门安全回路是否有效。

3）放置好安全警示护栏，将电梯开至最底层，将电梯内选上2个楼层，把电梯停到上一层，确认电梯轿厢里没有乘客。

4）打开厅门，按下“急停”开关，关闭厅门，按下外呼按钮，验证“急停”开关是否有效。

5）再次打开厅门，打开照明开关，将门固定在开启位置，顺爬梯进入地坑。

6）将厅门固定在最小开启位置或在有人看护的情况下可以将厅门完全开启工作。

在上述验证的步骤中，验证的等待时间至少 30s。

如果电梯尚未安装外呼装置或是群控电梯，可由 2 人互相沟通，一人在轿厢内通过按内选按钮的方法来验证安全回路是否有效，确定安全作业步骤。

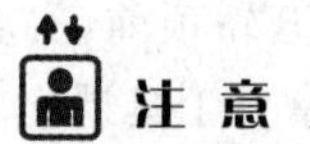

在上述验证过程中，如返现任何安全回路失效，应立即停止操作，先修复电梯故障，如不能立即修复，则须将电梯断电、上锁、设标签。

（2）出电梯地坑控制措施。

1）打开厅门，将门固定在门开到位的状态，或另一人将门开到位，固定好。

2）顺爬梯出地坑，关闭照明开关，恢复“急停”开关。

3）关闭厅门。

4）确认电梯恢复正常后，离开。

（3）在电梯地坑作业控制措施。

1）危险源：有电梯轿厢或对重装置降落到电梯井道底部而引起的压碎危险；限速器绳轮转动危险；补偿装置运动或绳轮转动危险；随行电缆；下地坑梯子上坠落危险；因电梯地坑有油脂造成滑倒；被电梯地坑的设备绊倒；有人通过最底层厅门坠落到井道，造成摔伤；触电。

2）控制措施：当电梯自动运行时，不要滞留在电梯地坑。在电梯地坑作业时，使用地坑“急停”开关时电梯处于停梯状态。注意电梯地坑正在移动和转动的部件，包括电梯轿厢、对重装置以及限速器绳轮，补偿装置运动或绳轮转动，随行电缆等部件。另外要确保电梯整洁，无油污，且照明设备完好。地坑安全门开启时必须有专人看管。在地坑作业时，在开着厅门的情况下，需要专人守护，防止有人坠落到电梯井道。尽量不要在其他人的上方或下方立体交叉作业，如需交叉作业，要求佩戴安全帽，相互配合施工。在正在运转或移动的设备旁作业，不得佩戴手套并注意衣服切勿被设备缠绕。

不得认为安全开关断开时（可将其他安全开关切断），正在工作的装置就不存在突然运行的可能。需要对线路作业时，应先从机房切断电梯的电路，作业时先测试是否带电。

第七节 电 梯 年 检

一、什么是电梯年检

电梯每年需要做一次全面的检查，由维修电梯的公司先做自检，后由国家特种设备检测所来对电梯进行综合的检查。电梯符合国家年检要求颁发检验合格准用证，出具检验合格报告。安全检验合格证如图 1-16 所示。

二、电梯年检的主要内容

电梯年检主要是安全方面的，包括限速器和安全钳的联动、缓冲距离、厅门闭合、应急照明、对讲、断相保护、警示标志、机房内灭火器、卫生、保养记录等。

图 1-16　安全检验合格证

三、电梯年检的主要流程

电梯年检的主要流程如图 1-17 所示。

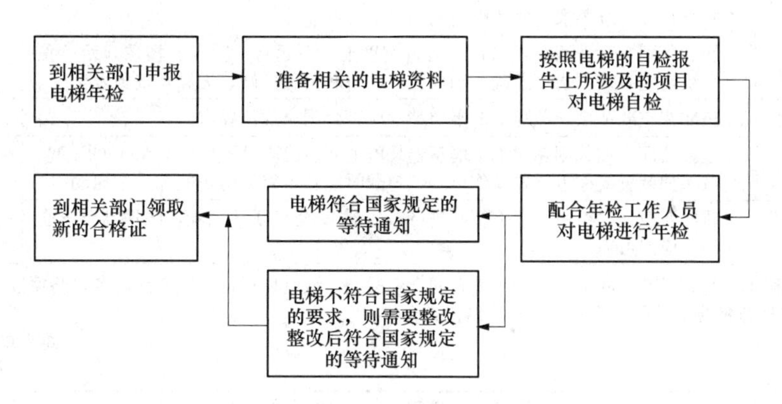

图 1-17　电梯年检的主要流程

（1）提前一个月左右到相关部门申报电梯年检。

（2）准备相关的电梯年检资料，如下。

1）电梯原始资料。

2）四大件形势报告（门锁、限速器、安全钳、缓冲器）。

3）电梯保养记录，保养记录要求如实填写，没有涉及的项目划掉，涉及填写数据的如实填写。

4）自检报告（见表 1-4）。

（3）按照自检记录对电梯进行检查，由负责日常维护电梯人员签字，后由负责此电梯的维保单位签字盖章。

1）配合年检人员进行年检，如需实验轧车，实验完后，恢复电梯运行时，要注意实验时可能对电梯导轨造成损伤，详细检查后在恢复电梯运行。

表 1-4　　　　　　　　**电梯保养自检记录**

<table>
<tr><td colspan="2">使用单位</td><td colspan="3"></td><td>设备类别</td><td colspan="2">□客梯□货梯□杂物梯</td></tr>
<tr><td colspan="2">注册登记号</td><td colspan="3"></td><td>电梯型号</td><td colspan="2"></td></tr>
<tr><td colspan="2">制造单位</td><td colspan="4"></td><td>额定载质量</td><td>Kg</td></tr>
<tr><td colspan="2">曳引机型号</td><td></td><td>曳引机编号</td><td colspan="2"></td><td>额定速度</td><td>m/s</td></tr>
<tr><td colspan="2">安装位置及编号</td><td colspan="2"></td><td>层站</td><td></td><td>层站门</td><td></td></tr>
<tr><td colspan="8">主要检验项目</td></tr>
<tr><td>序号</td><td>项目</td><td colspan="5">检验内容及要求</td><td>检验结果</td></tr>
<tr><td>1</td><td>技术文件</td><td colspan="5">应有维修记录、保养记录、故障记录、救援操作规程等档案资料</td><td></td></tr>
<tr><td>2</td><td>制动器</td><td colspan="5">制动器动作灵活，工作可靠。制动时两侧闸瓦应紧密、均匀地贴合在制动轮工作面上，松闸时制动轮与闸瓦不发生摩擦</td><td></td></tr>
<tr><td>3</td><td>紧急报警及救援</td><td colspan="5">应有发生困人故障时，救援步骤、方法和轿厢移动装置使用的详细说明和停电或电气系统发生故障时进行紧急操作的慢速移动轿厢措施；正常照明电源中断时，能够自动接通紧急照明电源；紧急报警装置采用符合要求的通话、报警等系统以便与救援服务持续联系</td><td></td></tr>
<tr><td>4</td><td>限速器</td><td colspan="5">使用周期达到2年的，或者动作出现异常、各调节部位封记损坏的限速器，应当进行动作速度校验</td><td>电气 m/s
机械 m/s</td></tr>
<tr><td>5</td><td>曳引轮和钢丝绳</td><td colspan="5">曳引轮轮槽不应有严重不均匀磨损，磨损不应改变槽形。悬挂钢丝绳的磨损、断丝、畸变、弯折等状况符合国家规范标准要求</td><td></td></tr>
<tr><td>6</td><td>门锁</td><td colspan="5">层轿门门锁结构型式安全可靠、电气联锁保护符合要求。轿厢应在锁紧元件啮合长度符合要求之时才能启动</td><td></td></tr>
<tr><td>7</td><td>运行试验</td><td colspan="5">轿厢分别空载、满载，以正常运行速度上、下运行，呼梯、楼层显示等信号系统功能有效、指示正确、动作无误，轿厢平层良好，无异常现象发生</td><td></td></tr>
<tr><td>8</td><td>平层精度</td><td colspan="5">轿厢在空载和额定载荷下的平层精度应符合国家规范要求</td><td></td></tr>
<tr><td>9</td><td>超载保护</td><td colspan="5">经在轿厢内加载刚超过1.1倍额定载质量（超载质量不少于75kg）的试验，超载保护装置或称重装置动作可靠，超载时能够报警并防止电梯正常启动</td><td></td></tr>
<tr><td>10</td><td>限速器—安全钳试验</td><td colspan="5">轿厢空载，以检修速度下行，进行限速器-安全钳联动试验，限速器—安全钳动作应当可靠</td><td></td></tr>
<tr><td colspan="8">本单位已与使用单位签订了有效的电梯维护保养合同。经检验，该电梯运行状况良好，各检验项目均符合国质检锅【2002】1号《电梯监督检验规程》的要求，检验结论为合格。
自检人员（签字）：　　　　维保单位（公章）
年　月　日</td></tr>
</table>

注　1. 检验结果栏合格时填写“合格”，无此项时填写“/”，有数据的要填写数值。

2. 自检记录应由维保单位自检人员签字并加盖维保单位公章。

2）如电梯符合国家规定，择日去相关部门领取新的年检合格证。

3）如电梯有不符合国家规定的，年检人员会出示一份整改通知单，则需要维保人员按照整改意见对电梯进行整改，整改后年检人员复查合格，择日领取新的年检合格证。

第八节　电梯对使用者的安全与被困乘客救援

一、电梯对使用者的安全

1. 保证乘客总是处在安全空间

（1）井道的封闭。开在井道壁上的层门、检修门和各种孔洞，都装有无孔的的门。这些都不能向井道内开启，电梯运行时都处于关闭并且锁住的状态。每个门洞都有一个具有安全触点的开关用来确认门的关闭状态，这个开关串联在电梯控制系统的安全回路中。只要有一个门未能关闭，电梯便不能运行。电梯在进行维修时，凡是需要打开通往井道的门或孔洞的位置，都必须采取可靠的隔离措施，以确保乘客没有进入井道的任何可能。

（2）层门的启闭。层门是隔断或连通楼层和轿厢这两个空间的装置。有多少层站就有多少层门。它表面光滑平整，周边缝隙狭小，而且有自闭能力，在垂直方向施加 300N 的力或在开启方向施加 150N 的力都不会丧失封闭功能。在一般情况下它只接受轿门的控制，轿厢到达停靠层站时轿门驱动层门两者同步打开或关闭，此时其他所有层门都应保持关闭状态。在特殊情况下，只有接受过专门培训而有资格掌管钥匙的人员可以打开层门，此时电梯会自动停止运行。

（3）轿门的启闭。轿门是打开或封闭轿厢的装置，也是操作层门启闭的装置。在一般情况下，轿门只能在轿厢停层时打开。它的打开与关闭通常由开门机驱动，轿门通过专门的装置与层门连接并使两者同步进行开关门运动。为了防止关门过程中碰伤乘客，最大关门速度不超过 0.3m/s，最大阻止关门力不超过 150N，平均关门速度下的最大动能不超过 10J；当关门过程中碰到乘客时门会自动重新打开；在轿门未完全关闭的情况下，不能启动电梯或保持电梯继续运行。在特殊情况下，在靠近层站的地方，在轿厢停止运动并切断开门机电源的情况下，用一个不大于 300N 的力可以打开（或部分打开）轿门以及与之连接的层门。

（4）门锁的作用。门锁装在层门上，是使层门保持关闭的装置。在锁住层门时，沿开门方向用小于 300N 的力不会使门锁降低锁紧效能，用小于 1000N 的力不会使锁紧元件出现永久变形。门锁有防粉尘、耐振动、易检查等特点。在一般情况下，门锁只能被轿门打开。在特殊情况下，可以由专门人员用钥匙打开。除机械装置外门锁还有一个电气装置，即与层门保持同步闭合或打开的安全触点，它负责向控制柜提供层门是否关闭的信息。轿门上有一组同样的安全触点。这些安全触点与其他重要部位的许多安全触点一起串联在安全回路中，只要有一组安全触点未闭合，电梯便不能通电运行。

通过以上措施，电梯就确保了乘客要么待在楼层上，要么待在轿厢里，而绝对不会进入井道里。

2. 保证乘客承受的加（减）速度总是处在安全范围

（1）正常运行情况下。正常运行的电梯，国家标准推荐的起制动加（减）速度最大值不得超过 1.50m/s^2，其平均值不得超过 0.48m/s^2（额定速度为 1.0～2.0m/s 时）和 0.65m/s（额定速度为 2.0～2.5m/s 时）。应当说明：这个数值不是安全的界限，而是舒适的界限。这么小的加（减）速度非但不会给乘客带来任何不适，倒使乘坐电梯成了“上上下下的享受”。

（2）安全钳制停时。当轿厢运动速度超过了额定速度的 115％时，电梯的限速器就会动作。它首先用一个符合安全触点要求的装置切断电梯曳引机的电源使之停止转动，与此同时曳引机的制动器动作使曳引机逐渐停止转动并保持在静止状态；如果切断电源后轿厢速度未减，限速器紧接着会拉动轿厢安全钳（或对重安全钳，或其他形式的上行超速保护装置）动作，使轿厢-对重系统停止运动。在轿厢从运动到静止的全过程中，其平均减速度小于 g_n。

（3）缓冲器制停时。顶层和底层是轿厢不可超越的上下两个端站。轿厢运行到达端站时如果未停止运行，端站停止开关会发出信号使电动机减速制停。此时如果电梯轿厢继续运行，就会触动极限开关切断曳引机电源，曳引机的制动器动作使电梯减速制停。如果此时仍未能使下行的轿厢停止运行，轿厢就会碰到缓冲器。在轿厢装有额定载质量且速度达到 115％额定速度的情况下，缓冲器会使轿厢从运动状态变为静止状态，实现软着陆。轿厢上行超越端站时装在对重侧的缓冲器具有同样的性能。

（4）曳引机制动器制停时。只有当曳引机接通电源时制动器才处于打开状态。当曳引机失电时制动器立即动作并对与曳引轮直接联结的部件进行制动。如果制动器动作之前曳引机转速为零，制动器动作之后会使曳引机保持静止状态；如果制动器动作之前曳引机在正常转动，制动器动作之后以一定的制动力使曳引机减速直到停止转动。制动器有这样的制动能力：当轿厢载有125%额定载荷并以额定速度向下运行时，操作制动器能使曳引机停止运转。为了提高制动器的工作可靠性，所有参与向制动轮（或盘）施加制动力的机械部件分两组装设。如果一组部件不起作用，另一组仍有足够的制动力使载有额定载荷以额定速度下行的轿厢减速制停。

通过以上措施，无论电梯在正常运行时，还是在故障情况下安全部件动作使轿厢制停时，都确保了乘客承受的加（减）速度保持在安全的范围内。

二、被困乘客的救援

必须遵守以下描述的关于从客梯轿厢中救援被困人员的措施。根据电梯类型，不同的驱动系统及设备需要采用不同的措施。

1. 断电后无紧急电气控制电梯

（1）与被困人员取得联系，并询问受伤人员情况。

（2）关闭机房的总电源开关。手动操作控制柜中的接触器会造成生命危险，应禁止这种做法。

（3）如果有轿厢门，则让被困人员关闭轿厢门。如果没有轿厢门，则命令被困人员退离轿厢入口。在轿厢可能移动时应通知被困人员。

（4）操作制动释放杠杆，通过盘车手轮使轿厢按需要的方向移动。

①缓慢移动轿厢；②不要移过下一层；③一定要时刻准备松开制动释放杠杆。

（5）如轿厢到达最近的层站（通过绳索标记来识别），松开制动释放杠杆。

（6）如果有轿厢门，则让被困人员关闭轿厢门，如果可能的话，从外面施加帮助，通知被困人员离开轿厢。

（7）如果在采取救援措施后仍无法排除故障（例如在超过端站后限位开关动作）。则应关闭主电源开关并通知维修公司（故障检修服务部）检验所有厅门是否关闭并锁定。确保受损厅门不再有人员进出。

（8）如果无法通过手动操作装置来移动轿厢，请进行以下工作：

1）跟踪轿厢的确切位置。

2）通过三角钥匙打开轿厢上部最近的厅门，打开轿厢门，让被困人员向上离开轿厢。

3）如果轿厢底上面最近的厅门的地坎与轿厢顶间距离太小，则可通过轿厢底下面最近的厅门的三角锁来救援被困人员。

注 意

在轿厢下面可能有空隙，这可能会有掉入井道的危险，请采取安全措施。

（9）如果被困人员既不能通过手动操作装置得到救援，也不能通过打开厅门得到救援，或者受伤人员需要特别措施，则应通过轿厢内电话通知维修公司，维修公司并相应通知被困人员。与被困人员保持声音联系直至救援人员到达。

2. 具有电气紧急控制的电梯

（1）与被困人员进行声音联系，询问受伤人员情况。

（2）关闭机房的总电源开关。

手动操作控制柜中的接触器会造成生命危险，应禁止这种做法。

（3）如果有轿厢门，则让被困人员将其关闭。如果没有轿厢门，则命令被困人员退离轿厢入口。在轿厢可能移动时应通知被困人员。

（4）打开主电源开关。

（5）打开紧急电气控制。

（6）通过操作紧急电气控制上的相应按钮使轿厢沿需要的方向移动。

注 意

不要超过下一厅层。

（7）如果轿厢到达下一厅层（可通过绳标识别），停止按电气紧急控制按钮。

（8）如果轿厢门不能自动开启，让被困人员打开轿厢门和厅门，如果可能的话从外面施加帮助，让被困人员离开轿厢。

（9）关闭电气紧急控制。

（10）如果在采取紧急措施后仍无法排除故障（如超过端站后紧急限位开关动作），关闭主电源开关，并与维修公司（故障检修服务部）联系。检验所有厅门是否关闭并锁定。确保受损厅门不得有人进入。

（11）如果通过操作紧急电气控制仍无法移动轿厢，则可采取以下救援步骤如下。

1）检验所有厅门和轿厢门是否关闭，随后重新操作紧急电气控制。如果无法使用装备有手动操作装置的设备成功完成以下工作。

2）关闭机房中的主电源开关。手动操作控制柜中的接触器会造成生命危险，应禁止这种做法。

3）操作制动释放杠杆，通过盘车手轮使轿厢按需要的方向移动（见机器说明）。在操作无手轮无齿安装时，通过制动释放杠杆松开制动器。轿厢向上向下移动取决于载荷状态，将其移到最近的厅层。

注 意

①缓慢移动轿厢；②不要移过下一层；③时刻准备操作制动器。

如果在载荷补偿时使用手轮，则应根据操作手册在机器上进行工作。该工作只能由专门公司的技术人员进行。

4）如果轿厢到达最近的层站（可以通过绳索标记来识别），则松开制动释放杠杆。

5）如果有轿厢门，则让被困人员关闭轿厢门及厅门，如果可能的话，从外面施加帮助，让被困人员离开轿厢。

6）在采取救援措施之后仍无法排除故障时（例如在超过端站后紧急限位开关动作），应关闭主开关并通知维修公司（故障检修服务部）。

（12）如果既不能通过电气紧急操作，又不能通过手动操作装置移动轿厢，请采取以下救援措施。

1）跟踪轿厢的确切位置。

2）通过紧急解锁打开轿厢底上面的最近的厅门，打开轿厢门，让被困人员朝上离开轿厢。

3）如果轿厢底上面的最近厅门的地坎与轿顶间的距离太小，则通过紧急解锁轿厢底下面的最近厅门救援被困人员。

注意

在轿厢下面可能有空隙，这可能会有掉入井道的危险，请采取安全措施。

如果被困人员既不能通过电气紧急控制器来得到救援，又不能通过释放制动器、手动操作装置、紧急解锁、紧急解锁厅门来救援，则应当与受伤人员保持声音联系，直至救援人员来到为止。

3. 救援流程

当电梯乘客被困时的救援，请严格按流程分析和操作，救援流程如图 1-18 所示。

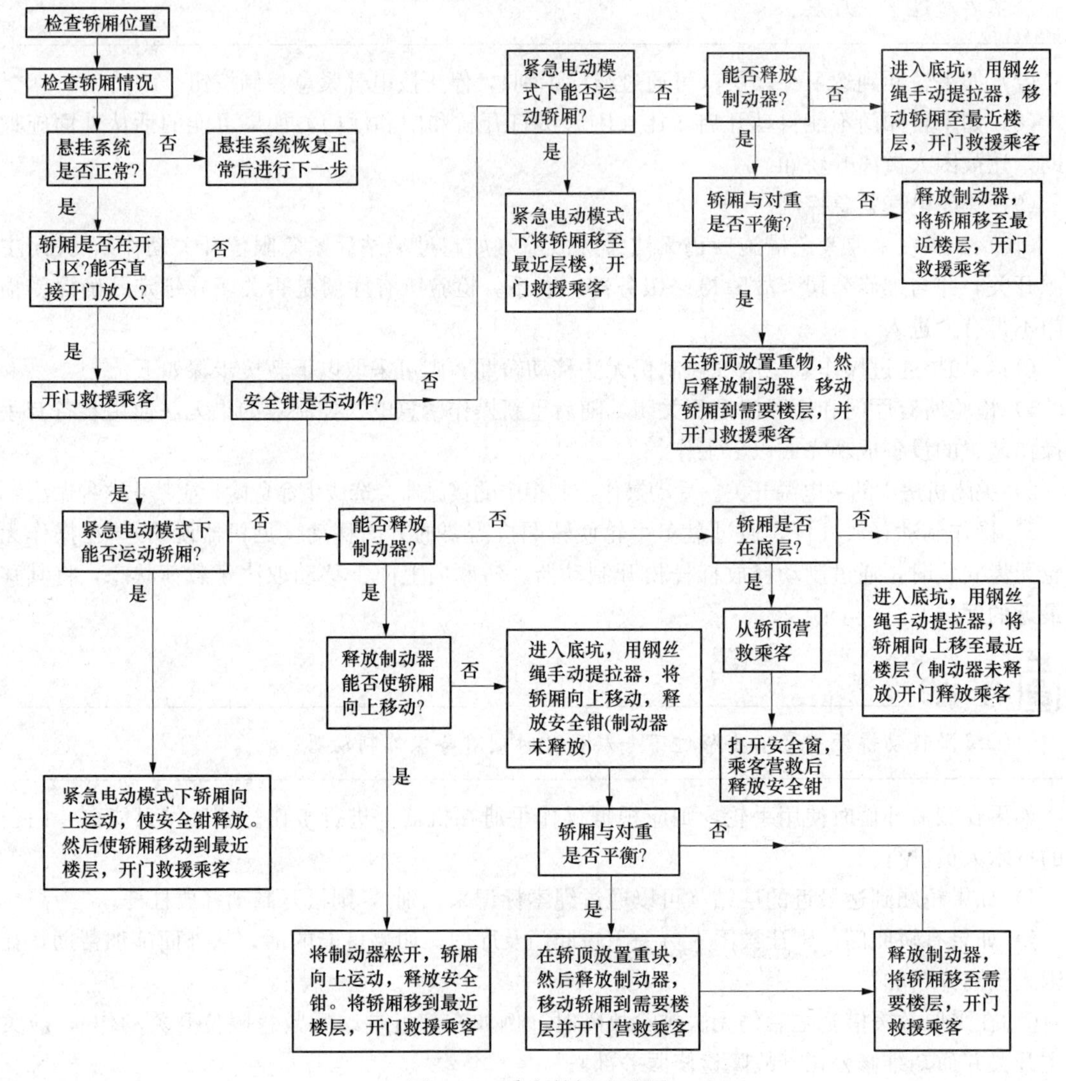

图 1-18　乘客救援流程图

第二章

电梯维修用工具与仪表

第一节　电梯维修常用仪表及工具

一、万用表

1. 机械式万用表

机械式万用表型号很多，常用的代表型号 MF47、MF50、MF210、MF93、MF94、MF500 型等万用表。下面以 MF47 型万用表为例介绍，其外形如图 2-1 所示。

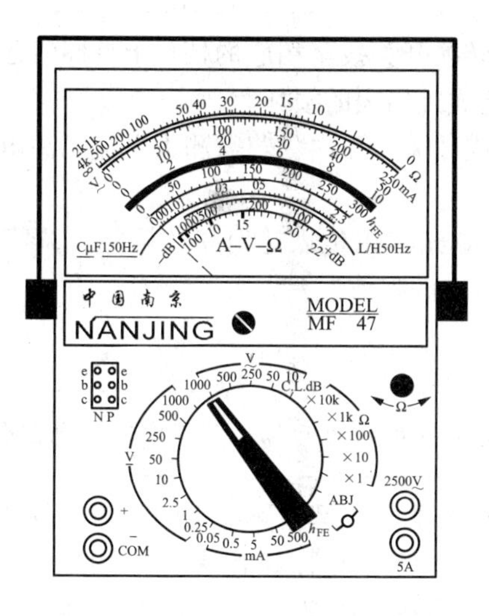

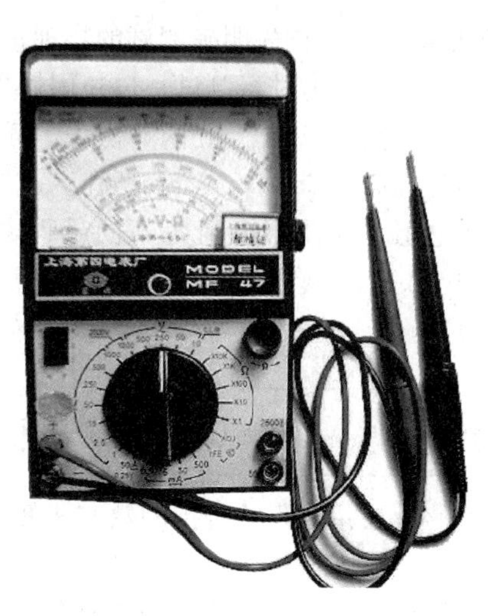

图 2-1　MF47 型万用表外形图

（1）表盘。如图 2-1 所示，第一条刻度线为电阻挡的读数，它的右端为“0”，左端为“∞（无穷大）”，且刻度线是不均匀的，读数时应该从右向左读，即表针越靠近左端阻值越大。第二、三条线是交流电压、直流电压及各直流电流的读数，左端为“0”，右端为最大读数。依据量程转换开关的不同，即使表针摆到同一位置时，其所指示的电压、电流的数值也不相同。第四条线是交流电压读数线，是为了提高小电压读数的精度而设置的。第五条线是测晶体管放大倍数（h_{FE}）挡的。第六、七条线分别是测量负载电流和负载电压的读数线。第八条线为音频电平（dB）的读数线。MF47 型万用表设有反光镜片，可减小视觉误差，参见图 2-1。

（2）转换开关的读数。

1）测量电阻：转换开关拨至R×1～R×10k挡位。

2）测交流电压：转换开关拨至10～1000V挡位。

3）测直流电压：转换开关拨至0.25～1000V挡位。若测高电压则将笔插入2500V插孔即可。

4）测直流电流：转换开关拨至0.25～247mA挡位。若测量大的电流，应把“正”（红）表笔插入“+5A”孔内，此时“负”（黑）表笔还应插在原来的位置。

5）测晶体管放大倍数，挡位开关先拨至ADJ，调整调零，使指针指向右边零位，再将挡位开并拨至h_{FE}挡，将三极管插入NPN或PNP插座，读第五条线的数值。

6）测负载电流I和负载电压U，使用电阻挡的任何一个挡位均可。

7）音频电平dB的测量，应该使用交流电压挡。

（3）万用表的使用。

1）使用万用表之前，应先注意表针是否指在“∞（无穷大）”的位置，见表针不正对此位置，应用螺钉旋具调整机械调零钮，使表针正好处在无穷大的位置。

注意

此调零钮只能调半圈，否则有可能会损坏，以致无法调整。

2）在测量前，应首先明确测试的物理量，并将转换开关拨至相应的挡位上，同时还要考虑好表笔的接法；然后再进行测试，以免因误操作而造成万用表的损坏。

3）将红表笔插入“+”孔内，黑表笔插“-”或“*”孔内。若需测大电流、高电压，可以将红表笔分别插入2500V或5A插孔。

（4）测电阻：在使用电阻各不同量程之前，都应先将正负表笔对接，调整“调零电位器Ω”，让表针正好指在零位，而后再进行测量，否则测得的阻值误差太大。

注意

每换一次挡，都要进行一次调零，再将表笔接在被测物的两端，就可以测量电阻值了。

电阻值的读法：将开关所指的数与表盘上的读数相乘，就是被测电阻的阻值。例如用R×100挡测量一只电阻，表针指在“10”的位置，那么这只电阻的阻值是10×100Ω=1000Ω=1kΩ；见表针指在“1”的位置，其电阻值为100Ω；若指在“100”，则为10kΩ，以此类推。

（5）测电压：电压测量时，应将万用表调到电压挡，并将两表笔并联在电路中进行测量，测量交流电压时，表笔可以不分正负极；测量直流电压时红表笔接电源的正极，黑表笔接电源的负极，若接反，表笔会向相反的方向摆动。若测量前不能估测出被测电路电压的大小，应用较大的量程去试测，见表针摆动很小，再将转换开关拨到较小量程的位置；见表针迅速摆到零位，应该马上把表笔从电路中移开，加大量程后再去测量。

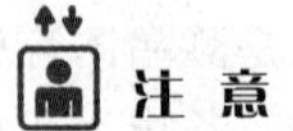

注意

测量电压时，应一边观察着表针的摆动情况，一边用表笔试着进行测量，以防电压太高把表针打弯或把万用表烧毁。

（6）测直流电流：将表笔串联在电路中进行测量（先将电路断开），将表笔串联在电路中进行测量。红表笔接电路的正极，黑表笔接电路中的负极。测量时应该先用高挡位，见表针摆动很小，再换低挡位。若需测量大电流，应该用扩展挡。

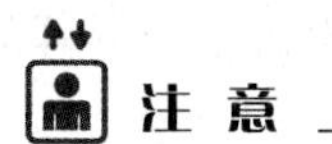

万用表的电流挡是最容易被烧毁的，在测量时千万注意。

（7）晶体管放大倍数（h_{FE}）的测量：先把转换开关转到ADJ挡（无ADJ挡位其他型号表面可用R×1k挡）调好零位再调，再把转换开关转到hFE进行测量。将晶体管的b、c、e三个级分别插入万用表上的b、c、e三个插孔内，PNP型晶体管插PNP位置，读第四条刻度线上的数值；NPN型晶体管插入NPN位置，读第五条刻度线的数值，均按实数读。

（8）穿透电流的测量：按照“晶体管放大倍数（h_{FE}）的测量”的方法将晶体管插入对应的孔内，但晶体管的“b”极不插入，这时表针将有一个很小的摆动，依据表针摆动的大小来估测“穿透电流”的大小，表针摆动幅度越大，穿透电流越大，否则就越小。

由于万用表CUF、LUH刻度线及dB刻度线应用得很少，在此不再赘述，可参见使用说明。

（9）机械式万用表常见故障的检测。

1）磁电式表头故障。

a. 摆动表头，指针摆幅很大且没有阻尼作用。故障为可动线圈断路、游丝脱焊。

b. 指示不稳定。此故障为表头接线端松动或动圈引出线、游丝、分流电阻等脱焊或接触不良。

c. 零点变化大，通电检查误差大。此故障可能是轴承与轴承配合不妥当，轴尖磨损比较严重，致使摩擦误差增加，游丝严重变形，游丝太脏而粘圈，游丝弹性疲劳，磁间隙中有异物等。

2）直流电流挡故障。

a. 测量时，指针无偏转，此故障多为：表头回路断路，使电流等于零；表头分流电阻短路，从而使绝大部分电流流不过表头；接线端脱焊，从而使表头中无电流流过。

b. 部分量程不通或误差大。原因是由于分流电阻断路、短路或变值所引起。

c. 测量误差大，原因是分流电阻变值（阻值变化大，导致正误差超差；阻值变化小，导致负误差超差）。

d. 指示无规律，量程难以控制。原因多为量程转换开关位置窜动（调整位置，安装正确后即可解决）。

3）直流电压挡故障。

a. 指针不偏转，示值始终为零。分压附加电阻断线或表笔断线。

b. 误差大。其原因是附加电阻的阻值增加引起示值的正误差，阻值减小引起示值的负误差。

c. 正误差超差并随着电压量程变大而严重。表内电压电路元件受潮而漏电，电路元件或其他元件漏电，印制电路板受污、受潮、击穿、电击碳化等引起漏电。修理时，刮去烧焦的纤维板，清除粉尘，用酒精清洗电路后烘干处理。严重时，应用小刀割铜泊与铜泊之间电路板，从而使绝缘良好。

d. 不通电时指针有偏转，小量程时更为明显。其故障原因是由于受潮和污染严重，使电压测量电路与内置电池形成漏电回路。处理方法同上。

4）交流电压、电流挡故障。

a. 于交流挡时，指针不偏转、示值为零或很小，多为整流元件短路或断路，或引脚脱焊。检查整流元件，若有损坏更换，有虚焊时应重焊。

b. 于交流挡时，示值减少一半。此故障是由整流电路故障引起的，即全波整流电路局部失效而变成半波整流电路使输出电压降低，更换整流元件，故障即可排除。

c. 于交流电压挡时，指示值超差，为串联电阻阻值变化超过元件允许误差而引起的。当串联电阻阻值降低绝缘电阻降低、转换开关漏电时，将导致指示值偏高。相反，当串联电阻阻值变大时，将使指示值偏低而超差。应采用更换元件、烘干和修复转换开关的办法排除故障。

d. 于交流电流挡时，指示值超差，为分流电阻阻值变化或电流互感器发生匝间短路，更换元器件或调整修复元器件排除故障。

e. 于交流挡时，指针抖动，为表头的轴尖配合太松，修理时指针安装不紧，转动部分质量改变等，由于其固有频率刚好与外加交流电频度相同，从而引起共振。尤其是当电路中的旁路电容变质失效而无滤波作用时更为明显。排除故障的办法是修复表头或更换旁路电容。

5）电阻挡故障。

a. 电阻常见故障是各挡位电阻损坏（原因多为使用不当，用电阻挡误测电压造成），使用前，用手捏两表笔，一般情况下表坏应摆动，若摆动则对应挡电阻烧坏，应予以更换。

b. R×1 挡两表笔短接之后，调节调零电位器不能使指针偏转到零位。此故障多是由于万用表内置电池电压不足，或电极触簧受电池漏液腐蚀生锈，从而造成接触不良。此类故障在仪表长期不更换电池情况下出现最多。若电池电压正常，接触良好，调节调零电位器指针偏转不稳定，无法调到欧姆零位，则多是调零电位器损坏。

c. 在 R×1 挡可以调零，其他量程挡调不到零，或只是 R×10K、R×100K 挡调不到零。出现故障的原因是由于分流电阻阻值变小，或者高阻量程的内置电池电压不足。更换电阻元件或叠层电池，故障就可排除。

d. 在 R×1、R×10、R×100 挡测量误差大。在 R×100 挡调零不顺利，即使调到零，但经几次测量后，零位调节又变为不正常，出现这种故障，是由于量程转换开关触点上有黑色污垢，使接触电阻增加且不稳定，通过各挡开关触点直至露出银白色为止，保证其接触良好，可排除故障。

e. 表笔短路，表头指示不稳定。故障原因多是由于线路中有假焊点，电池接触不良或表笔引线内部断线，修复时应从最容易排除的故障做起，即先保证电池接触良好，表笔正常，见表头指示仍然不稳定，就需要寻找线路中假焊点加以修复。

f. 在某一量程挡测量电阻时严重失准，而其余各挡正常，这种故障往往是由于量程开关所指的表箱内对应电阻已经烧毁或断线所致。

g. 指针不偏转，电阻示值总是无穷大。故障原因多数是由于表笔断线，转换开关接触不良，电池电极与引出簧片之间接触不良，电池日久失效已无电压，以及调零电位器断路。找到具体原因之后作针对性的修复，或更换内置电池，故障即可排除。

（10）机械式万用表的选用。万用表的型号很多，而不同型号之间功能也存在差异。除基本量程，在选购万用表的时候，通常要注意以下几个方面。

1）用于检测无线电等弱电子设备时。在选用万用表时一定要注意以下三个方面。

a. 万用表的灵敏度不能低于 20kΩ/V，否则在测试直流电压时，万用表对电路的影响太大，而且测试数据也不允许；

b. 外形选择需要上门修理时，应选外形稍小一些的万用表，如 50 型 U201 等。若不上门修理，可选择 MF47 或 MF50 型万用表；

c. 频率特性选择：方法是用直流电压挡测高频电路（若彩色电视机的行输出电路电压）看是否显示标称值，若是则频率特性高；若指示值偏高则频率特性差（不抗峰值）。则此表不能用于高频电路的检测（最好不要选择此种类）。

2）检测电力设备时，如检测电动机、空调、冰箱等。选用的万用表一定要有交流电流测试挡。

3）检查表头的阻尼平衡。首先进行机械调零，将表在水平、垂直方向来回晃动，指针不应该有明显的摆动；将表水平旋转和竖直放置时，表针偏转不应该超过一小格；将表针旋转 360° 时，指针应该始终在零附近均匀摆动。若达到了上述要求，就说明表头在平衡和阻尼方面达到了标准。

2. 数字万用表结构及使用

数字万用表是利用模拟/数字转换原理，将被测量模拟电量参数转换成数字电量参数，并以数字形式显示的一种仪表。它比指针式万用表的精度高、速度快、输入阻抗高、对电路的影响小、读数方便准确等，其外形如图 2-2 所示。

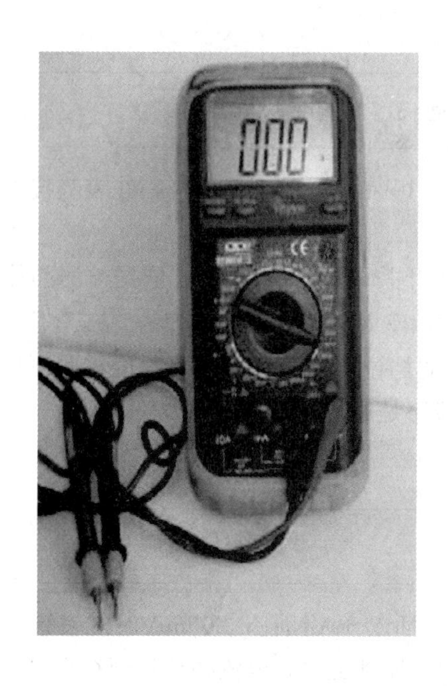

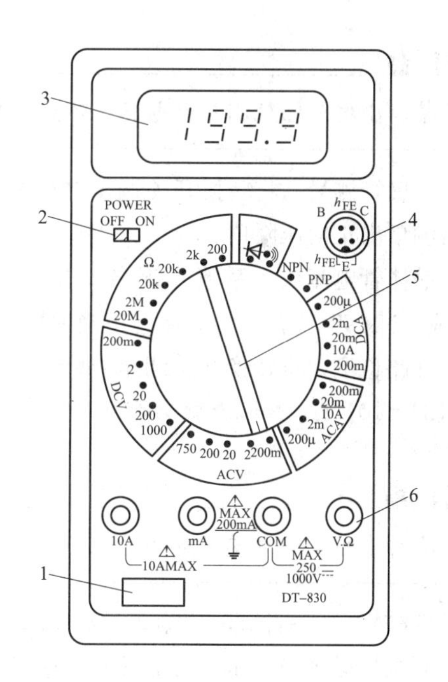

图 2-2　数字万用表外形

1—铭牌；2—电源开关；3—LCD 显示器；4—h_{FE}插孔；5—量程选择开关；6—输入插孔

数字万用表的使用方法如下。

首先打开电源，将黑表笔插入“COM”插孔，红表笔插入“V·Ω”插孔。

（1）电阻测量。将转换开关调节到 Ω 挡，将表笔测量端接于电阻两端，即可显示相应示值，若显示最大值“1”（溢出符号）时必须向高电阻值挡位调整，直到显示为有效值为止。为了保证测量准确性，在路测量电阻时，最好断开电阻的一端，以免在测量电阻时会在电路中形成回路，影响测量结果。

注 意

不允许在通电的情况下进行在线测量，测量前必须先切断电源，并将大容量电容放电。

（2）“DCV”——直流电压测量。表笔测试端必须与测试端可靠接触（并联测量）。原则上由高电压挡位逐渐往低电压挡位调节测量，直到此挡位示值的 1/3～2/3 为止，此时的示值才是一个比较准确的值。

注 意

严禁以小电压挡位测量大电压。不允许在通电状态下调整转换开关。

（3）“ACV”——交流电压测量。表笔测试端必须与测试端可靠接触（并联测量）。原则上由高电压挡位逐渐往低电压挡位调节测量，直到此挡位示值的 1/3～2/3 为止，此时的示值才是一个比较准确的值。

注 意

严禁以小电压挡位测量大电压。不允许在通电状态下调整转换开关。

（4）二极管测量。将转换开关调至二极管挡位，黑表笔接二极管负极，红表笔接二极管正极，即可测量出正向压降值。

（5）晶体管电流放大系数 hEF 的测量。将转换开关调至“h_{FE}”挡，依据被测晶体管选择“PNP”或“NPN”位置，将晶体管正确地插入测试插座即可测量到晶体管的“h_{FE}”值。

（6）开路检测。将转换开关调至有蜂鸣器符号的挡位，表笔测试端可靠的接触测试点，若两者在（20±10）Ω，蜂鸣器就会响起来，表示此线路是通的，不响则此线路不通。

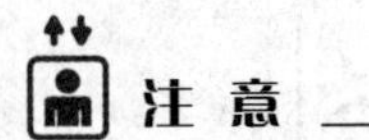

注 意

不允许在被测量电路通电的情况下进行检测。

（7）“DCA”——直流电流测量 200mA 时红表笔插入 mA 插孔；200mA 时红表笔插入 A 插孔，表笔测试端必须与测试端可靠接触（串联测量）。原则上由高电流挡位逐渐往低电流挡位调节测量，直到此挡位示值的 1/3～2/3 为止，此时的示值才是一个比较准确的值。

注 意

严禁以小电流挡位测量大电流。不允许在通电状态下调整转换开关。

（8）“ACA”——交流电流测量低于 200mA 时红表笔插入 mA 插孔；高于 200mA 时红表笔插入 A 插孔，表笔测试端必须与测试端可靠接触（串联测量）。原则上由高流挡位逐渐往低电流挡位调节测量，直到此挡位示值的 1/3～2/3 为止，此时的示值才是一个比较准确的值。

严禁以小电流挡位测量大电流。不允许在通电状态下调整转换开关。

（9）数字万用表常见故障与检修。

1）仪表无显示。首先检查电池电压是否正常（一般用的是9V电池，新的也要测量）。其次检查熔丝是否正常，若不正常，则予以更换；检查稳压块是否正常，若不正常，则予以更换；限流电阻是否开路，若开路，则予以更换。再查：①检查线路板上的线路是否有腐蚀或短路、断路故障现象（特别是主电源电路线）。若有，则应进行清洗电路板，并及时做好干燥和焊接工作；②若一切正常，测量显示集成块的电源输入的两脚，测试电压是否正常，若正常，则此集成块损坏，必须更换此集成块；若不正常，则检查其他有没有短路点，若有，则要及时处理好；若没有或处理好后，还不正常，那么此集成已经内部短路，则必须更换。

2）电阻挡无法测量。首先从外观上检查电路板，在电阻挡回路中有没有连接电阻烧坏，若有，则必须立即更换；若没有，则要每一个连接元件进行测量，有坏的及时更换；若外围都正常，则测量集成块损坏，必须更换。

3）电压挡在测量高压时示值不允许，或测量稍长时间示值不允许甚至不稳定，此类故障多数是由于某一个或几个元件工作功率不足引起的。若在停止测量的几秒内，检查时会发现这些元件会发烫，这是由于功率不足而产生了热效应所造成的，同时形成了元件的变值。集成块也是如此，则必须更换此元件（或集成电路）。

4）电流挡无法测量。多数是由于操作不当引起的，检查限流电阻和分压电阻是否烧坏，若烧坏，则应予以更换；检查到放大器的连线是否损坏，若损坏，则应重新连接好；若不正常，则更换放大器。

5）示值不稳，有跳字故障现象。检查整体电路板是否受潮或有漏电故障现象，若有，则必须清洗电路板并做好干燥处理；输入回路中有无接触不良或虚焊故障现象（包括测试笔），若有，则必须重新焊接；检查有无电阻变质或刚测试后有无元件发生超正常的烫手故障现象，这种故障现象是由于其功率降低引起的，若有此故障现象，则应更换此元件。

6）示值不允许。这种故障现象主要是测量通路中的电阻值或电容失效引起的，则更换此电容或电阻；①检查此通路中的电阻阻值（包括热反应中的阻值），若阻值变值或热反应变值，则予以更换此电阻；②检查A/D转换器的基准电压回路中的电阻、电容是否损坏，若损坏，则予以更换。

二、绝缘电阻表

绝缘电阻表又叫兆欧表、摇表，是一种测量高电阻的仪表，在电梯维修过程中，主要测量电动机的绝缘电阻和绝缘材料的漏电组织。绝缘电阻表的外形及使用方法如图2-3所示。

绝缘电阻表有指针式绝缘电阻表和数字式绝缘电阻表两种，在此仅介绍常见的指针式绝缘电阻表。指针式绝缘电阻表在使用时必须摇动手把，表盘上采用对数刻度，读数单位是兆欧，是一种测量高电阻的仪表。绝缘电阻表以其测试时所发生的直流电压高低和绝缘电阻测量范围大小来分类。常用的绝缘电阻表有两种：5050（ZC-3）型，直流电压500V，测量范围0～500MΩ；1010（ZC11-4）型，直流电压1100V，测量范围0～1000MΩ。选用绝缘电阻表时要依电压的工作电压来选择，若500V以下的电器应选用500V的绝缘电阻表。

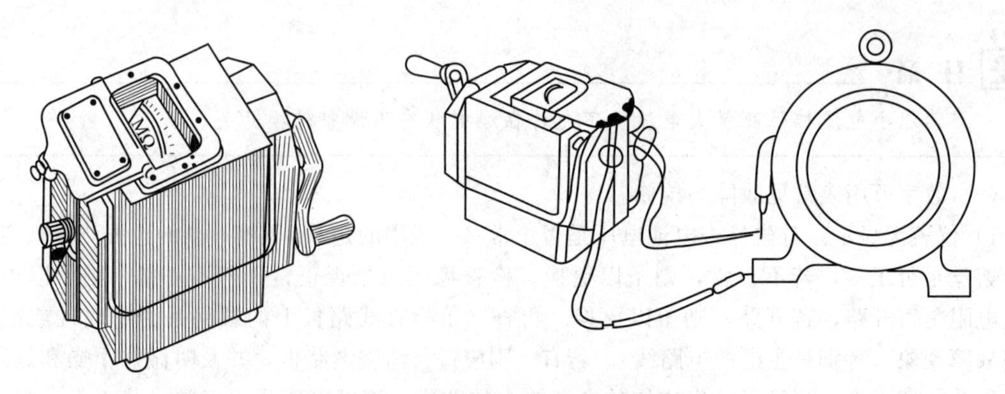

图 2-3　绝缘电阻表的外形及使用方法

使用绝缘电阻表测量绝缘电阻时，须先切断电源，然后用绝缘良好的单股线把两表线（或端纽）连接起来，做一次开路试验和短路试验。在两个测量表线开路时摇动手柄，表针应指向无穷大；若把两个测量表线迅速短路一下，表针应摆向零线。若不是这样，就说明表线连接不良或仪表内部有故障，应排除故障后再测量。

测量绝缘电阻时，要把被测电器上的有关开关接通，使电器上所有元件都与绝缘电阻表连接。若某些电器元件或局部电路不和绝缘电阻表相通，则这个电器元件或局部电路就没被测量到。绝缘电阻表有三个接线柱，即接地柱 E、电路柱 L、保护环柱 G。其接线方法依被测对象而定。测量设备对地绝缘时，被测电路接于 L 柱上，将接地柱 E 接于地线上。测量电动机与电气设备对外壳的绝缘时，将绕组引线接于 L 柱上，外壳接于 E 柱上。测量电动机的相间绝缘时，L 和 E 柱分别接于被测的两相绕组引线上。测量电缆芯线的绝缘电阻时，将芯线接于 L 柱上，电缆外皮接于 E 柱上，绝缘包扎物接于 G 柱上。

注意

由于绝缘材料的漏电或击穿，往往在加上较高的工作电压时才能表现出来，所以一般不能用万用表的电阻挡来测量绝缘电阻。

绝缘电阻表使用注意事项如下。

（1）绝缘电阻表接线柱至被测物体间的测量导线，不能使用双股并行导线或胶合导线，应使用绝缘良好的导线。

（2）绝缘电阻表的量限要与被测绝缘电阻值相适应，绝缘电阻表的电压值要接近或略大于被测设备的额定电压。

（3）用绝缘电阻表测量设备绝缘电阻时，必须先切断电源。对于有较大容量的电容器，必须先放电后遥测。

（4）测量绝缘电阻时，应使绝缘电阻表手柄的摇动速度在 120r/min 左右，一般以绝缘电阻表摇动一分钟时测出的读数为准，读数时要继续摇动手柄。

（5）由于绝缘电阻表输出端钮上有直流高压，所以使用时应注意安全，不要用手触及端钮。要在摇动手柄，发电机发电状态下断开测量导线，以防电器储存的电能对表放电。

（6）测量中见表针指示到零应立即停摇，若继续摇动手柄，则有可能损坏绝缘电阻表。

三、其他测量仪表

1. 钳形电流表

钳形电流表主要用于测量电流，由电流表头和电流互感线圈等组成。外形及结构如图 2-4 所示。

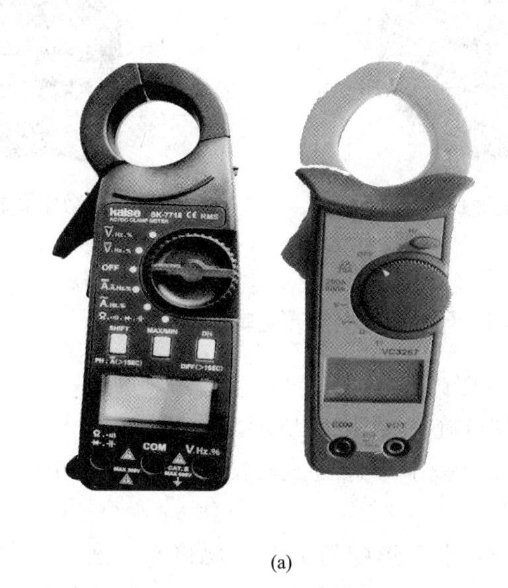

(a)

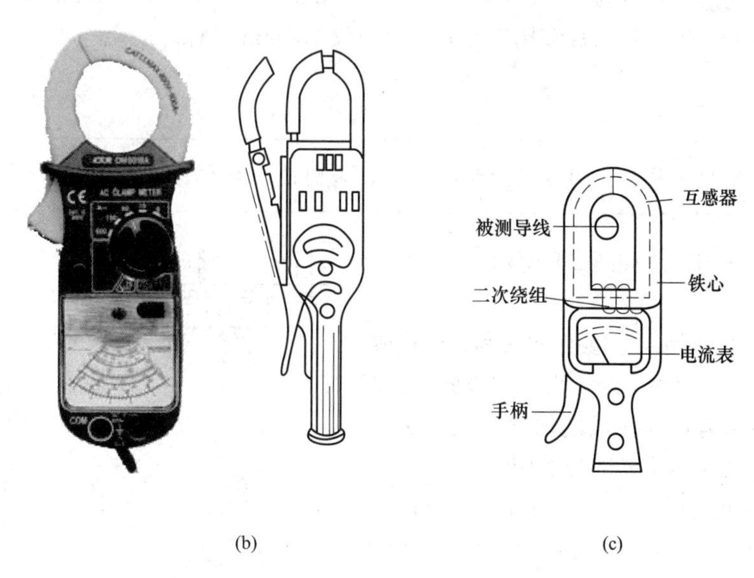

(b)　　(c)

图 2-4　钳形表的外形及结构

(a) 数字钳形表；(b) 指针式钳形表；(c) 钳形表结构

2. 转速表

主要应用于测量电梯电动机主轴的转速，常用有机械式和数字型两种，如图 2-5、图 2-6 所示。

图 2-5 机械式转速表

图 2-6 数字式转速表

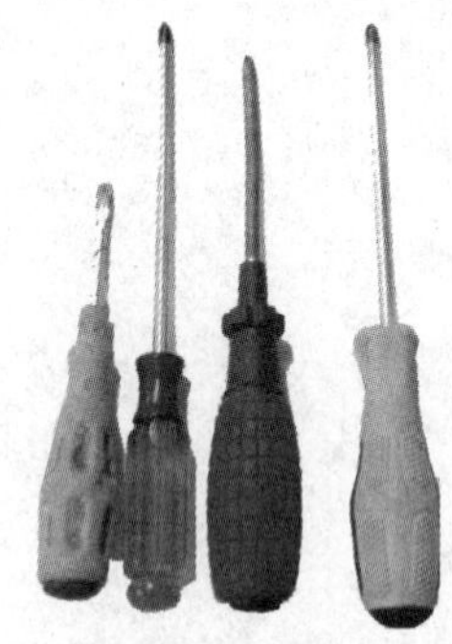

图 2-7 螺钉旋具

四、电梯常用维修工具

1. 螺钉旋具

螺钉旋具如图 2-7 所示。

(1) 一字形螺钉旋具，常用尺寸有 100、150、200、300、400mm 5 种。

(2) 十字形螺钉旋具，规格有 4 种。Ⅰ号适用直径为 2～25mm、Ⅱ号为 2～5mm、Ⅲ号为 6～8mm、Ⅳ号为 10～12mm。

(3) 多用螺钉旋具目前仅 230mm 一种。

注 意

电工不可使用金属杆直通柄顶的螺钉旋具，否则使用时容易造成触电事故。

螺钉旋具的使用方法如图 2-8 所示。

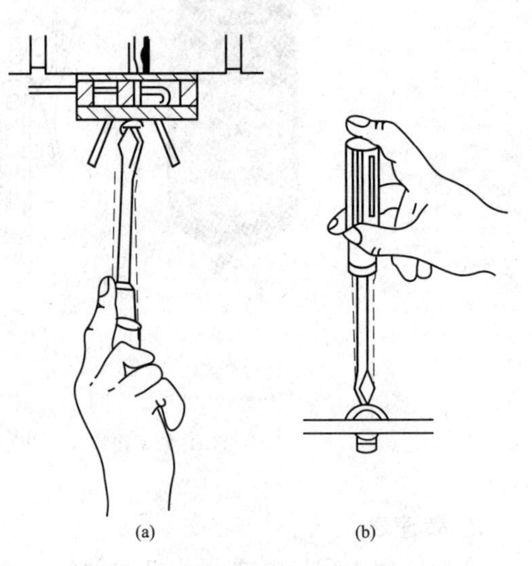

图 2-8 螺钉旋具的使用方法

(a) 大螺钉旋具；(b) 小螺钉旋具

2. 钢丝钳

钢丝钳如图 2-9 所示，主要由钳头和钳柄构成。

钳口用来弯绞或钳夹导线；齿口用来紧固或起松螺母；刀口用来剪切导线或剖切软导线绝缘层；如图 2-10 所示，图中示出各部分的用法。

钢丝钳常用的规格有 150、175、200mm 三种。电工所用的钢丝钳，在钳柄上应套有耐压为 500V 以上的绝缘套管。

3. 尖嘴钳

尖嘴钳有铁柄和绝缘两种，绝缘柄的耐压为 500V，其外形如图 2-11 所示。

尖嘴钳的用途如下。

(1) 剪断细小金属丝。

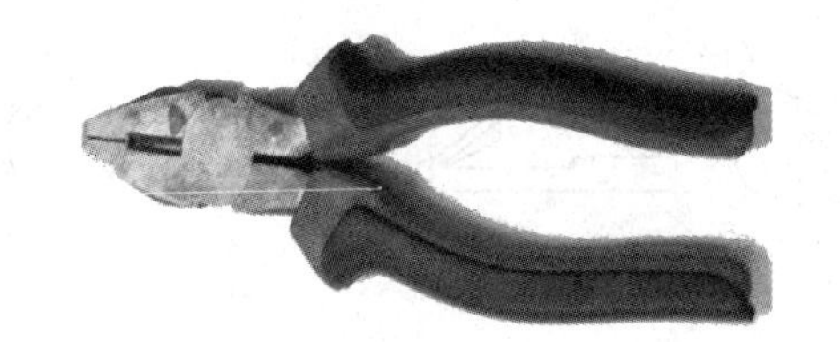

图 2-9 钢丝钳

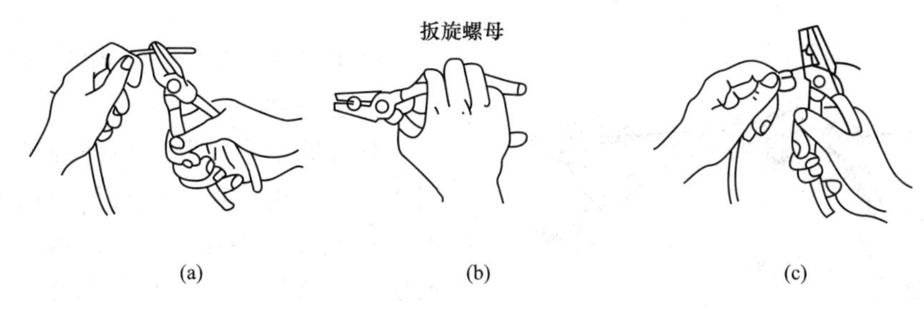

图 2-10 电工钢丝钳各部分的用途

(a) 弯绞导线；(b) 紧固螺母；(c) 剪切导线

(2) 夹持螺钉、垫圈、导线等元件。

(3) 在装接电路时，尖嘴钳可将单股导线弯成一定圆弧的接线鼻子。

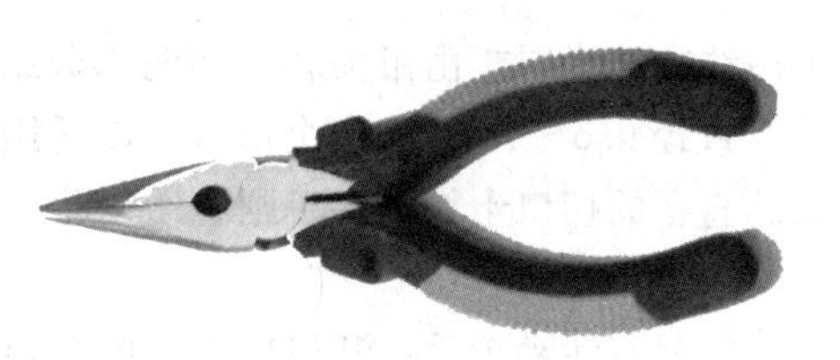

图 2-11 尖嘴钳

4. 断线钳

断线钳又称斜口钳，其中电工用的绝缘柄断线钳的外形如图 2-12 所示，其耐压为 500V。

断线钳是专供剪断较粗的金属丝、线材及电磁线电缆等用。

5. 电工刀

电工刀是电工用来剖削的常用工具，图 2-13 所示为其外形。

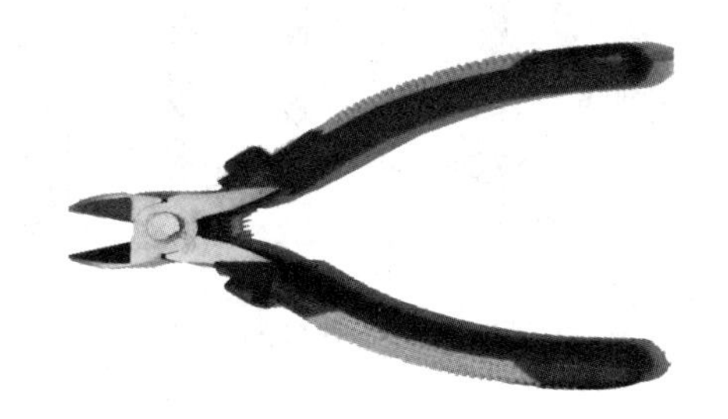

图 2-12 断线钳

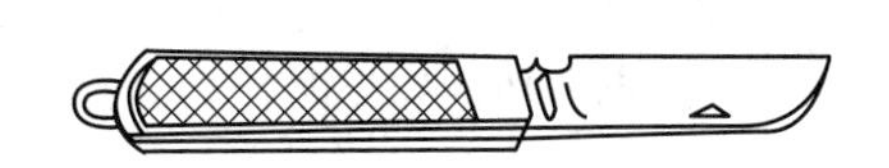

图 2-13 电工刀

电工刀的使用：在切削导线时，刀口必须朝人身外侧，用电工刀剥去塑料导线外皮，步骤如下。

(1) 用电工刀以 45°角倾斜切入塑料层并向线端推削，如图 2-14 (a)、(b) 所示。

(2) 削去一部分塑料层，再将另一部分塑料层翻下，最后将翻下的塑料层切去，至此塑料层全部削掉且露出芯线，如图 2-14 (c)、(d) 所示。

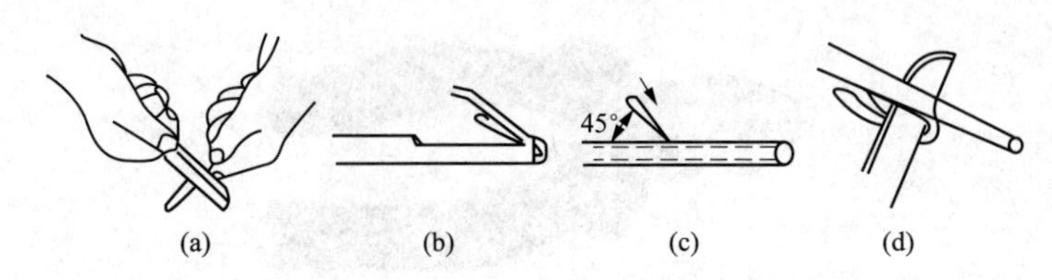

图 2-14　塑料线头的刨削

（a）入刀；（b）推削；（c）翻下；（d）切除绝缘

电工刀平时常用来削木榫来代替胀栓。

6. 紧线器

紧线器用来收紧户内外的导线，由夹线钳头、定位钩、收紧齿轮和手柄等组成，如图 2-15 所示。使用时，定位钩钩住架线支架或横担，夹线钳头夹住需收紧导线的端部，扳动手柄，逐步收紧。

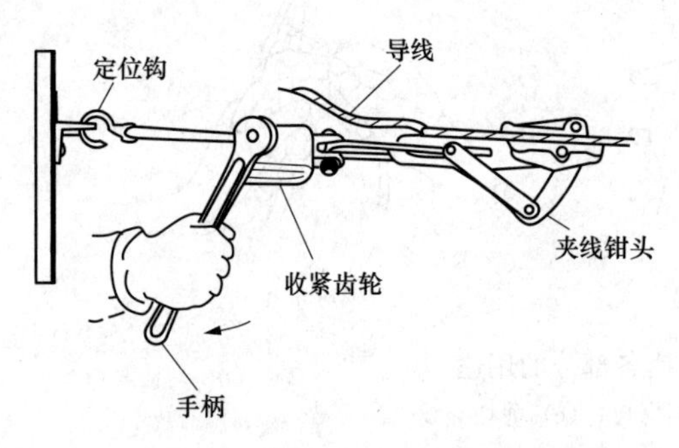

图 2-15　紧线器的构造和使用

7. 剥线钳

剥线钳用来剥离 6mm² 以下塑料或橡皮电磁线的绝缘层，由钳头和手柄两部分组成，如图 2-16 所示。钳头部分由压线口和切口构成，分有直径 0.5～3mm 的多个切口，以适用于不同规格的线芯。使用时，电磁线必须放在大于其线芯直径的切口上切削，否则会伤线芯。

8. 各种扳手

主要有活动扳手、开口扳手、内六角扳手、外六角扳手、梅花扳手等，扳手主要用于紧固和拆卸螺钉和螺母。常见的扳手如图 2-17 所示。

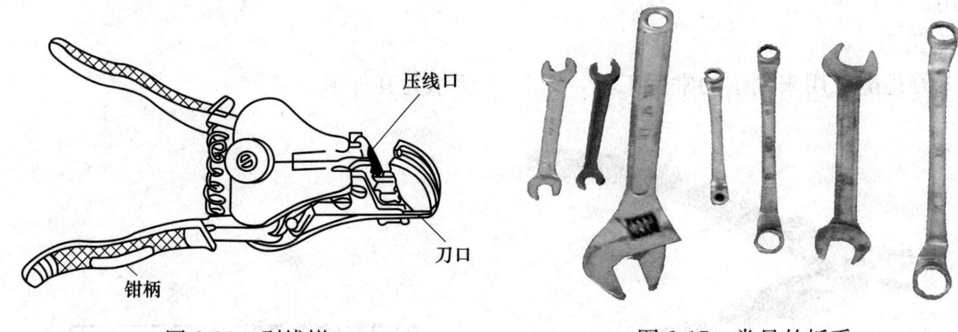

图 2-16　剥线钳　　　　图 2-17　常见的扳手

9. 直接绘划工具

直接绘划工具有划针、划规、划卡、划线盘和样冲。

（1）划针。划针是在工件表面划线用的工具，常用 $\phi2$～$\phi6$ 的工具钢或弹簧钢丝制成并经淬硬处理。有的划针在尖端部分焊有硬质合金，这样划针就更锐利，耐磨性好。划线时，划针要依靠钢直尺或直角尺等和导工具而移动，并向外倾斜约 15°～20°，向划线方向倾斜约 45°～75°。在划线时，要做到尽可能一次划成，使线条清晰准确。划针的种类及使用方法如图 2-18 所示。

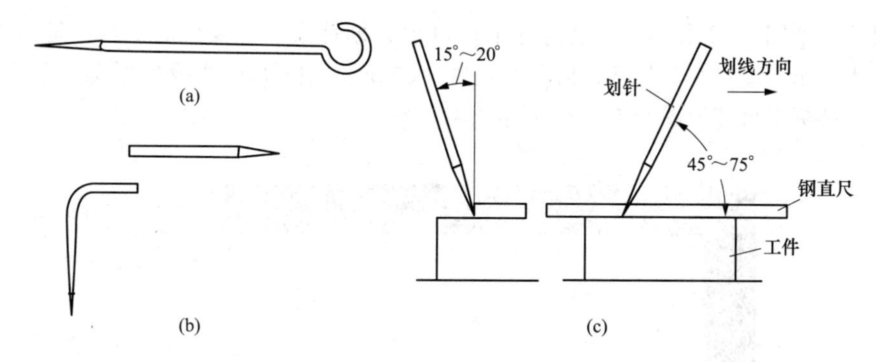

图 2-18　划针的种类及使用方法

（2）划规。划规（见图 2-19）是划圆、弧线、等分线段及量取尺寸等用的工具。

（3）划卡。划卡（单脚划规）主要是用来确定轴和孔的中心位置，也可用来划平行线。操作时应先划出四条圆弧线，然后再在圆弧线中冲一样的冲点。

（4）划线盘。划线盘（见图 2-20）主要用于立体划线和校正工件位置。用划线盘划线时，要注意划针装夹应牢固，伸出长度要短，以免产生抖动。其底座要保持与划线平台贴紧，不要使底座摇晃和跳动。

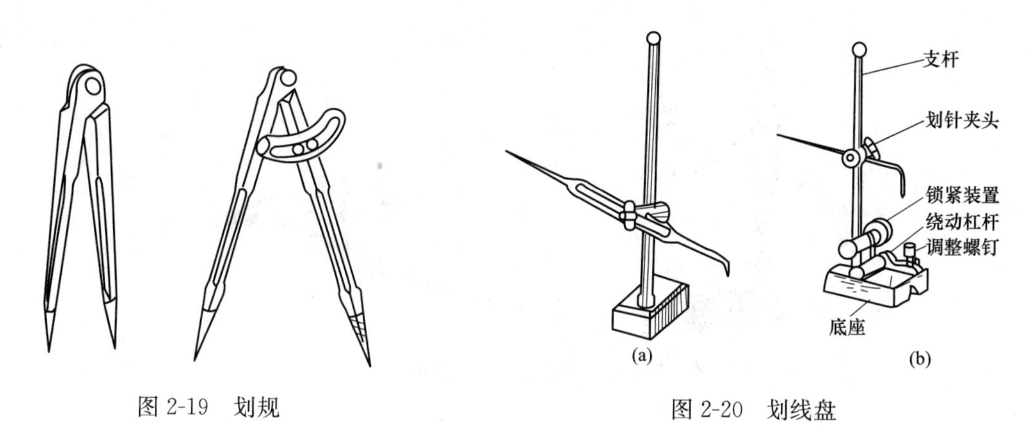

图 2-19　划规

图 2-20　划线盘

（5）样冲。样冲（见图 2-21）是在划好的线上冲眼时使用的工具。冲眼是为了强化显示用划针划出的加工界线，也是使划出的线条具有永久性的位置标记，另外它也可作为划圆弧时作定性脚点使用。样冲由工具钢制成，尖端处磨成 45°～60°并经淬火硬化。

冲眼时应注意以下几点。

1）冲眼位置要准确，冲心不能偏离线条。

2）冲眼间的距离要以划线的形状和长短而定，直线上可稀，曲线则稍密，转折交叉点处需冲点。

3）冲眼大小要根据工件材料、表面情况而定，薄的可浅些，粗糙的应深些，软的应轻些，而精加工表面禁止冲眼。

4）圆中心处的冲眼，最好要打得大些，以便在钻孔时钻头容易对中。

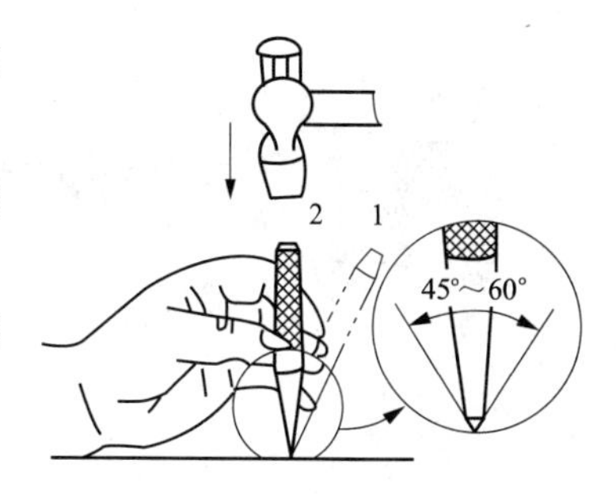

图 2-21　样冲及其用法

10. 测量工具

测量工具有普通高度尺、高度游标卡尺、钢直尺和 90°角尺和平板尺等，如图 2-22 所示。高度游标卡尺可视为划针盘与高度尺的组合，是一种精密工具，能直接表示出高度尺寸，其读数精度一般为 0.02mm，主要用于半成品划线，不允许用它在毛坯上划线。游标卡尺外形图如图 2-23 所示。

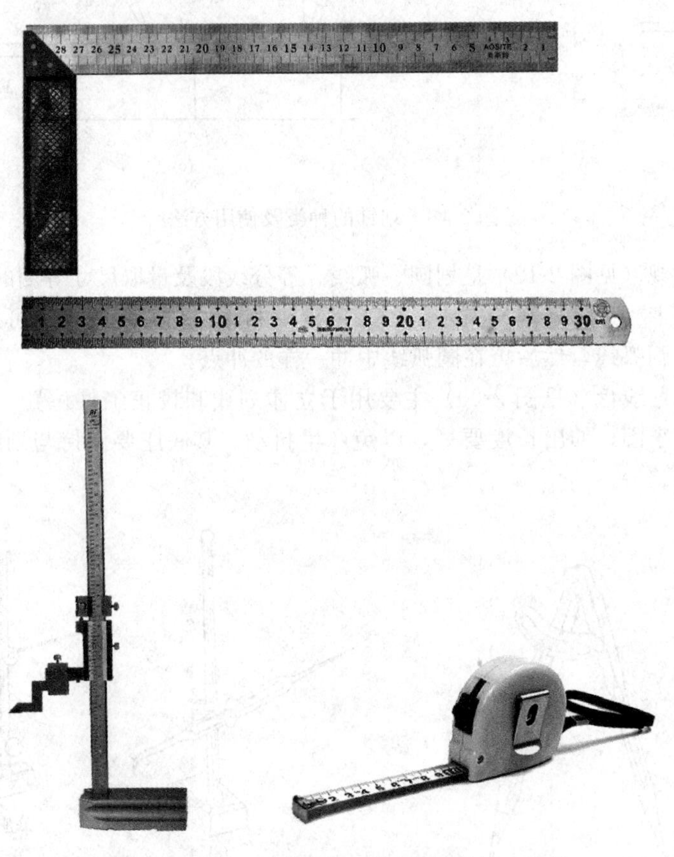

图 2-22　角尺、平板尺、高度游标卡尺、盒尺

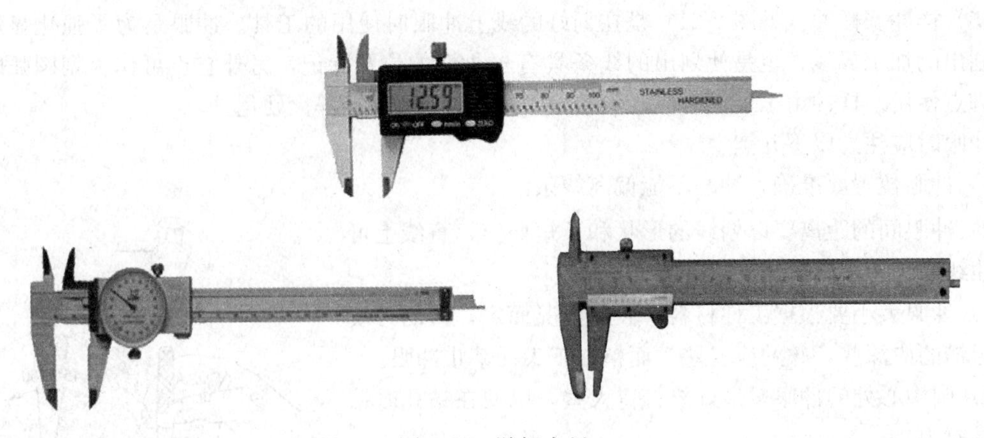

图 2-23　游标卡尺

游标卡尺测量值读数分3步进行。

(1) 读整数。游标零线左边的尺身上的第一条刻线是整数的毫米值。

(2) 读小数。在游标上找出一条刻线与尺身刻度对齐，从副尺上读出毫米的小数值。

(3) 将上述两值相加，即为游标卡尺的测得尺寸。

11. 锯削工具

锯削是用手锯对工件或材料进行分割的一切削加工，工作范围包括：分割各种材料或半成品；锯掉工件上多余部分；在工件上锯槽。

虽然当前各种自动化、机械化的切割设备已被广泛应用，但是手锯切削还是常见，这是因为它具有方便、简单和灵活的特点，不需任何辅助设备，不消耗动力。在单件小批量生产时，在临时工地以及在切削异形工件、开槽、修整等场合应用很广。手锯包括锯弓和锯条两部分。

锯弓是用来夹持和拉紧锯条的工具。有固定式和可调式两种，固定式锯弓只能安装一种长度规格的锯条。可调式锯弓的弓架分成两段，如图2-24所示。前端可在后段的套内移动，可安装几种长度规格的锯条。可调式锯弓使用方便，目前应用较广。

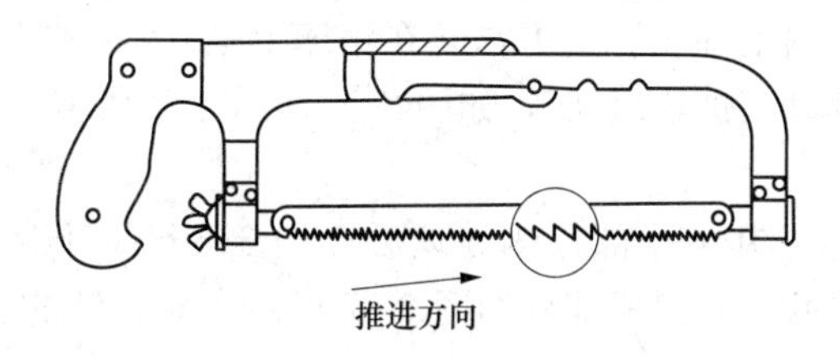

图2-24　手锯弓

锯条由一般碳素工具钢制成。为了减少锯条切削时两侧的摩擦，避免夹紧在锯缝中，锯齿应具有规律的向左右两面倾斜，形成交错式两边排列。

常用的锯条长度为300mm，宽12mm，厚0.8mm。按齿距的大小，锯条分为粗齿、中齿和细齿三种。粗齿主要用于加工截面或厚度较大的工件；细齿主要用于锯割硬材料、薄板和管子等；中齿加工普通钢材、铸铁以及中等厚度的工件。

12. 錾子和榔头

錾子一般用碳素工具钢锻制而成，刃部经淬火和回火处理后有较高的硬度和足够的韧性。常用的錾子有扁錾（阔錾）和窄錾两种，如图2-25所示。榔头大小用榔头的质量表示，常用的约0.5kg，榔头的全长约为300mm，榔头的材料为碳素工具钢锻成，锤柄用硬质木料制成。

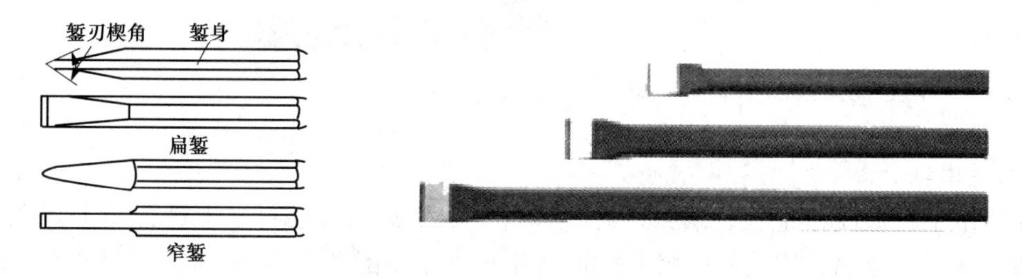

图2-25　錾子

錾子用左手中指、没有名指和小指松动自如地握持，大拇指和食指自然的接触，錾子头部伸出20～25mm，如图2-26（a）所示。

锄头主要靠右手拇指和食指，其余各指当锤击时才握紧，柄端只能伸出 15～30mm，如图 2-26（b）所示。

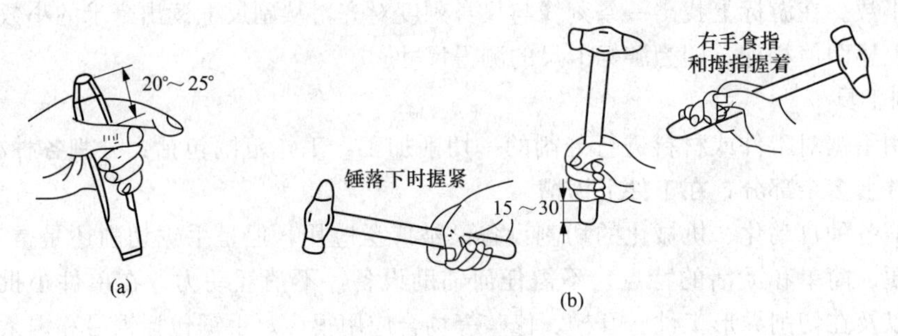

图 2-26　錾子和锄头的握法
（a）錾子握法；（b）锄头握法

13. 钻孔

钻孔是用钻头在固体材料上加工孔的方法。在钻床上钻孔，工件固定不动，钻头一边旋转（主运动），一边轴向向下移动（进给运动），如图 2-27 所示。钻孔属于粗加工。钻孔主要的工具是钻床、手电钻和钻头。

钻头通常由高速钢制造。其工作部分热处理后淬硬至 60～65HRC，钻头的形状和规格很多，麻花钻是钻头的主要形式，其组成部分如图 2-27 所示。麻花钻的前端为切削部分，有两个对称的主切削刃。钻头的顶部有横刃，横刃的存在使钻削时轴向压力增加。麻花钻有两条螺旋槽和两条刃带。螺旋槽的作用是形成切削刃和向外排屑；刃带的作用是减少钻头与孔壁的摩擦并导向。麻花钻头的结构决定了它的刚度和导向性均比较差。

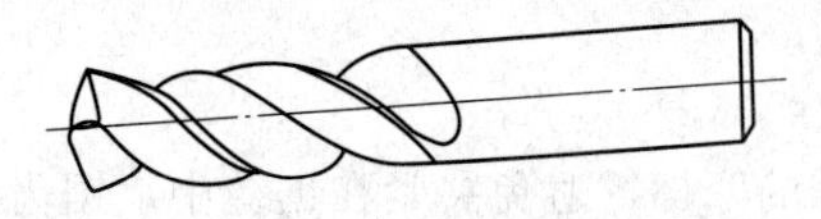

图 2-27　麻花钻的形成

14. 手动压接钳

可用电接头与接线端子的连接，可简化繁琐的焊接工艺，提高接合质量，如图 2-28 所示。

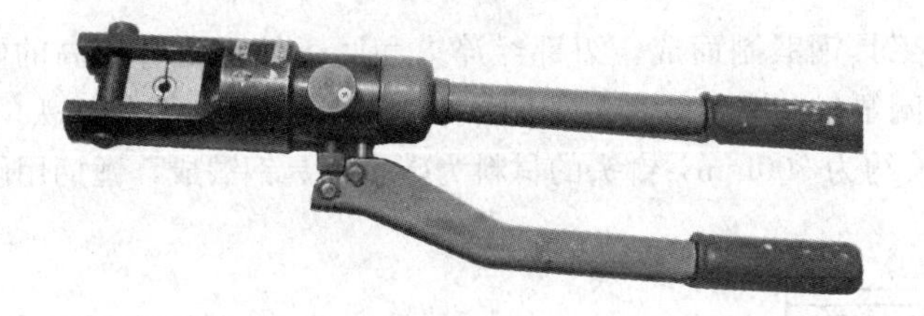

图 2-28　手动压接钳

15. 冲击电钻

主要适用于在混凝土地板、墙壁、砖块、石料、木板和多层材料上进行冲击打孔；另外还可以在木材、金属、陶瓷和塑料上进行钻孔和攻牙而配备有电子调速装备作顺/逆转等功能。

冲击电钻电动机电压有着 0～230V 与 0～115V 两种不同的电压，控制微动开关的离合，取得电动机快慢二级不同的转速，配备了顺逆转向控制机构、松紧螺丝和攻牙等功能。冲击电钻的冲击机构有犬牙式和滚珠式两种。滚珠式冲击电钻由动盘、定盘、钢球等组成。动盘通过螺纹与主轴相连，并带有12个钢球；定盘利用销钉固定在机壳上，并带有4个钢球，在推力作用下，12个钢球沿4个钢球滚动，使硬质合金钻头产生旋转冲击运动，能在砖、砌块、混凝土等脆性材料上钻孔。脱开销钉，使定盘随动盘一起转动，不产生冲击，可作普通电钻用，冲击电钻如图2-29所示。

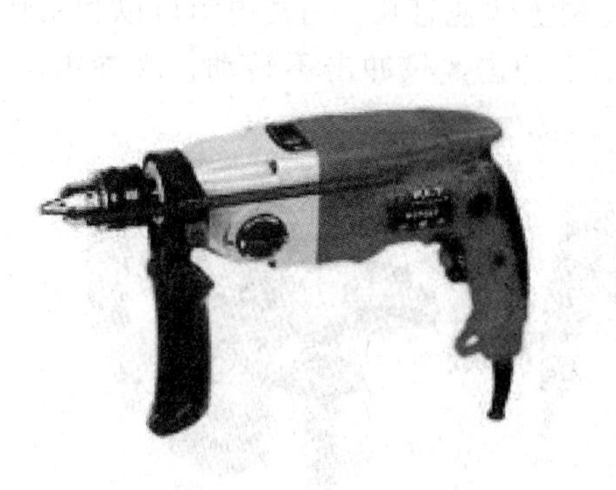

图2-29　冲击电钻

冲击电钻为双重绝缘设计，操作安全可靠，使用时不需要采用保护接地（接零），使用单相二极插头即可，使用时可以不戴绝缘手套或穿绝缘鞋。为使操作方便、灵活和有力，冲击电钻上一般带有辅助手柄。由于冲击电钻采用双重绝缘，没有接地（接零）保护，因此应特别注意保护橡套电缆。手提移动电钻时，必须握住电钻手柄，移动时不能拖拉橡套电缆。橡套电缆不能让车轮轧辗和足踏，防止鼠咬。

冲击电钻正确的使用方法如下。

（1）操作前必须查看电源是否与电动工具上的常规额定220V电压相符，以免错接到380V的电源上。

（2）使用冲击电钻前请仔细检查机体绝缘防护、辅助手柄及深度尺调节等情况，机器有没有螺丝松动现象。

（3）冲击电钻必须按材料要求装入$\phi6\sim\phi25$允许范围的合金钢冲击钻头或钻孔通用钻头。严禁使用超越范围的钻头。

（4）冲击电钻导线要保护好，严禁满地乱拖防止轧坏、割破，更不准把电磁线拖到油水中，防止油水腐蚀电磁线。

（5）使用冲击电钻的电源插座必须配备漏电开关装置，并检查电源线有没有破损现象，使用当中发现冲击钻漏电、震动异常、高热或者有异声时，应立即停止工作，找电工及时检查修理。

（6）冲击电钻更换钻头时，应用专用扳手及钻头锁紧钥匙，杜绝使用非专用工具敲打冲击钻。

（7）使用冲击电钻时切记不可用力过猛或出现歪斜操作，事前务必装紧合适钻头并调节好冲击钻深度尺，垂直、平衡操作时要徐徐均匀的用力，不可强行使用超大钻头。

（8）熟练掌握和操作顺逆转向控制机构、松紧螺丝及打孔攻牙等功能。

16. 电锤

电锤是电钻中的一类，主要用来在混凝土、楼板、砖墙和石材上钻孔。专业在墙面、混凝土、石材上面进行打孔，还有多功能电锤，调节到适当位置配上适当钻头可以代替普通电钻、电镐使用。

电锤是在电钻的基础上，增加了一个由电动机带动有曲轴连杆的活塞，在一个气缸内往复压缩空气，使气缸内空气压力呈周期变化，变化的空气压力带动气缸中的击锤往复打击钻头的顶部，好像用锤子敲击钻头，故名电锤。

由于电锤的钻头在转动的同时还产生了沿着电钻杆的方向的快速往复运动（频繁冲击），所以它可以在脆性大的水泥混凝土及石材等材料上快速打孔。高档电锤可以利用转换开关，使电锤的钻头处于不同的工作状态，即只转动不冲击，只冲击不转动，既冲击又转动。电锤如图 2-30 所示，电锤的使用如图 2-31 所示。

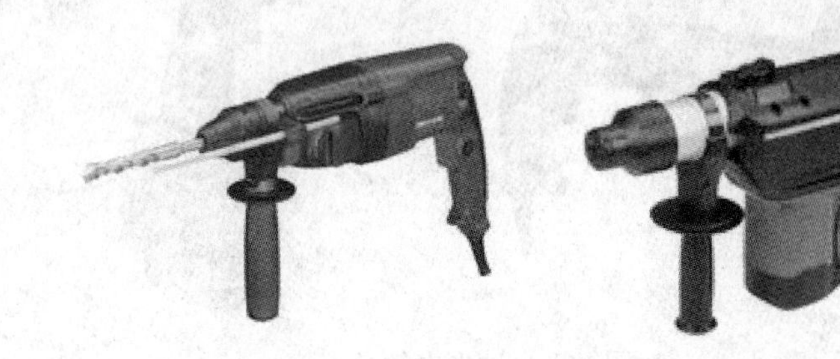

图 2-30 电锤

图 2-31 电锤的使用

（1）使用电锤时的个人防护。

1）操作者要戴好防护眼镜，以保护眼睛，当面部朝上作业时，要戴上防护面罩。

2）长期作业时要塞好耳塞，以减轻噪声的影响。

3）长期作业后钻头处在灼热状态，在更换时应注意灼伤肌肤。

4）作业时应使用侧柄，双手操作，以防止堵转时反作用力扭伤胳膊。

5）站在梯子上工作或高处作业应做好高处坠落措施，梯子应有地面人员扶持。

（2）作业前应注意事项。

1）确认现场所接电源与电锤铭牌是否相符，是否接有漏电保护器。

2）钻头与夹持器应适配，并妥善安装。

3）钻凿墙壁、天花板、地板时，应先确认有没有埋设电缆或管道等。

4）在高处作业时，要充分注意下面的物体和行人安全，必要时设警戒标志。

5）确认电锤上开关是否切断，若电源开关接通，则插头插入电源插座时电动工具将立刻转动，从而可能招致人员伤害危险。

6）若作业场所在远离电源的地点，需延伸线缆时，应使用容量足够，安装合格的延伸线缆。延伸线缆如通过人行过道应高架或做好防止线缆被碾压损坏的措施。

17. 电镐

电镐，是以单相串励电动机为动力的双重绝缘手持式电动工具，它具有安全可靠、效率高、操作方便等特点，广泛应用于管道敷设、机械安装、给排水设施建设、室内装修、港口设施建设和其他建设工程施工，适用于镐钎或其他适当的附件，如凿子、铲等对混凝土、砖石结构、沥青路面进行破碎、凿平、挖掘、开槽、切削等作业。

电镐分为单相电镐和多功能电镐，主要用户是建筑、铁路建设、城建单位和加固行业。电镐如图 2-32 所示。

18. 无齿锯

无齿锯是铁艺加工中常用的一种电动工具，用于切断铁质线材、管材、型材，可轻松切割各种混合材料，包括钢材、铜材、铝型材、木材等。两张锯片反向旋转切割使整个切割过程没有反冲力，用于抢险救援中切割木头、塑料、铁皮等物。

无齿锯就是没有齿的可以实现“锯”的功能的设备，是一种简单的机械，主体是一台电动机的一个砂轮片，可以通过皮带连接或直接在电动机轴上固定。

图 2-32　电镐

无齿锯的切削过程是通过砂轮片的高速旋转，利用砂轮微粒的尖角切削物体，同时磨损的微粒掉下去，新的锋利的微粒露出来，利用砂轮自身的磨损切削，实际上相当于无数个齿。无齿锯如图 2-33 所示。

19. 角向磨光机

角向磨光机是电动研磨工具的一种，是研磨工具中最常用的一种，可以切割打磨各种金属，切割石材、木材，抛光等。角向磨光机如图 2-34 所示。

图 2-33　无齿锯

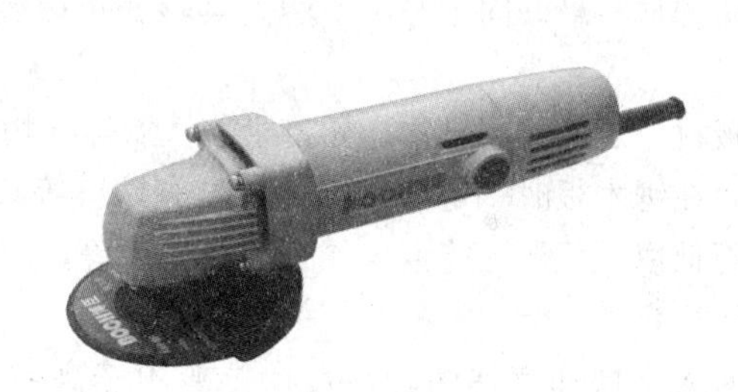

图 2-34　角向磨光机

（1）作业前的检查应符合下列要求。

1）外壳、手柄不出现裂缝、破损。

2）电缆软线及插头等完好开关动作正常，保护接零连接正确牢固可靠。

3）各部防护罩齐全牢固，电气保护装置可靠。

（2）机具启动后，应空载运转，应检查并确认机具联动灵活没有阻碍。作业时，加力应平稳，不得用力过猛。

（3）使用砂轮的机具，应检查砂轮与接盘间的软垫并安装稳固，螺母不得过紧，凡受潮、变形、裂纹、破碎、磕边缺口或接触过油、碱类的砂轮均不得使用，并不得将受潮的砂轮片自行烘干使用。

（4）砂轮应选用增强纤维树脂型，其他全线速度不得小于 80m/s。配用的电缆与插头应具有加强绝缘性能，并不得任意更换。

（5）磨削作业时，应使砂轮与工作面保持 15°～30°的倾斜位置；切削作业时，砂轮不得倾斜，并不得横向摆动。

（6）严禁超载使用。作业中应注意音响及温升，发现异常应立即停机检查，在作业时间过长，机具温升超过 60℃时，应停机，自然冷却后再行作业。

(7) 作业中，不得用手触摸刃具，模具和砂轮，发现其有磨钝、破损情况时，应立即停机修整或更换，然后再继续进行作业。

(8) 机具转动时，不得撒手不管。

20. 云石机

云石机可以用来切割石料、瓷砖、木料等，不同的材料选择相适应的切割片。云石机如图 2-35 所示。

图 2-35　云石机

云石机在使用中要注意以下几方面。

(1) 云石机转速较快，使用时一般采用单手手持，前进速度要控制好，最好降速使用。

(2) 切割材料最好固定好，不然刀具跑偏可能会崩飞材料和刀具掉齿，甚至可能弹回云石机伤人。

(3) 板材一定不能有异物，如钉子、铁屑等异物弹出伤人，很有可能伤到眼睛。

所以，在锯木板时一定要先检查有没有铁钉等杂质，另一定要带防护眼罩，也可利用一些辅助工具降低以上问题可能性，如云石机伴侣等。

21. 登高工具

梯子有人字梯和直梯两种，直梯一般用于高空作业，人字梯一般用于户内作业，梯子如图 2-36 所示。

使用梯子时要注意以下几点。

(1) 使用前应检查两脚是否绑有防滑材料，人字梯中间是否连着防自动滑开的安全绳。

(2) 人在梯上作业时，前一只脚从后一只脚所站梯步高两步的梯空中穿进去，越过该梯步后即从下方穿出，踏在比后一只脚高一步的梯步上，使该脚以膝弯处为着力点。

(3) 直梯靠墙的安全角应为对地面夹角 60°～75°，梯子安放位置与带电体要保持足够的安全距离。

22. 电工包和电工工具套

电工包和电工工具套是用来放置随身携带的常用工具或零散器材（如灯头、开关、熔丝及胶布等）及辅助工具（如铁锤、钢锯）等，如图 2-37 所示。电工工具套可用皮带系结在腰间，置于右臀部，将常用工具插入工具套中，便于随手取用。电工包横跨在左侧，内有零星电工器材的辅助工具，以备外出使用。

23. 腰带、保险绳和腰绳

腰带、保险绳和腰绳是电工高空作业用品之一，如图 2-38 所示。

腰带用来系挂保险绳。注意腰绳应系结在臀部上端，而不能系在腰间。否则操作时既不灵

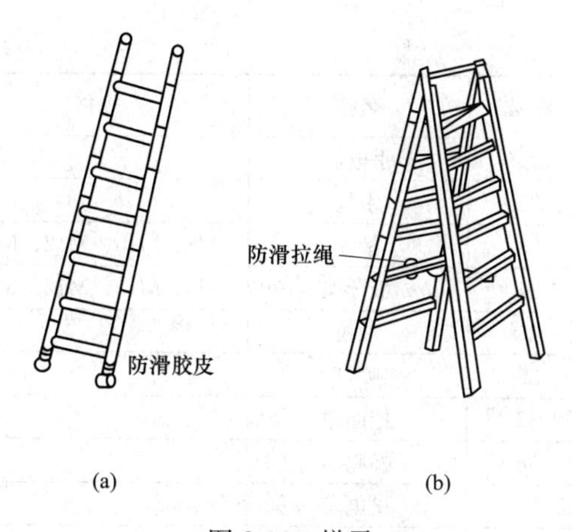

图 2-36　梯子

(a) 直梯；(b) 人字梯

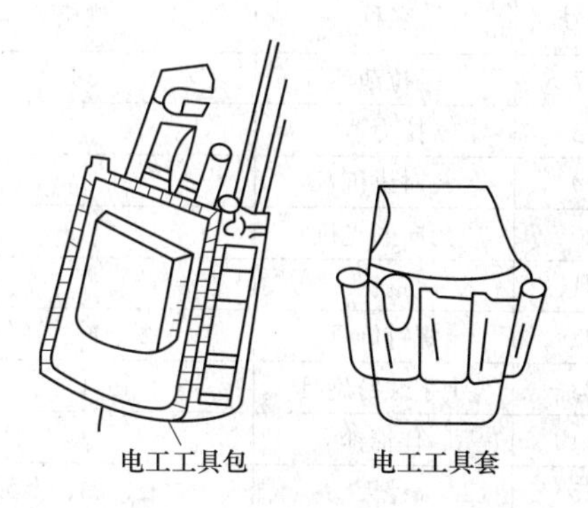

图 2-37　电工包和电工工具套

活又容易扭伤腰部。保险绳起用来防止摔伤作用。其一端应可靠地系结在腰带上，另一端用保险钩钩挂在牢固的横担或抱箍上。腰绳用来固定人体下部，使用时应将其系结在电杆的横担或抱箍下方，防止腰绳窜出电杆顶端而造成工伤事故。

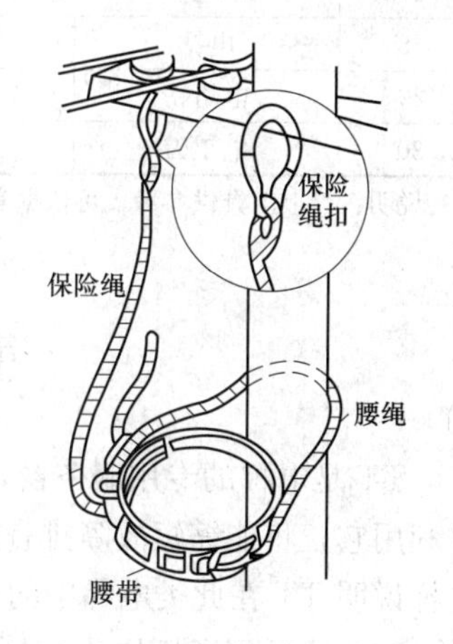

图 2-38　腰带、保险绳、腰绳

24. 绝缘手套和绝缘靴

绝缘手套和绝缘靴用橡胶制成，二者都作为辅助安全用具，但绝缘手套可作为低压工作的基本安全用具，绝缘靴可作为防止跨步电压的基本安全用具，绝缘手套的长度至少应超过手腕 10cm。

25. 绝缘垫和绝缘站台

绝缘垫和绝缘站台只作为辅助安全用具。绝缘垫用厚度 5mm 以上、表面有防滑条纹的橡胶制成，其最小尺寸不应该小于 0.8m×0.8m。绝缘站台用木板或木条制成。相邻板条之间的距离不得大于 2.5cm，以免鞋跟陷入；站台不得有金属零件；绝缘站台面板用支承绝缘子与地面绝缘，支承绝缘子高度不得小于 10cm；台面板边缘不得伸出绝缘子之外，以免站台翻倾，人员摔倒。绝缘站台最小尺寸不应该小于 0.8m×0.8m，但为了便于移动和检查，最大尺寸也不应该超过 1.5m×1.0m。

电梯常用维修工具见表 2-1。

表 2-1　　电梯常用维修工具

序号	名称	规格	序号	名称	规格
1	套筒扳手		9	吊线锤	10～15kg
2	活动扳手	10″、12″	10	C 型轧头	2″、4″
3	管子钳	30mm	11	扁錾	
4	管子铰扳	1/2″、2″	12	角尺	4″、12″
5	管子台虎钳	2″	13	厚薄规	
6	尖嘴钳	6″	14	钢卷尺	2、30m
7	偏嘴钳	6″	15	钢板尺	300、1000mm
8	剥线钳		16	油压千斤顶	5T

续表

序号	名称	规格	序号	名称	规格
17	手拉葫芦	3T	31	手电筒	
18	拉力器		32	手灯	
19	对讲机		33	板牙	M8、M10、M12、M16
20	角向磨光机		34	板牙架	M8、M10、M12、M16
21	钢锯		35	油枪	
22	螺钉旋具	2″、6″、12″	36	喷灯	
23	十字螺钉旋具	4″	37	挡圈钳	
24	什锦锉		38	蜂鸣器	
25	锉刀	板、圆、半圆	39	试电笔	
26	手锤	1½磅、4磅	40	内圆角	
27	木槌		41	外圆角	
28	电钻	5～38m	42	力矩扳手	
29	电烙铁	75W	43	水平尺	
30	电工刀				

说明：以上工具供参考，可依据实际情况选用或增加。

第二节　电梯的专用服务器使用

TT是电梯的专用服务器，主要用于调试人员的现场调试操作，但若维修人员能熟悉它，充分利用它，将能缩短故障排查时间，在相对短的时间内解决问题。下面将以西奥21VF型号的电梯说明TT在此类电梯中的使用方法。

XO21VF用了模块化控制系统。它由四个子系统组成，这些子系统包括操作控制子系统（OCSS）、运行控制命令子系统（LMCSS）、驱动控制子系统（DBSS）、门控制子系统（DISS）。每个子系统（也叫服务系统）已经电脑化并能按设计好的要求完成专门的功能。此外，每个服务系统靠串行传输线传送参数，交换信息。

一、操作控制子系统（OCSS）

OCSS是一个管理操作功能的服务系统，负责此系统的PC板是RCBII。OCSS的功能是：负责指令、召唤、层楼显示、地震、消防运行目的层、开关门方向等的接受处理。几乎所有输入、输出信号（如指令、召唤、层楼显示、停电自拯救、地震、消防、方向灯、蜂鸣器、厅外铃、停止开关等）都靠一个远站（RS5）与OCSS串行传输，此系统能靠一小组电线完成。

在OCSS和远站（RS）之间，靠4根电线通信，其中两根电源线（DC30V、HL2），两根信号线（L1、L2）。OCSS有三组不同的串行信号线，分别是C/C（连接轿厢）、C/H（连接厅外）、G/H（连接群控）。

1. TT简介

（1）TT的前面板由一个显示屏和16个键组成，显示屏有两行，如图2-39所示。

（2）激活键的蓝键功能：按SHIFT键（左下角没有标识的键），然后按相应的键。如按下

GO ON/GO BACK 键，将会出现 GO ON（往下翻页）功能，但是按住 SHIFT 键，然后按 GO ON/GO BACK 键，将会出现 GO BACK（往上翻页）功能。

（3）当按下 SHIFT 键后，显示屏的第一个字符那里将会有指针闪烁。

各按键的功能见表 2-2。

2. TT 连接

TT 是连接在 RCB 上的 P1 端口，这样的连接可以进入 OCSS 和有限的进入 MCSS，DBSS，DCSS。但是当 TT 连接到 MCSS 时则不能进入到 OCSS。

（1）将 TT 插入板子。

（2）TT 将会执行自检，当正确地执行了自检，显示 SELF TEST -OK-MECS-MODE，则自检通过。

3. 进入 OCSS 菜单

（1）连接上 TT，按 MODULE 键将会产生一个 TT 主菜单如下。

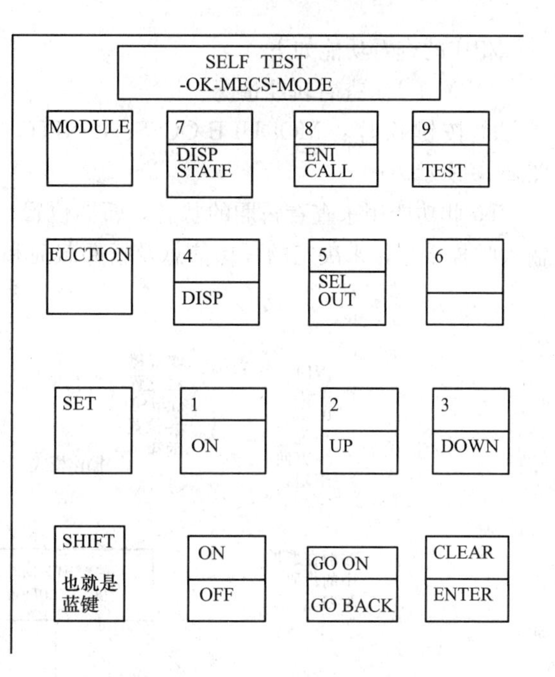

图 2-39　TT 按键排列示意图

1=OCSS　　2=MCSS
3=DCSS　　4=DBSS

表 2-2　　各按键功能

按　键	功　能	按　键	功　能	按　键	功　能
0	0	6	6	SHIFT+9	十六进制 F
1	1	SHIFT+6	十六进制 C	CLEAR	清除最后一位所输入的数字
2	2	7	7		
3	3	SHIFT+7	十六进制 D	BLUE/ENTER	确定输入的数值（相当于电脑的回车键）
4	4	8	8		
SHIFT+4	十六进制 A	SHIFT+8	十六进制 E	SET	返回三级菜单
5	5	SHIFT+GO ON（GO BACK）	向上翻页	FUNCTION	返回二级菜
GO ON	向下翻页			MODULE	返回主菜单
SHIFT+5	十六进制 B	9	9		

（2）按 1 键选择 OCSS 的功能菜单，屏幕显示如下

1=MONITOR（查看）
2=TEST（检验）

（3）按相应的数字键选择所需的选项，然后继续进入相应的项。

注 意

在进入 TT 菜单项目时，M 键和 1 键总是头两个先按的键。比如：M-1-1-2 就意味着你应该先按 M 键，然后 1 键，然后 1 键，然后 2 键到达 I/O（输入/输出）查看功能。

相应的查看功能如下。

1）M-1-1-1 查看轿厢情况。

a. 按键次序：MODULE-OCSS-MONITOR（查看）-CAR MONITOR（查看轿厢），如图 2-40 所示。

b. 此功能用来查看轿厢的状态，轿厢位置、操作模式、运动方向和门状态将会显示。可以输入呼梯指令，未决定的呼梯信息及轿厢载荷和轿厢运行模式的更多的信息同样会显示。

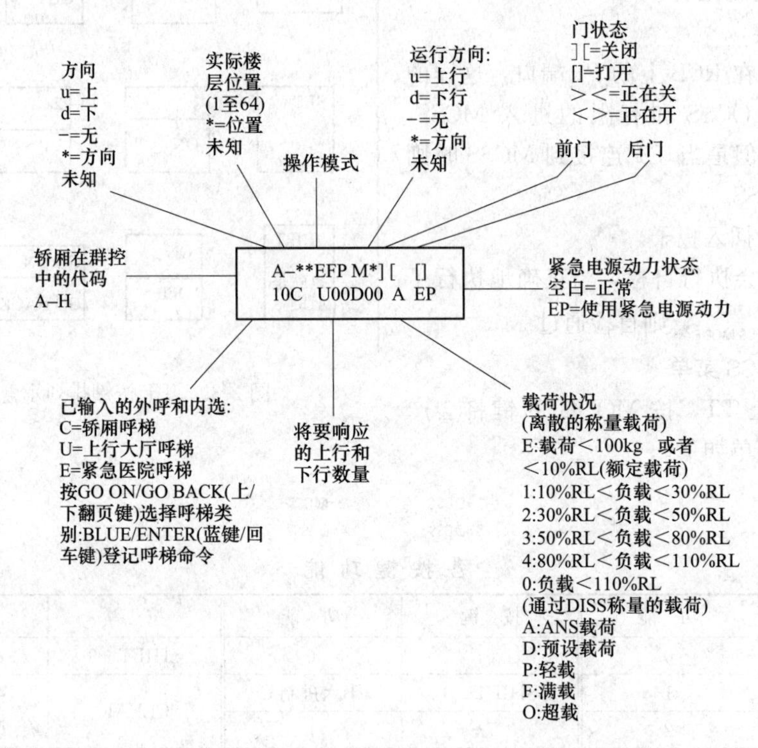

图 2-40 查看轿厢

如：当看到厅轿门都关闭了而电梯却无法行驶时，可以查看门信号的状态来确定是否“确实”关闭了。若显示“><”则说明没有关闭好。

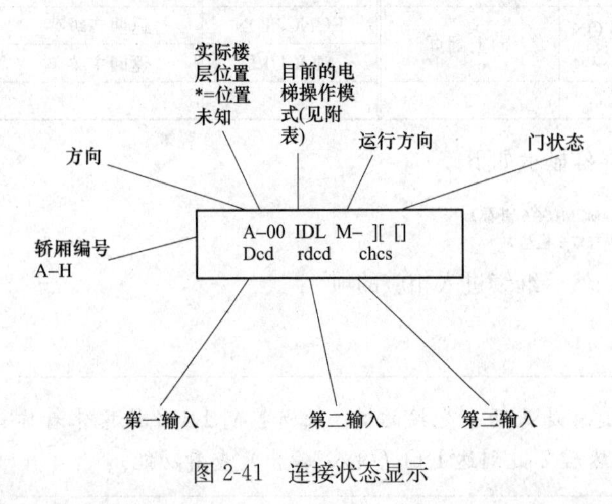

图 2-41 连接状态显示

2）M-1-1-2 查看 RCBII 板子的输入/输出。

a. 按键次序：M-OCSS-MONITOR（查看）-I/O MONITOR（输入/输出查看），如图 2-41 所示。

b. 此功能显示和 TT 相连接的轿厢的输入状态。用 GO ON 或 GO BACK 键查看三个输入的连续组。若一个输入是大写字母，则被激活；小写字母表示未被激活。

激活和未激活并不代表施加到输入的电压。

3）M-1-1-3 查看群控中各个梯子的状况。

a. 按键次序：M-OCSS-MONITOR（查看）-I/O GROUP MONITORING（群梯查看），如图 2-42 所示。

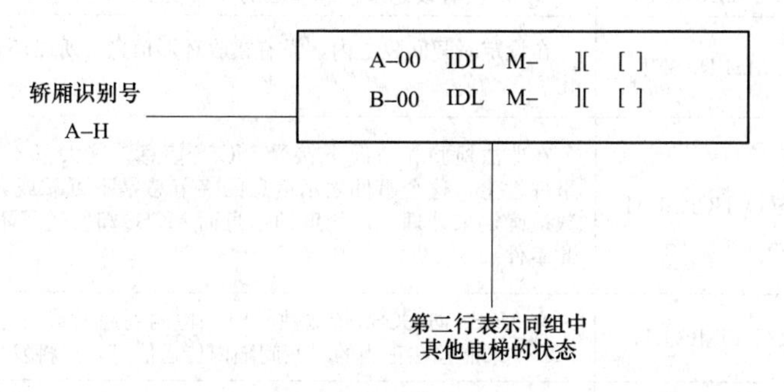

图 2-42　查看群控中各个梯子

b. 此功能显示所有群控中的轿厢信息。第一行总是包括与 TT 相连的轿厢的状态信息，第二行显示别的轿厢的状态。

4. 用 GO ON 或 GO BACK 键查别的轿厢

在查看项目中，M-1-1-4 为查看 ICSS、M-1-1-5 为查看 M-1-1-6、随机存储器查看（为工程用保存）、M-1-2-1 为 RS 模块检验。

5. 查看事件记录

（1）M-1-2-2-1 事件（故障）记录。

1）按键次序：M-OCSS-TEST（检验）-LOG（记录）-EVENT LOG（事件记录），如图 2-43 所示。

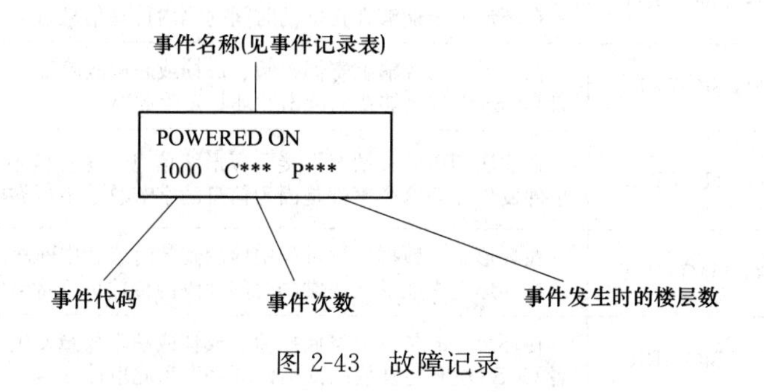

图 2-43　故障记录

2）OCSS 登记几种事件并存储它们出现的时间和日期，此功能将显示已发生的 29 个事件。

3）参照 RCB-II OCSS 事件（故障）记录，见表 2-3。

4）按 UP/DOWN 键在事件/楼层和发生的时间/日期的说明屏幕之间转换，事件日期切换显示如图 2-44 所示。

表 2-3　　RCB-II OCSS 事件（故障）记录表（TT 键次序为 M-1）

事件代码	事件名称	说　明
1000	POWER ON	RCBII 接通电源的时间，此事件总是显示并且不可改变
1001	POWER FAILURE	最后一次 RCBII 断开电源的时间，此事件总是显示且不可以改变
1002	NUMBER OF RUNS	C 轿厢运行开始的次数
1100	HARDWARE RESET	计数器复位次数
1101	SOFTWARE RESET	软件经过一段设定的时间间隔而没有执行完所某些任务，导致板子复位
1102	ILLEGAL INTERRUPT	OCSS 没有设定来处理非法的中断发生，这不会引起板子的复位
1103	RING COMM RESET	在设定时间间隔之内，没有接收环形信息，所以环形通信通过复位重新始化
1200	MCSS MSG CHCKSUM	在非法检验和情况下接受 MCSS 信息，这大概不会伴随 MSG SIO ERR 事件发生，这个事件表示信息的字节总是不可靠或者报废。当 MC-ICO 参数被确定来处理一定长度的信息而 MCSS 却发送了不同长度的信息时记录此事件
1201	MCSS MSG TIMEOUT	在 MCSS 向 OCSS 传输数据时，检测到超时或者中断。若中断环节或者 MCSS 未能够在正当的时间间隔内传送信息，这将发生
1202	MCSS MSG SIO ERR	在 MCSS 向 OCSS 传输数据的过程中奇偶校验、成桢或超限故障发生。环节若是有阻断、干扰或者 OCSS 没有足够快的读出此环节将发生此事件
1400	RSL C LOST SYNCH	表明轿厢串行环节上在数据传输上丢失同步
1401	RSL H LOST SYNCH	表明厅外串行环节上在数据传输上丢失同步
1402	RSL G LOST SYNCH	表明群组串行环节上在数据传输上丢失同步
1403	RSL C PARITY ERR	表明轿厢串行环节上在数据传输检测到奇偶检验故障
1404	RSL H PARITY ERR	表明厅外串行环节上在数据传输检测到奇偶检验故障
1405	RSL G PARITY ERR	表明群组串行环节上在数据传输检测到奇偶检验故障
1500	RNG1 MSG CHCKSUM	在非法的检验和情况下接受环形 1 信息。这一般不会伴随 MSG SIO ERR 事件发生，而这个事件是因为信息的字节总是不可靠或者报废时发生的
1501	RNG1 MSG TIMEOUT	在环形 1 上数据传输过程中检测到超时或者中断故障。若中断环节或子系统在环形上未能够在正常的时间间隔内传输信息将会发生此事件
1502	RNG1 MSG SIO ERR	在环形 1 的传输上寄偶校验、成桢或超限故障发生。若环节中断、干扰或者 OCSS 没有足够快的读出此环将发生此事件
1503	RNG2 MSG CHCKSUM	在非法的检验和情况下接受环形 2 信息。这一般不会伴随 MSG SIO ERR 事件发生，而这个事件是因为信息的字节总是不可靠或者报废时发生的
1504	RNG2 MSG TIMEOUT	在环形 2 上数据传输过程中检测到超时或者中断故障。若中断环节或子系统在环形上未能够在正常的时间间隔内传输信息将会发生此事件
1505	RNG2 MSG SIO ERR	在环形 2 的传输上寄偶校验、成桢或超限故障发生。若环节中断、干扰或者 OCSS 没有足够快的读出此环将发生此事件
1700	CAR WAS NAV	表明轿厢进入 NAV 操作模式，这可能是由于 MCSS 不可用或者 OCSS 没有正确的设定而产生的
1701	EPO SHUTDOWN	紧急电源操作期间轿厢停止
1702	FRONT DTC	表明轿厢经历了一个打开前门的问题后进入门时间关闭保护
1703	FRONT DTO	表明轿厢经历了一个打开前门的问题后进入门时间开启保护

续表

事件代码	事件名称	说　　明
1704	DELAYED CAR PROT	当要求它时轿厢没有离开楼层，轿箱被完全地阻止运行
1705	RCBII BATTERY	RCBII 没提供足够的电压来支持电源故障 RAM，更换 RCBII 电池
1706	EQO SENSOR FAIL	表明地震操作的安全检查井道传感器返回不真确的状态
1707	REAR DTC	表明轿厢经历了一个打开后门的问题后进入门时间关闭保护
1708	REAR DTO	表明轿厢经历了一个打开后门的问题后进入门时间开启保护
1800	EFO-P MISMATCH	EFO-P 和 EFO-CK 是无效的，或者不匹配，或者允许的掩码不允许在 EFO 楼层开门。为了安全起见，在轿厢运行前，EFO-P 和 EFO-CK 参数必须有匹配值。EFO-P/EFO-CK 位置在允许的掩码内必须还具有规定的轿厢进入
1801	ASL-P MISMATCH	ASL-P 和 ASL-CK 是无效的，或者不匹配，或者允许的掩码不允许在 ASL 楼层开门。为了安全起见，在轿厢运行前，ASL-P 和 ASL-CK 参数必须有匹配值。ASL-P/ASL-CK 位置在允许的掩码内必须还具有规定的轿厢进入
1802	EFS MISMATCH	VEFS 和 EFS-CK 无效或者不匹配。为了安全起见，在轿厢运行之前 EFS 和 EFS-CK 必须包含匹配值
1803	ASL. P MISMATCH	ASL. P 和 ASL. CK 是无效的，或者不匹配，或者允许的掩码不允许在 ASL2 楼层开门。为了安全起见，在轿厢运行前，ASL. P 和 ASL. CK 参数必须有匹配值。ASL. P/ASL. CK 位置在允许的掩码内必须还具有规定的轿厢进入
1806	EQO………………	对于 EQO 装置参数和/或 EQO RSL 输入对于正确地震操作是不兼容的
1807	INS………………	装置参数中的一个是在范围以外，规定无效的参数作为事件的名称。当修改在范围以外参数时参数重新检测。若所有参数是在范围以内，事件将清除
1808	RANDOM CALL	此轿厢被设定来产生随机外呼和/或随机内选

5）用 GO ON/GO BACK 键从一个事件移动到下一个事件。

6）按 ENTER 键清除一个事件，按 SELOUT 键删除所有事件。

(2) M-1-2-2-2 电梯的操作方式记录。

1）按键次序：M-OCSS-TEST（检验）-LOG（记录）-OPMODE LOG（操作方式记录），操作方式记录如图 2-45 所示。

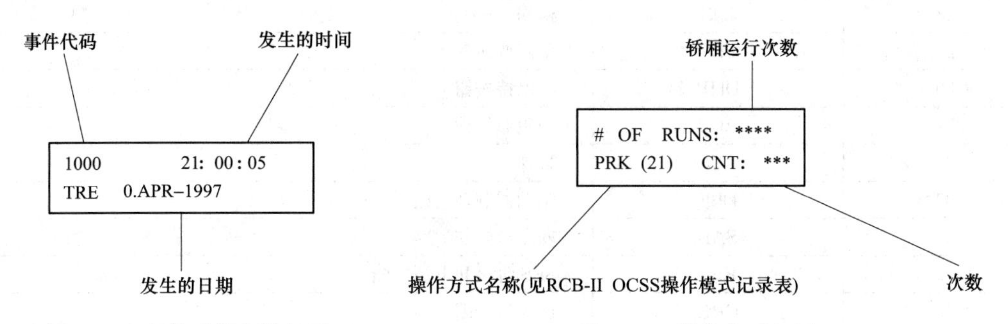

图 2-44　事件日期切换显示　　　　图 2-45　操作方式记录

2）OCSS 登记几种改变了的操作方式并存储它们的时间和日期。

3）参照表 2-4，即 RCB-Ⅱ OCSS 操作方式表。

表 2-4　　RCB-Ⅱ OCSS操作方式

00	NAV	轿 2-2-3　RCB-Ⅱ OCSS操作模式记录表 编号 符号 说明 轿厢不可用，发生了故障
01	EPC	紧急救援电源运行
02	COR	轿正运行，一般指电梯到一层寻址
03	EFS	EFS阶段Ⅱ，即消防运行
04	EFO	SES阶段Ⅰ，即消防运行
05	EQO	地震
06	EPR	紧急电源返回
07	EPW	紧急电源等待
08	OLD	超载
09	ISC	独立服务
10	ATT	司机
11	DTC	门延时保护关闭，即门试图打开而三次未成功后处于的保护状态
12	DTO	门延时保护打开，即门试图关闭而三次未成功后处于的保护状态
13	CTL	轿厢即将平层
14	CHC	取消大厅呼梯，3100电梯板子上有个此功能的扳把
15	LNS	直驶
16	MIT	适当引入的交通
17	DCP	延时轿厢保护
18	ANS	防犯罪
19	NOR	正常，即自动状态
20	ARD	此模式这种配置不支持
21	PRK	停车
22	IDL	空闲，即自动状态时没有呼梯信号
23	PKS	停车关门，即锁梯
24	GCB	此模式这种配置不支持
25	EHS	紧急医院服务
26	ROT	暴动
27	INI	初始化运行
28	INS	检修
29	ESB	急停按钮
30	DHB	门保持按钮
31	ACP	防犯罪保护
32	WCO	野梯
33	DBF	驱动器制动失败
34	SAB	安息日操作
35	EFP	SES阶段Ⅱ电源中断
36	CRL	读卡机禁闭
37	CRO	读卡机
38	CES	此模式这种配置不支持
39	DOS	开门按钮

续表

轿 2-2-3　RCB-Ⅱ OCSS操作模式记录表

编号	符号	说明
00	NAV	轿厢不可用，发生了故障
40	WCS	此模式这种配置不支持
41	REC	此模式这种配置不支持
42	OHT	此模式这种配置不支持
43	ARE	电池自动救援服务
44	EPD	此模式这种配置不支持
45	GAP	此模式这种配置不支持
46	HBP	大厅按钮保护
47	OOS	此模式这种配置不支持
48	SCX	往返轿厢
49	EMT	紧急医疗技师召回
50	EMK	紧急医疗技师
51	EPT	紧急电源转移
52	SCO	此模式这种配置不支持
53	—	此模式这种配置不支持
54	—	此模式这种配置不支持
55	—	此模式这种配置不支持
56	—	此模式这种配置不支持
57	—	此模式这种配置不支持
58	—	此模式这种配置不支持
59	—	此模式这种配置不支持
60	—	此模式这种配置不支持
61	—	此模式这种配置不支持
62	—	此模式这种配置不支持
63	—	此模式这种配置不支持
64	CHN	疏导
65	EPO	此模式这种配置不支持
66	ERO	此模式这种配置不支持
67	CBP	此模式这种配置不支持
68	DDO	此模式这种配置不支持
69	MTO	此模式这种配置不支持
70	PFO	此模式这种配置不支持
71	CDO	此模式这种配置不支持
72	SRO	单独的起步板
73	DLF	门锁失败

4）按 UP/DOWN 键在改变方式的次数和发生的时间/日期的说明屏幕之间转换，切换显示如图 2-46 所示。

5）用 GO ON/GO BACK 键从一种方式移动到下一种方式。

6）按 ENTER 键清除一个事件，按 SELOUT 键删除所有事件。

在查看事件记录项目中，不经常用到的项目有 M-1-2-2-3 CPU 占用时间记录和 M-1-2-2-4 环数据字节记录，此项目为工程保留项。

（3）M-1-2-2-5 所登记的呼梯记录。

1）按键次序：M-OCSS-TEST（检验）-LOG（记录）-CALL LOG（呼梯记录），如图 2-47 所示。

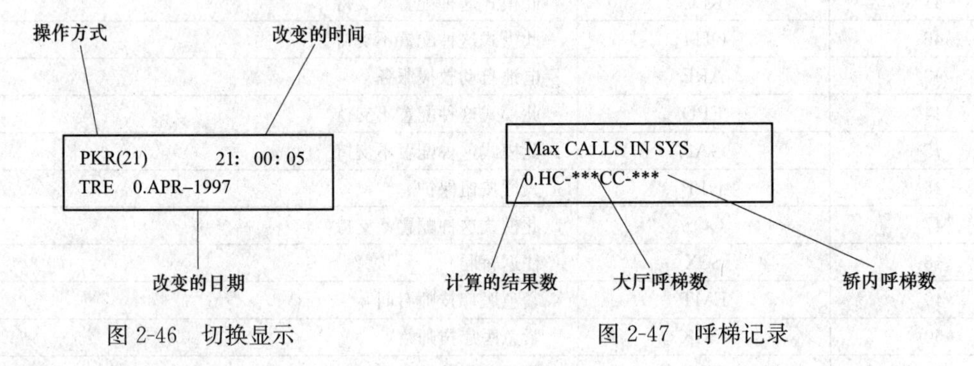

图 2-46　切换显示　　图 2-47　呼梯记录

2）此功能显示当时群梯中所登记的轿内和大厅呼梯的信息。用 GO ON/GO BACK 查看最近十次最大累计数。

3）按 ENTER 键清除所有此屏幕上的计算结果，显示如下。

TO　CLEAR HCS（CCS）

PRESS ENTER

6. 运行自我测试

（1）M-1-2-2-1 运行自我测试。

1）按键次序：M-OCSS-TEST（检验）-SELF TESTS（自我测试）-RUN SELF TESTS（运行自我测试）如图 2-48 所示。

2）此功能将获得 RCB 元件测试结果，包含在此次测试中的元件是：EPROM、EEPROM（可编程存储器）、RAM。

3）各个远程串行连接的测试结果如图 2-49 所示。

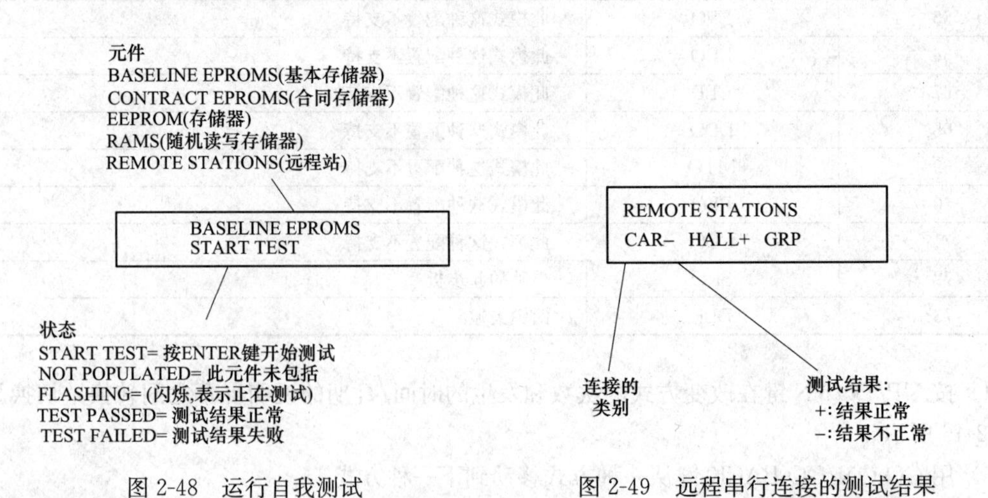

图 2-48　运行自我测试　　图 2-49　远程串行连接的测试结果

（2）M-1-2-2-2 远程（即 RS5）站自我测试。

1）按键次序：M-OCSS-TEST（检验）-SELF TESTS（自我测试）-2 CAR RESULTS（2 键轿厢测试结果）、3 HALL RESULTS（3 键大厅测试结果）、4 GROUP RESULTS（4 键群梯测试结果）。群梯测试结果如图 2-50 所示。

2）此功能将获得轿厢/大厅/群控连接的远程站的测试结果。若没有错误出现，则显示：

RSL-C No errors

3）用 GO ON 键回到自我测试菜单。

4）若有错误出现，则显示“errors”。

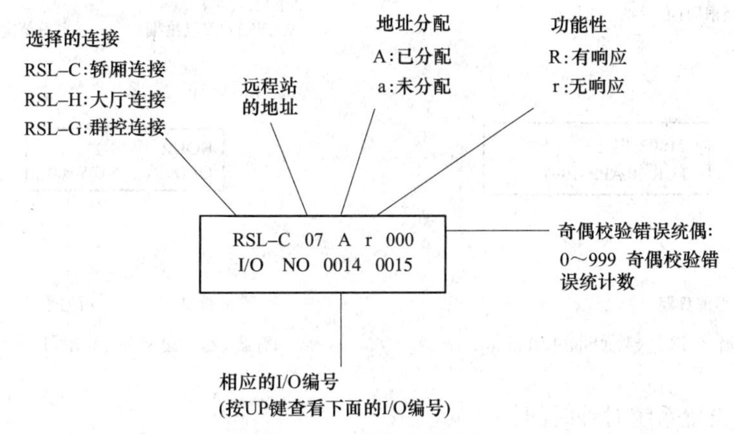

图 2-50 群梯测试结果

7. M-1-2-4 部件编号

（1）按键次序：M-OCSS-TEST（检验）-PART NUMBERS（部件编号）。

（2）此功能将显示 OCSS 的 EPROM、合同 EPROM 和合同 EEPROM 的软件版本。

（3）用 GO ON/GO BACK 键在 EPROM、合同 EPROM 和合同 EEPROM 之间移动。

VERS=JAA30351AAA
0.APR-97 21：05

M-1-3 及 M-1-4，此项内容里均为有关电梯功能的设置，不要轻易改动。

8. M-1-5-1 清零随机存储器

（1）按键次序：M-OCSS-CLEAR（清除）-1 CLEAR PF RAM；2 CLEAR SAC RAM。

（2）此功能清除随机存储器数据。

（3）按 ENTER 键清除所有楼层的存取码。

清除电源失败随机存储器如图 2-51 所示，清除轿厢救援存取码随机存储器如图 2-52 所示。

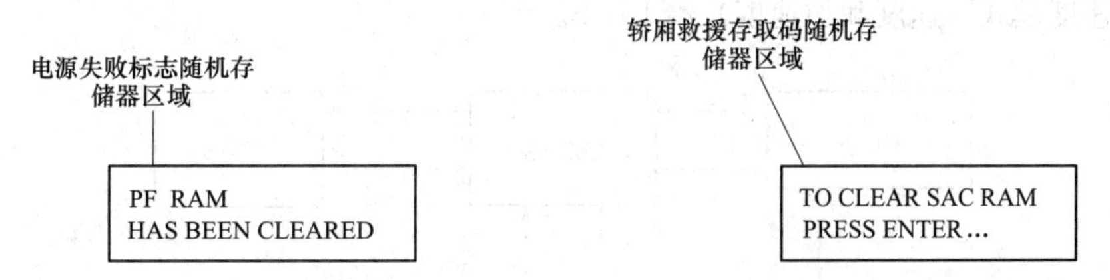

图 2-51 清除电源失败随机存储器　　图 2-52 清除轿厢救援存取码随机存储器

9. M-1-7-1 显示、设置、同步时间和日期

（1）显示时间和日期。

1）按键次序：M-OCSS-CLOCK（时钟）-DISPLAY TIME（显示时间）。显示时间和日期

如图 2-53 所示。

2）此功能显示系统时钟时间。

（2）设置时间和日期。

1）按键次序：M-OCSS-CLOCK（时钟）-SETUP TIME（设置时间）。设置时间和日期如图 2-54 所示。

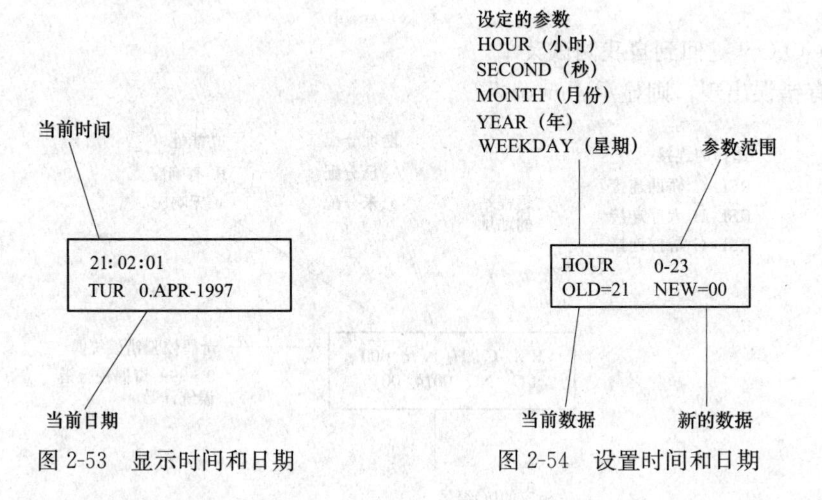

图 2-53 显示时间和日期 图 2-54 设置时间和日期

2）此功能可设置系统时钟时间。

3）用 GO ON/GO BACK 键显示上/下一个参数；输入新的数据，然后按蓝键＋回车键登记新的数据。

（3）同步时间和日期。

1）按键次序：M-OCSS-CLOCK（时钟）-SYNCH CLOCKS（同步时间）。

2）此功能使环路通信中所某些 RCB-Ⅱ板子上的时钟同步。

此屏幕显示同步化的完成如下。

SYNCHRONIZATION
COMLETE!!!

二、LMCSS 运行控制命令子系统

LMCSS 是一个管理运行功能的服务系统，构成框图如图 2-55 所示。

LMCSS 接收从 OCSS 来的服务层楼运行命令，另一方面查看电梯的安全装置，计算距离和传输恰当的速度模式（速度和加速度）给 DBSS。

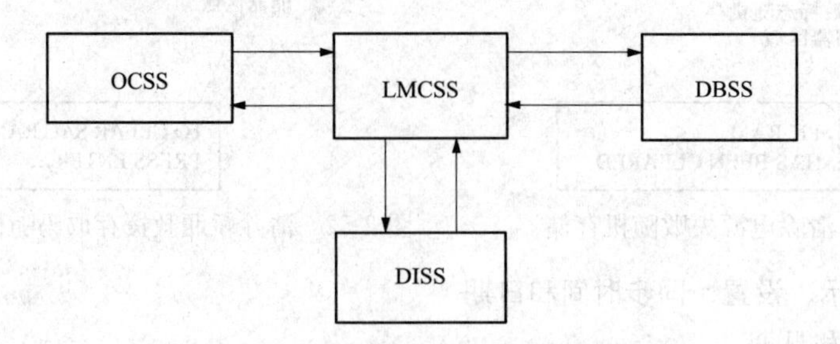

图 2-55 LMCSS 构成框图

当 LMCSS 登记到轿厢已经到达要服务的目的楼层时，它给出一个安全确认信息（速度检测、门区等），并响应来自 OCSS 的开、关门方向。LMCSS 然后将开、关门方向信号给 DISS。另外当断电时，LMCSS 能依靠锂电池来维持其内部的信息数据，因此当再上电时，LMCSS 不需要再执行校正运行去重新建立预选已存在的信息。

1. LMCSS 功能

（1）运行控制功能。

1）运行逻辑状态控制的管理，运行逻辑状态有以下方式，依据情况不同选择运行方式。选择方式有：正常运行方式、检修运行方式——开慢车、重新初始化（校正）运行方式、再平层运行方式、营救运行方式（返平层运行方式）、学习慢车运行方式。

2）运行驱动状态控制的管理，利用每一种运行方式去控制并完成轿厢的运行。

3）计算速度、加速度并将它们输给 DBSS。

4）将抱闸控制输出给 DBSS。

5）计算减速距离及减速起始点。

6）将轿厢状态（轿厢）情况输给 OCSS。

（2）位置检测功能。

1）依据 PVT 产生的脉冲，计算电梯的速度、方向及当前位置。

2）依据每层的平层插板来检测电梯绝对位置，并修正当前轿厢位置。

3）计算在运行方向上可能停的楼层。

4）检测在顶、底层强迫减速的位置（NTSD）1LS/2LS 和顶、底层紧急停止距离（ETSD）SS1/SS2。

（3）安全管理功能。

1）紧急停止（依据安全回路查看）。

2）开、关门的安全管理（依据电梯有关门区的计算）。

3）管理减速距离及在顶、底层的减速点。

4）每一运行速度的安全管理。

5）计算在顶、底层强迫减速的位置（NTSD）1LS/2LS 和顶、底层紧急停止距离（ETSD）SS1/SS2。

（4）保养和安装时检修参数输入功能。

1）由服务工具（即 TT）去查看电梯运行参数。

2）由 TT 去建立电梯运行的参数。

3）保养时的故障和失控记录。

4）依据安装时的学习运行，自动建立有关每层层楼高度参数的功能。

2. 进入 LMCSS 功能菜单

1）当 TT 连接好，按 MODULE 键将会使 TT 主菜单屏幕出现如图 2-56 所示的情况。

2）按 2 键来选择 LMCSS 安装和维护功能菜单，此时显示如图 2-57 所示。

直接连接：

MCSS=2　DCSS=3
DBSS=4

简介连接：

1=OCSS　2=MCSS
3=DCSS　4=DBSS

图 2-56　连接显示图

MONITOR=1　TEST=2
SETUP=3　CALIBR=4

图 2-57　安装和维护功能菜单

注 意

若TT是简单连接的，出现的信息是“SERVICE TOOL ONLINE TO MCSS”，而不是LMCSS功能菜单，则从板子上断开TT，重新接上它，然后再按MODULE-2键。

3）按数字键选择相应所需的选项，进入。

（1）M-2-1-1 查看系统状态。

1）此功能用来查看系统状态：轿厢运行状态、最近的楼层、门状态、运动控制模式、运动逻辑状态、运动驱动状态、运行曲线发生器状态，查看系统状态如图2-58所示。

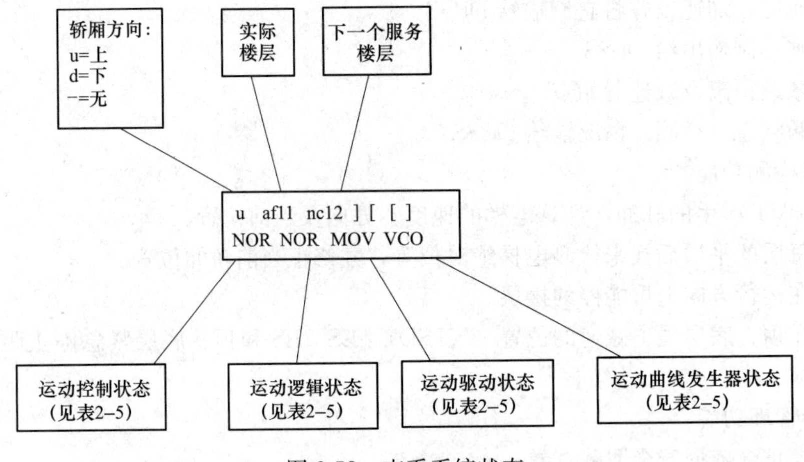

图2-58 查看系统状态

2）按SET键退出此功能，返回MCSS查看菜单。系统的运动控制模式、运动驱动状态、运动逻辑状态、轮廓发生器状态见表2-5。

表2-5 运动控制模式、运动驱动状态、运动逻辑状态、轮廓发生器状态

运动控制模式		运动驱动状态		运动逻辑状态		轮廓发生器状态	
NRD	没准备好	INA	未激活	SHD	停止	IDL	空闲
NOR	正常	PRU	准备运行	MGS	电动发电机停止	AJI	加速度开始
REC	恢复（到最近楼层）	LBK	打开抱闸	STB	备用	ACO	加速度保持
INI	初始化	WMO	等待移动	IST	检修停止	AJO	加速度下降
RLV	再平层	MOV	正在移动	IRU	检修运行	VCO	速度保持
INS	检修	TRA	定时斜地减速	LST	学习运行停止	DJI	减速度开始
LRN	学习	TRF	定时斜坡减速到楼层	LRU	学习运行运行	DCO	减速度保持
EST	紧急停车	STP	停车	NOR	正常运行	DJO	减速度下降
SES	专门紧急服务	RES	重启	RLV	再平层	FST	终点停止
ACC	通道操作			RIN	（重新）初始化运行	FXG	固定增益位置控制
				REC	恢复运行	FIN	结束

（2）M-2-1-3 查看离散输入。

此功能用来查看系统状态：运动驱动状态、运动逻辑状态、轿厢运行方向、最近楼层、门状态、离散输入的状态。查看离散输入如图 2-59 所示。

1）用 GO ON/GO BACK 键滚动输入。

2）按 SET 键退出此功能，返回 MCSS 查看菜单。

离散输入缩写见表 2-6。

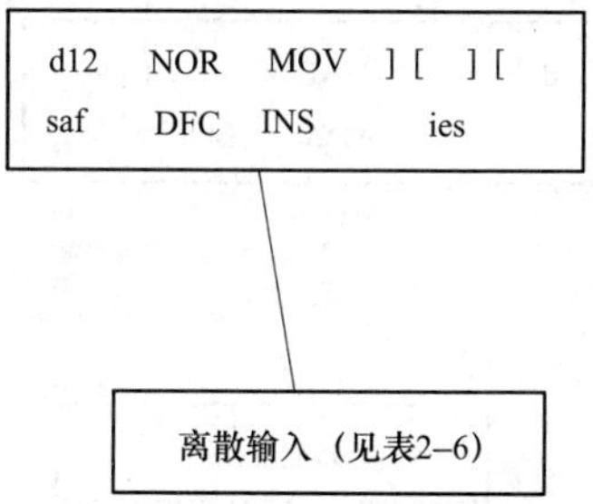

d12　NOR　MOV　] [　] [
saf　DFC　INS　ies

离散输入（见表2–6）

图 2-59　查看离散输入

（3）M-2-1-4 查看离散输出。

此功能用来查看系统状态：运动驱动状态、运动逻辑状态、轿厢运行方向、最近楼层、门状态、离散输出的状态。查看离散输出如图 2-60 所示。

注 意

当输入以大写字母显示时，逻辑状态是高，即信号有效；以小写字母显示时，逻辑状态是低，即信号无效。

表 2-6　离散输入缩写

缩写	含义	缩写	含义
SAF	安全链输入	DFC	门完全关闭
INS	检修开关	IES	轿内急停
ID1	内部门区 1	ODZ	外部门区
ID2	内部门区 2	DBP	门旁路
NTB	NTSD 底部开关	1LS	NTSD 底部开关
NTT	NTSD 顶部开关	2LS	NTSD 顶部开关
SC	SC 继电器吸合	ETS	ETSC 继电器吸合
DBD	驱动和制动断开	GDS	GDS 继电器吸合
GSM	门开关查看	EES	EES 继电器吸合
LAC	低 AC 电源（J2 继电器）	AUD	AUD 继电器吸合
DZ	DZ 继电器吸合	ADZ	ADZ 继电器吸合
PF	电源故障	PVU	PVT 上行
EEP	EEPROM 写保护开关	BTS	电池测试
SVT	服务器波特率控制	IDZ	门区逻辑选择
COD	编码开关：US 码	DLF	门锁故障继电器吸合
ETP	EDP 继电器吸合	LSP	LSP 继电器吸合
UCM	UCM 继电器吸合	U	U 继电器吸合
D	D 继电器吸合	MUP	手动上行

注　当输入以大写字母显示时，逻辑状态是高；以小写字母显示时，逻辑状态是低。如当 EES 字母大写时，就说明急停信号有输入。

1）用 GO ON/GO BACK 键滚动输入。注意：当输出以大写字母显示时，逻辑状态是高；以小写字母显示时，逻辑状态是低。

2）按 SET 键退出此功能，返回 MCSS 查看菜单。

离散输出缩写如下所示。

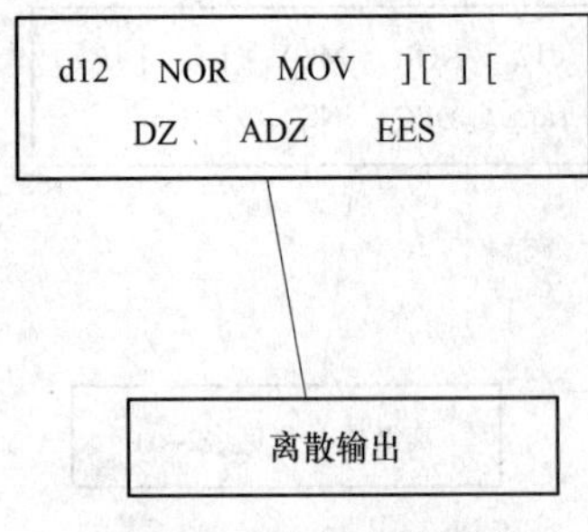

图 2-60 查看离散输出

DZ：门区继电器，ADZ：备用门区继电器，EES：电子急停继电器，BTST：板载电池测试，LSP：LSP 继电器，UCM：UCM 继电器，UCMX：UCMX 继电器。

注解：当输入以大写字母显示时，逻辑状态是高；以小写字母显示时，逻辑状态是低。

（4）M-2-1-5 此功能用来查看来自其他子系统的串行通信字节，这些字节能够被传输和模拟，通过参考发送子系统的内部接口控制文件（ICD），此功能很少用。

（5）M-2-1-6 查看楼层表。此功能用来查看楼层表数据和每层的传感器信息，查看楼层表如图 2-61 所示。

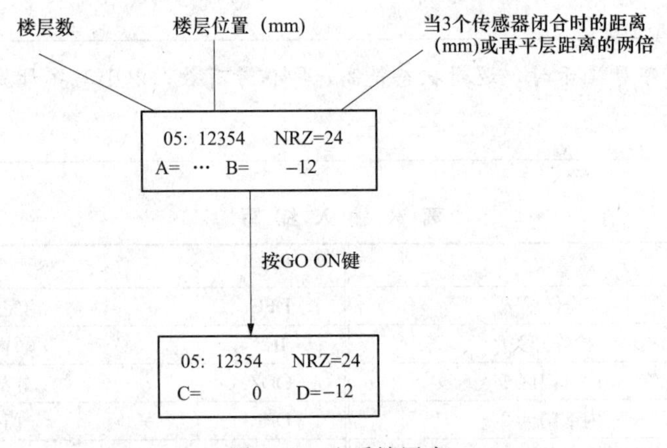

图 2-61 查看楼层表

1）A、B、C、D 所显示的值表示电梯在每层的 4 个离散位置，当电梯上行运动时：

A＝ID1 闭合时的位置

B＝ID2 闭合时的位置

C＝ID1 断开时的位置

D＝ID2 断开时的位置

2）按 GO ON 键查看下一楼层的信息。

3）按蓝键＋ON 键显示 NTSD 开关的位置，如图 2-62 所示。

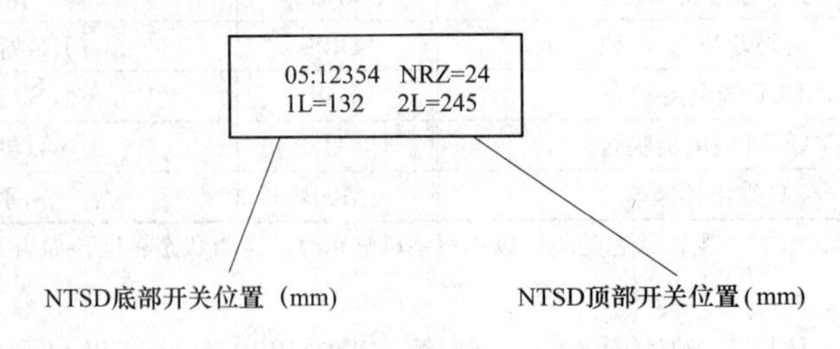

图 2-62 显示 NTSD 开关的位置

4）按蓝键＋OFF 键返回门区传感器显示屏幕。

5）按 SET 键退出此功能，返回 MCSS 查看菜单。

（6）M-2-2-1 电池检查。此功能用来检查板载 RAM 电池的状态。当选择此测试时，会显示如下。

BATTERY　TESTING

PLEASE WAIT：5s

1）当电池测试完成时，若电池有足够的电压，将会显示如下。

BATTERY TESTING

OK

2）若电池没有足够的电压，将会显示如下。

BATTERY　TESTING

！LOW　VOLTAGE！

电池没有足够的电压应当更换电池。

3）按 SET 键退出此功能，返回 MCSS 测试菜单。

（7）M-2-2-2 事件记录，如图 2-63 所示。

此功能用来显示有关何时、多少事件已经发生，自从事件记录（EEPROM）的最近一次重启。

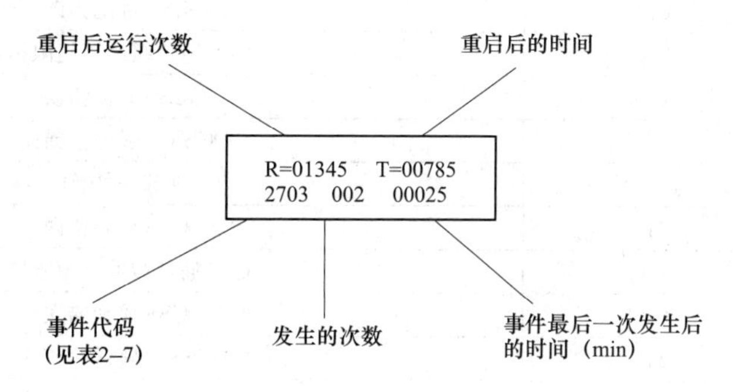

图 2-63　事件记录

事件代码见表 2-7。

表 2-7　　事　件　代　码

事件类别	号码	代表事件
系统执行的事件	2000	板子运行错误
	2001	电源重启计数
	2002	电源故障
	2003	快慢任务的分派任务故障
	2004	被零除
	2005	轿厢不可用
	2006	快速任务超出限度
	2007	假的软件中断
	2008	溢出错误
	2009	假的硬件中断
位置事件	2100	大的位置滑动错误
	2101	门区读卡机错误
	2102	位置检测错误
	2103	无效的楼层计数

续表

事件类别	号码	代表事件
位置事件	2104	无效的位置
	2105	门区读卡机次序错误
	2106	门区读卡机次序错误—停车
	2107	门区读卡机次序错误—恢复运行
	2108	1LS/NTB 输入错误
	2109	2LS/NTT 输入错误
服务器通信事件	2200	服务器超时错误
	2201	服务器奇偶错误
	2202	服务器通信缓冲器超限错误
	2203	服务器成桢错误
	2204	服务器一般通信错误
OCSS 通信错误	2300	OCSS 时错误
	2301	OCSS 奇偶错误
	2302	OCSS 通信缓冲器超限错误
	2303	OCSS 成桢错误
	2304	OCSS 一般通信错误
DCSS 通信事件	2400	DCSS 时错误
	2401	DCSS 奇偶错误
	2402	DCSS 通信缓冲器超限错误
	2403	DCSS 成桢错误
	2404	DCSS 一般通信错误
	2410	DCSS♯1 超时错误
	2411	DCSS♯1 求校验和错误
	2412	DCSS♯2 超时错误
	2413	DCSS♯2 求校验和错误
	2414	LWSS♯1 超时错误
	2415	LWSS♯2 求校验和错误
	2416	多降落的无用的地址激活
	2417	多降落的无效的地址激活
	2418	多降落的同步错误
DBSS 通信事件	2500	DBSS 超时错误
	2501	DBSS 奇偶错误
	2502	DBSS 通信缓冲器超限错误
	2503	DBSS 成桢错误
	2504	DBSS 求校验和错误
	2505	DBSS 通信错误
运行曲线发生器事件	2600	过冲错误
	2601	运行曲线任务超限
	2602	固定增益位置控制超时
	2609	软件方向限制到达

续表

事件类别	号码	代表事件
运动逻辑状态事件	2700	DBSS 没准备运行—制动器断开
	2701	DBSS 没准备运行—超时
	2702	DBSS 提起/落下制动器超时
	2703	DBSS 驱动故障
	2704	DBSS 停车信息
	2705	DBSS 转矩限制信息
	2706	再平层运行次数
	2707	恢复运行次数
	2708	重新初始化运行次数
	2709	门区外的再平层
	2710	没准备移动超时
安全有关事件	2800	（绝对的）超速
	2801	（速度）跟踪错误
	2802	PVT 方向错误
	2803	NTSD 超速
	2804	轿厢非启动超时（DDP 计时器）
	2805	U/D 继电器输入错误（见注解 2）
	2806	DBP、DZ 或 ADZ 输入错误
	2807	ETSC 继电器输入错误
	2808	SC 继电器输入错误
	2809	DFC 输入错误
	2810	DBD 输入错误
	2811	ESS 输入操作
	2812	SAF 输入操作
	2813	门打开—紧急停车
	2814	DZ/ADZ 继电器输入错误
	2815	EES 检测错误
	2816	EES 继电器输入错误
	2817	以国家版本为基础的编码设定
	2818	板载门区错误
	2819	手动减速超时
	2900	MCSS 分支错误
	2901	非法移动
	2902	轿厢移动超出通道区域
	2903	AUD 继电器输入错误
	2904	安全链打开
	2905	门链打开
	2906	ETP 继电器输入错误
	2907	B44 低速保护错误
	2908	B44 LSP 继电器输入错误
	2909	B44 门锁查看故障

续表

事件类别	号码	代表事件
安全有关事件	2910	MCSS-OCSS ICD 匹配错误
	2911	UCM（X）继电器输入错误
	2912	EEPROM 允许写错误
	2913	INA 继电器输入错误

1）用 GO ON/GO BACK 键滚动事件代码，没发生的事件不会显示。

用 ON/OFF 键滚动显示的第一行，它会在重启后的运行次数/重启后的时间和一个 16 个字符的事件说明之间变动。

用 UP/DOWN 键滚动显示的第二行，它会在事件发生的次数/距离最近一次事件的时间和一个停车原因的说明之间变动。

用回车键清除所选时间发生的次数和距离最近一次事件的时间。

用 SET OUT 键（蓝键+5 键）重启或清除所有事件的次数和时间。

2）按 SET 键退出此功能，返回 MCSS 测试菜单。

（8）M-2-2-3 自检，如图 2-64 所示。此功能用来检测 EPROM、RAM、EEPROM 的求校验和，并且进行和 OCSS、DBSS、DCSS、TT 的串行通道的检测。当进入此菜单时，测试自动开始。当每个测试完成时，状态会由“?”变成“+”或“-”。

按 SET 键退出此功能，返回 MCSS 测试菜单。

（9）M-2-2-4 此功能用来识别目前安装的 EPROM 或 EEPROM 的软件号，如图 2-65 所示。

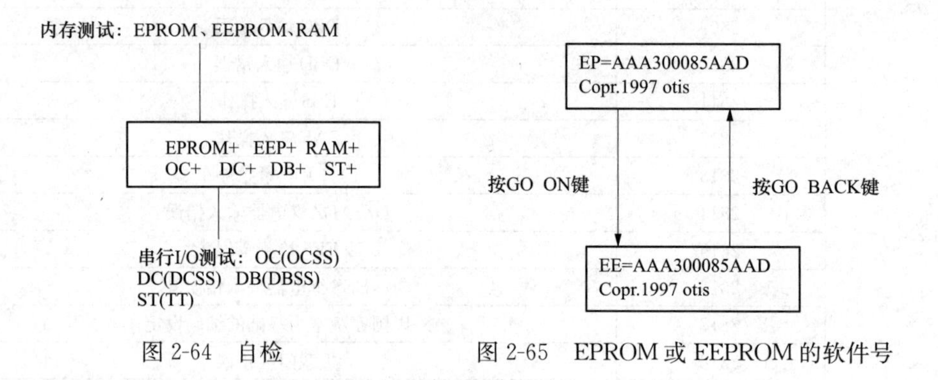

图 2-64 自检　　图 2-65 EPROM 或 EEPROM 的软件号

按 SET 键退出此功能，返回 MCSS 测试菜单。

（10）M-2-2-5 当 TT 直接连接时，此功能用来启动/取消为了测试目的的某种安全功能。OCSS 子系统必须断开，为了启动/断开安全功能，禁止使用此功能。

M-2-2-5 中的 CPU 利用情况。此功能用来显示 CPU 的利用情况。CPU 的利用情况是以最近 1100ms 内 CPU 工作所用时间的平均百分比计算的。

M-2-3，此项内容里均为安装调试的参数，不要轻易改动。

M-2-4-1，执行学习运行，此功能用来执行自学习运行，为了使系统学习到实际的井道开关和楼层位置

M-2-4-2，第一速度传感器测试。此功能用来测试第一速度传感器，并比较实际的和指定的速度。指定速度和在井道内的绝对位置如下所示：

M-2-4-3，自动负载称重传感器。此功能用来自动地校准负载称重传感器。

M-2-4-4，手动设置负载称重传感器。此功能用来手动地校准负载称重传感器。

MCBII 板 LED 灯的指示：板子上的灯提供 2 种信息显示。轿厢不运行时，两种信息每 2s 交替显示。当轿厢运行时，只有图 2-66 信息显示“显示 1”内容。

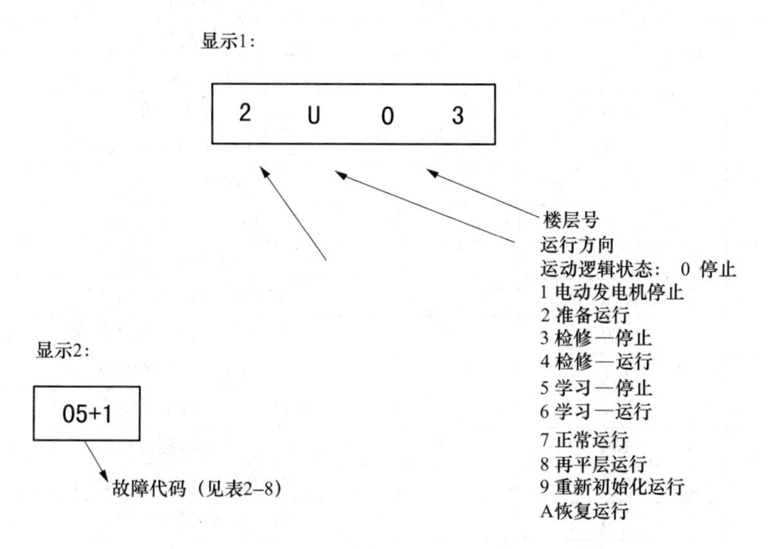

图 2-66　轿厢不运行的显示

MCB 板显示的数字故障记录表见表 2-8。

TT 键次序：M-2-2-2，使用 GO ON 键看下一个故障记录，此时板子上的 LED 也有故障的数字显示。

表 2-8　　　　数字故障记录表

故障代码		所表示的故障
板子	TT 显示	
00	2000	板运行故障
	2900	线路错误
01	2001	电源接通，复位记数
	2901	SAF 非法的运行
02	2002	电源故障
	2902	SAF 进入区域故障
03	2003	任务故障
	2903	AUD 继电器输入故障
04	2004	除以零
	2904	安全链断开
05	2005	轿厢不可用
	2905	门链开路

续表

故障代码		所表示的故障
板子	TT 显示	
06	2006	快的任务超限
	2906	ETP 继电器输入故障
07	2007	软件乱真阻断
	2907	B44 低速保护
08	2008	溢出故障
	2908	B44 LSD 继电器输入故障
09	2009	硬件乱真阻断
	2909	B44 门锁监测故障
10	2010	大的正向滑移故障
	2710	没有？备来运行超时
	2910	MCSS-OCSS ICD 不匹配
11	2101	门区读出装置故障
	2911	UCM（X）继电器输入故障
12	2102	位置检测故障
	2912	EEPROM 写入允许故障
13	2103	失效的楼层记数
	2913	INA 继电器输入故障
14	2104	失效的原始位置
15	2105	门区读出装置顺序故障
16	2106	门区读出装置顺序故障—停止运行
17	2107	门区读出装置顺序故障—恢复
18	2108	1LS/NTB 输入故障
19	2109	2LS/NTT 输入故障
24	2204	服务工具通信故障
34	2304	OCSS 通信故障
44	2404	DCSS 通信故障
55	2505	DBSS 通信故障
60	2600	过冲故障—超调
61	2601	给定曲线任务超越
62	2602	固定的增益位置控制超时
69	2609	软件方向限位
70	2700	DBSS 没有？备来运行—制动器跌落
71	2701	DBSS 没有？备来运行—超时
72	2702	DBSS 吸合/释放制动器超时
73	2703	DBSS 驱动故障
74	2704	DBSS 停车和停止运转
75	2705	DBSS 转矩极限
76	2706	再平层运行
77	2707	救援运行
78	2708	重新恢复初始位置运行

续表

故障代码		所表示的故障
板子	TT 显示	
79	2709	门区不在平层位
80	2800	运行时的超速
81	2801	速度跟踪故障
82	2802	PVT 方向故障
83	2803	NTSD 超速
84	2804	轿厢不启动超时
85	2805	U/D 继电器输入故障
86	2806	DBP/DZ 或 ADZ 故障
87	2807	ETSC 输入故障
88	2808	SC 输入故障
89	2809	DFC 输入故障
90	2810	DBD 输入故障
91	2811	ESS 输入故障
92	2812	SAF 输入故障
93	2813	门开启—紧急停车
94	2814	DZ/ADZ 继电器故障
95	2815	EES 检测故障
96	2816	EES 继电器输入故障
97	2817	电路板开关设置的故障
98	2818	在板上 DZ 故障

三、DBSS 系统（即变频器）

DBSS 系统是介绍如何使用 TT 查找 OVF 故障及其处理方法的。

使用方法：首先将 TT 插入变频器接口，顺次按键 M-4-2-1，TT 将出现如表 2-9 左列的显示，处理方法参照右列。

表 2-9　OVF 故障及其处理方法

故障显示	可能的原因	处理方法
Gate Supply fault	硬件检测到对隔离双栅极晶体管门驱动电路供电单元没电	1. 检查驱动器的接地段子 2. 更换内部通信板 3. 更换驱动单元
Inverter OCT	驱动器曳引机端电流过大，这通常表示隔离双栅极晶体管设备有问题	1. 检查驱动参数 2. 检查制动器操作 3. 检查曳引机接线 4. 检查曳引机接地 5. 更换驱动器

续表

故障显示	可能的原因	处理方法
D current FDBK Q current FDBK	当驱动器得电将要运行时励磁电流发生了故障，当驱动器电流感应冲突时发生此故障	1. 检查驱动参数 2. 检测并紧固曳引机接线 3. 检查驱动器总线上的熔断器（F1） 4. 检查驱动器的："encoder pulses、motor rpm、duty speed parameters"参数
Current FDBK sum	若变频器的三相输出电流不等于零并且超过了参数'inv io limit'的设定值，这个故障就会发生	1. 查证驱动参数 2. 检查微处理器板连接 3. 检查内部相互通信板的连接 4. 更换内部通信板 5. 更换驱动器
Over temp	驱动器或曳引机温度保护开关动作；也可能是内部通信板通道读到这些温度检测设备发生了故障	1. 机房温度是否太高 2. 驱动器风扇是否工作 3. 检查控制器风扇 4. 检查电动机热保护开关 5. 检查控制器段子 158 是否有 DC30V 电压 6. 更换内部电路板
MOTOR OVERLOAD	曳引机'时间—电流'曲线特性超过驱动器额定电流的设定值和驱动器能维持这个电流多长时间	1. 检查驱动器参数：DRIVE RATED I RMS 和 MTR OVL TMR 2. 检查电动机接线 3. 检查电动机抱闸是否打开 4. 检查 LMCSS 参数： ACCELRA NORMAL JERK NORMAL % OF OVERBALANCE 5. 验证"% OF OVERBALANCE" 6. 检查是否旋编丢失 7. 检查曳引机三相接线
CURRENT MEAN	这表示驱动器空闲时的三相变频器电流的平均值，验证驱动器参数"I OFF MEAN LIM"	1. 检查驱动器参数 2. 更换驱动器 3. 更换内部电路板
CURRENT VARIANCE	驱动器空闲时三相电流反馈信号中的一个与其他两个不同	1. 检查驱动器参数 2. 检查曳引机接地线 3. 驱动器微处理板是否有故障 4. 更换内部线路板 5. 更换驱动器
DC LINK OVT	直流回路电压超过过电压动作点	1. 验证驱动器参数"BUS OVT、DC LINK OVT、AC LINE VOLTAGE、BUS FSCALE、BRK REG FRQ" 2. 测量交流线电压并和驱动器参数"LINE-LINE"（TT 4131）、"AC LINE VOLT"（TT 4311）相比较 3. 检查制动电阻连接 4. 检查制动电阻值 5. 更换内部线路板 6. 更换驱动器

续表

故障显示	可能的原因	处理方法
DC LINK UVT	直流回路电压超过欠电压动作点	1. 交流线电压过低 2. 检查驱动器参数 DC LINK UVT 3. 更换线路板
PVT TRACKING ERROR	旋编故障	1. 检查旋编和驱动器的接线 2. 检查旋编电压是否合适 3. 更换旋编
BRAKE STATE	处理器检测到抱闸信号的错误状态	1. 检查 LB 到驱动器的触点 2. 检查驱动器参数"PVT THRESHOLD MIN""PVT THRESHOLD MAX" 3. 检查是否丢失旋编信号 4. 这个故障可能和其他非抱闸继电器操作的原因有关系，检查驱动器和 LMCSS 的故障记录
SFTY CHAIN STATE	安全回路有问题	1. 检查安全回路 2. 检查 U、D 接触器到驱动器的触点 3. 更换内部线路板
UDX PICK NO UDX PICK NC UDX NOT PICK NO UDX NOT PICK NC	UDX 继电器两对触点没在驱动器所要求的位置	1. 若安全链有问题将会有此故障 2. 内部线路接触板上的 UDX 继电器有问题
MTR THERMAL CNTCT	曳引机热保护触点改变了状态	1. 曳引机过热，检查机房温度 2. 曳引机是否有鼓风机，工作是否工作正常 3. 检查控制柜 158 或 195 端子的 DC30 电压 4. 更换电路板
BRAKE DROPPED	制动器问题	1. 检查制动器操作 2. 检查 BSR 继电器 3. 检查驱动器参数"DELAY BRK LFTD"
CNVTR PHASE IMBAL	交流线电压不平衡	1. 主回路熔断器断 2. 测量三相电 3. 检查变频器参数 4. 驱动器上的输入滤波器损坏，更换驱动器
CNVTR AC UVT	三相电压低	1. 测量三相电压，看是否在合同电压的 10% 2. 检查驱动器参数"AC LINE UVT"
PLL UNLOCKED	锁相回路相误差过大	1. 可能由于交流电欠压或不平衡造成 2. 检查驱动器参数 3. 检查三相电压

变频器参数的输入方法如下：

有时三相电压过高或过低时变频器会保护（此时变频器故障记录会有显示 CNVTR AC OVT 或 CNVTR AC UVT），此时没有快慢车，只有将电压调整合适时才能使电梯恢复运行。

首先把 TT 和 DBSS 板连接上。

（1）进入电压参数所在的菜单，按 M4311 和 GO ON 键，直到找到 AC line voltage，即交流线电压。

（2）一开始的显示会是（写保护开关在下面时）：

```
AC line voltage
380.00〉 WRT. PRT!
```

(WRT PRT＝with write protect)

注意

当发生故障时可能是 380 之外的一些数字。

当写保护开关扳到上边时，显示变为：

```
AC line voltage
380.0000〉 * *. * * * * *
```

（3）当用 TT 输入数据时，数字将出现在下面一行的最左边。

（4）若要输入一个完整的数值（即小数点右边没数字），只需输入这些数字，然后按“蓝键”和“Enter”键。

第三章

电梯机械结构

电梯主要由电器系统及机械系统组成。电梯的整体结构和组成如图 3-1 所示。

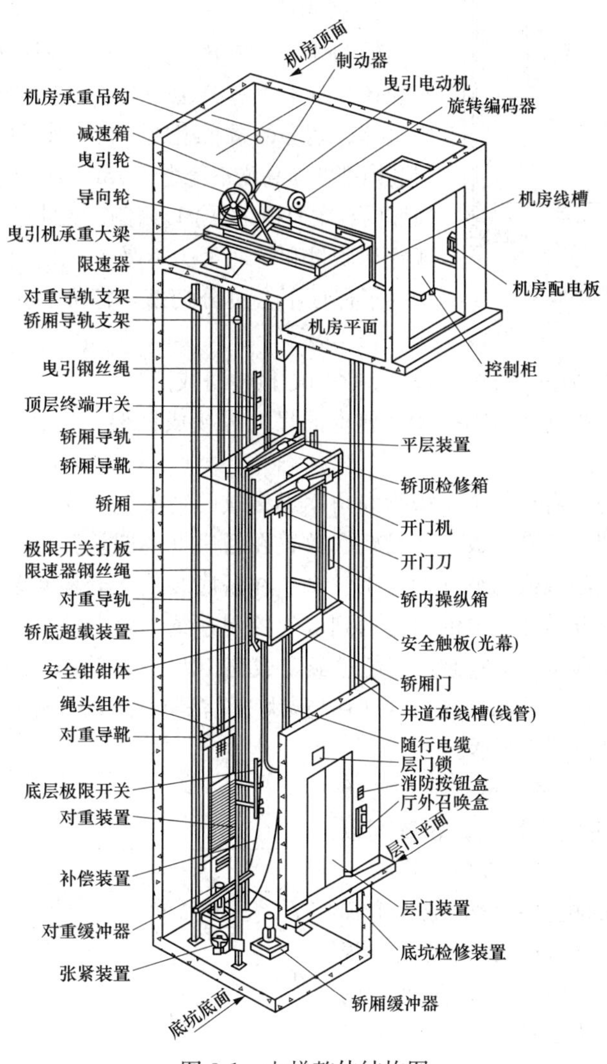

图 3-1　电梯整体结构图

第一节　电梯的轿厢与轿门机构

一、轿厢

轿厢是用来运送乘客或货物的电梯组件，由轿厢架和轿厢体两大部分组成，其基本结构如图 3-2 所示。

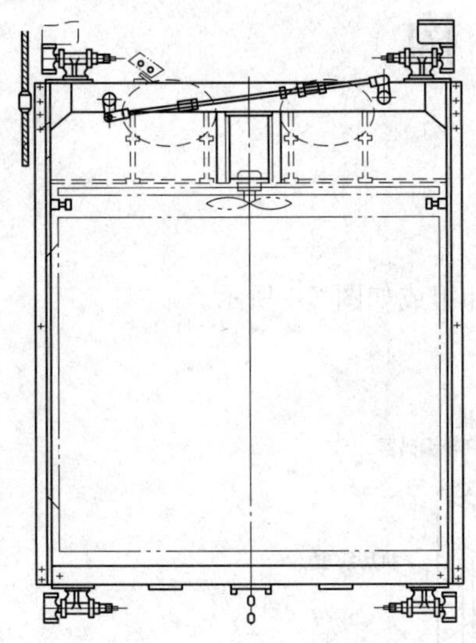

图 3-2　轿厢结构示意图

1. 轿厢架

轿厢架由上梁、立梁、下梁组成。上梁下梁一般可用槽钢焊接或厚的钢板压制而成，立梁用角钢制成，轿厢架把轿厢的负荷（自重和载重）传递到曳引钢丝绳。当安全钳动作或蹲底撞击缓冲器时，要承受由此产生的反作用力，因此轿厢架要有足够的强度。

2. 轿厢体

轿厢体是形成轿厢空间的封闭围壁，除必要的出入口和通风孔外不得有其他开口，轿厢体由不易燃和不产生有害气体、烟雾的材料组成。为了乘员的安全和舒适，轿厢入口和内部的净高度不得小于 2m。为防止乘员过多而引起超载，轿厢的有效面积必须予以限制。具体可参见 GB 7588—2003 对额定载质量和轿厢最大有效面积的对应规定。在乘客电梯中为了保证不会过分拥挤，标准还规定了轿厢的最小有效面积。

一般电梯的轿厢由轿底、轿壁、轿顶、轿门等机件组成。

(1) 轿底：轿底用槽钢和角钢按设计要求的尺寸焊接成框架，然后在框架上铺设一层 3～4mm 厚的钢板而成。

客梯的轿底的结构，需有一个用槽钢和角钢焊接成的轿底框，这个轿底框通过螺栓与轿架的立梁连接，由轿顶和轿壁紧固成一体的轿底放置在轿底框的四块弹性橡胶上。由于这四块弹性橡胶的作用，轿厢能随载荷的变化而上下移动。在轿底装设一套检测装置，就可以检测电梯的载荷情况。把载荷情况转变为电的信号送到电气控制系统，就可以避免电梯在超载的情况下运行，减少事故发生。检测开关在超载（超过额定载荷 10%）时动作，使电梯门不能关闭，电梯也不能启动，同时发出声响和灯光信号（有些无灯光信号），所以也称超载开关。杠杆式称重超载装置结构示意图如图 3-3 所示。

(2) 轿壁：轿壁多采用薄钢板制成，壁板的两头分别焊一根角钢作堵头。轿壁间以及轿壁与轿顶、轿底间多采用螺钉紧固成一体。为了提高轿壁板的机械强度，减少电梯在运行过程中的噪声，在轿壁板的背面点焊用薄板压成的加强筋，观光电梯轿壁使用的是厚度不小于 10mm 的夹层玻璃。

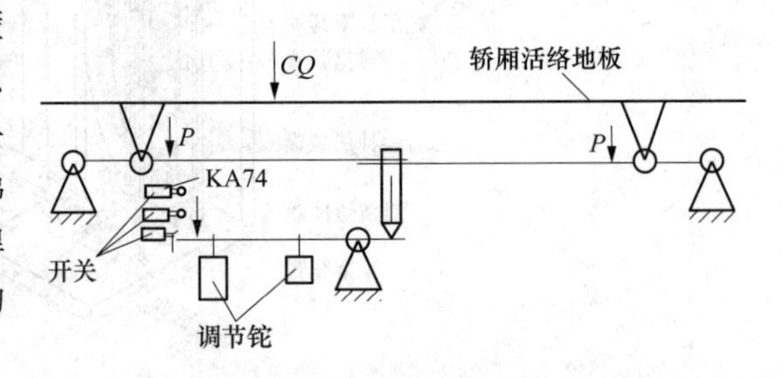

图 3-3　杠杆式称重超载装置结构示意图

(3) 轿顶：轿顶的结构与轿壁相仿，轿

顶装有照明灯，电风扇等。

由于检修人员经常上轿顶保养和检修电梯，为了确保电梯设备和维修人员的安全，电梯轿顶应能承受三个带一般常用工具的检修人员的质量。

（4）轿厢内装置还有操纵箱（轿内的操纵装置）、通风装置、照明、停电应急照明、报警和通信装置。

二、轿门

轿门也称轿厢门。轿门按结构形式分为封闭式轿门和网孔式轿门两种，按开门方向分为左开门、右开门和中开门三种。客梯的轿门均采用封闭式轿门。常见的客梯中开门的轿门外形如图 3-4 所示。

轿门除了用钢板制作外，还可以用夹层玻璃制作，封闭式轿门的结构形式与轿壁相似。由于轿厢门常处于频繁的开、关过程中，所以在客梯的背面常做消声处理，以减少开、关门过程中由于振动所引起的噪声。大多数电梯的轿门背面除做消声处理外，都装有“防夹伤人”的装置，这种装置在关门过程中，能防止动力驱动的自动门门扇撞击乘用人员。常用的防撞击人装置有安全触板式、光电式、红外线光幕式等多种形式。

图 3-4　轿门

1. 安全触板式

安全触板是在自动轿厢门的边沿上，装有活动的在轿门关闭的运行方向上超前伸出一定距离的安全触板，当超前伸出轿门的触板与乘客或障碍物接触时，通过与安全触板相连的连杆机构使装在轿门上的微动开关动作，立即切断电梯的关门电路并接通开门电路，使轿门立即开启。安全触板碰撞力应不大于 5N。安全触板结构如图 3-5 所示。

2. 光电式

在轿门水平位置的一侧装设发光头，另一侧装设接收头，当光线被人或物遮挡时，接收头一侧的光电管产生信号电流，经放大后推动继电器工作，切断关门电路同时接通开门电路。一般在距轿厢地坎高 0.5m 和 1.5m 处，两水平位置分别装有两对光电装置，光电装置常因尘埃的附着或位置的偏移错位，造成门关不上，为此它经常与安全触板组合使用。

3. 红外线光幕式

在轿门门口处两侧对应安装红外线发射装置和接收装置。发射装置在整个轿门水平发射 40～90道或更多道红外线，在轿门口处形成一个光幕门。当人或物将光线遮住，门便自动打开。该装置灵敏、可靠、无噪声、控制范围大，是较理想的防撞人装置。但它也会受强光干扰或尘埃附着的影响产生不灵敏或误动作等故障，因此也经常与安全触板组合使用。电梯安全光幕的示意图如图 3-6 所示。

封闭式轿门与轿厢及轿厢踏板的连接方式是轿门上方设置有吊门滚轮，通过吊门滚轮挂在轿门导轨上，门下方装设有门滑块，门滑块的一端插入轿门踏板的小槽内，使门在开、关过程中只能在预定的垂直面上运行。

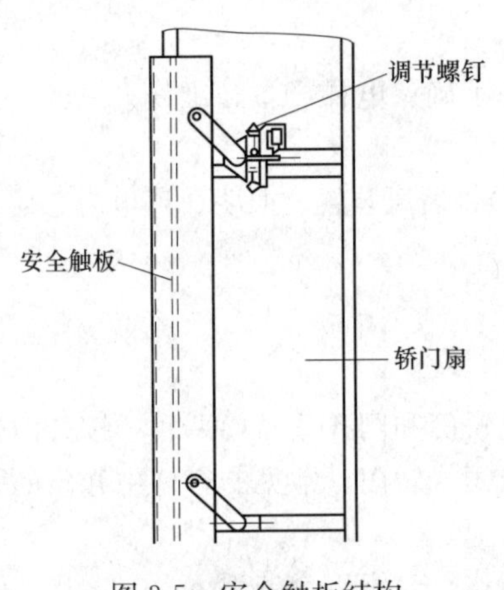

图 3-5　安全触板结构

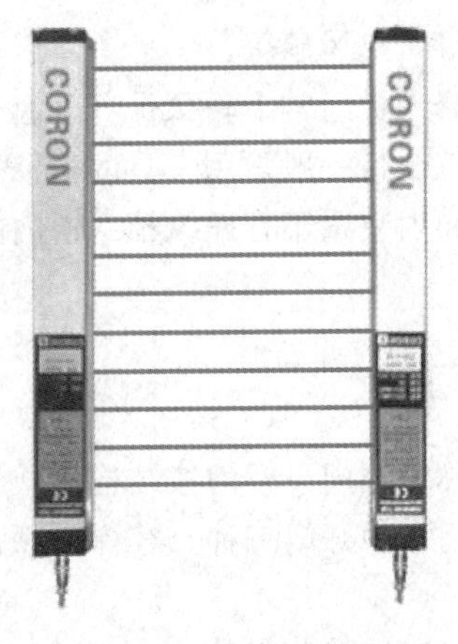

图 3-6　电梯安全光幕

轿门必须装有轿门闭合到位检验装置，该装置因电梯的种类、型号不同而异，常用限位开关、行程开关来检验轿门的闭合位置。只有轿门关闭到位后，电梯才能正常启动运行。在电梯正常运行中，轿门离开闭合位置时，电梯应立即停止。

三、层门

层门也叫厅门，层门应为无孔封闭门。层门主要由门框、厅门扇、吊门滚轮等组成。门框由门导轨、左右立柱和门套、门踏板等机件组成。中开封闭式层门示意图如图 3-7 所示。

层门关闭后，客梯的门扇之间及门扇与门框之间的间隙应小于 6mm，中开封闭式层门外形如图 3-8 所示。

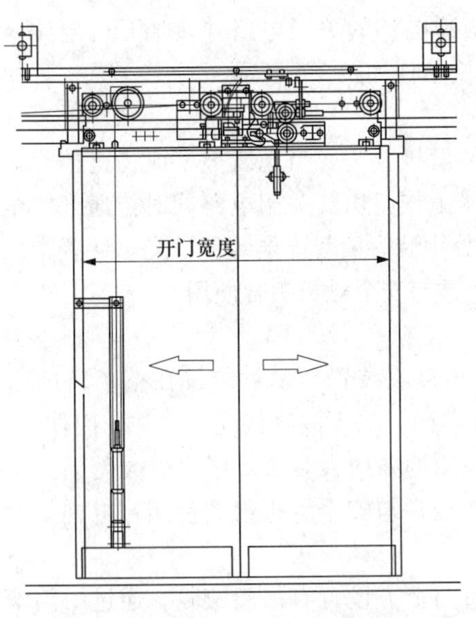

图 3-7　中开封闭式层门示意图

图 3-8　中开封闭式层门外形

电梯的每个层门都应装设层门锁闭装置、证实层门关闭好的电气装置、紧急开锁装置和层门自动关闭装置等安全防护装置。确保电梯正常运行时，不能打开层门。如果某层门开着，在正常情况下，应不能启动电梯或保持电梯继续运行。

四、轿门和厅门的开、关门机构

电梯轿、厅门的开启和关闭通常为自动开关方式。

自动开关门机构有直流调压调速驱动及连杆传动，交流调频调速驱动及同步齿形带传动和永磁同步电动机驱动及同步齿形带传动等三种。

（1）直流调压调速驱动及连杆传动开关门机构。常见的中分连杆传动自动开关门机构如图 3-9 所示。由于直流电动机调压调速性能好、换向简单方便等特点，一般通过皮带轮减速及连杆机构传动实现自动开、关门。

（2）交流调频调速驱动及同步齿形带传动开关门机构。这种开关门机构利用变频技术对交流电动机进行调速，利用同步齿形带进行直接传动，可以提高开关门机构传动精确度和运行可靠性等，是目前比较常用的开关门机构，其外形结构示意图如图 3-10 所示。

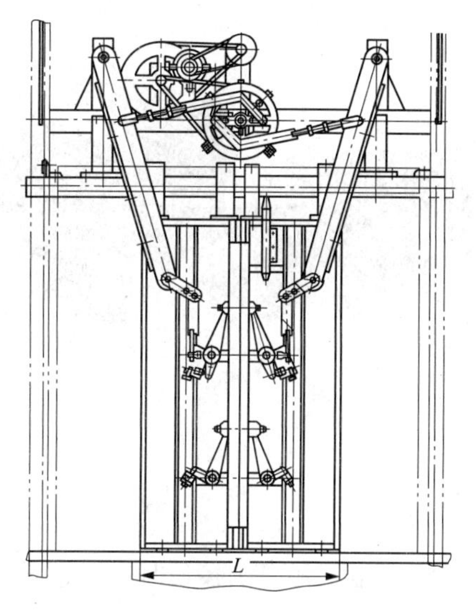

图 3-9 直流调压调速驱动及连杆传动开关门机构

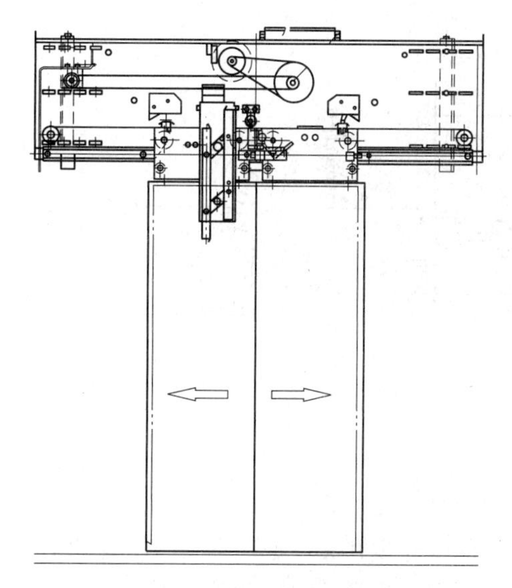

图 3-10 交流调频调速驱动及同步齿形带传动门机构外形结构示意图

（3）永磁同步电动机驱动的开关门机构。这种开关门机构使用永磁同步电动机直接驱动开关门机构，其机械结构因安装方式不同而不同，特别适用于无机房电梯的小型化要求，是近几年来新型电梯的发展目标，其外形结构如图 3-11 所示。

五、门锁装置

门锁装置一般位于层门内侧，是确保层门不被随便打开的重要安全保护设施。层门关闭后，将层门锁紧，同时接通门联锁电路，此时电梯方能启动运行。当电梯运行过程中所有层门都被门锁锁住，一般人员无法将层门撬开。只有电梯进入开锁区，并停站时层门才能被安装在轿门上的刀片带动而开启。在紧急情况下或需进入井道检修时，只有经过专门训练的专业人员方能用特制的钥匙从层门外打开层门。

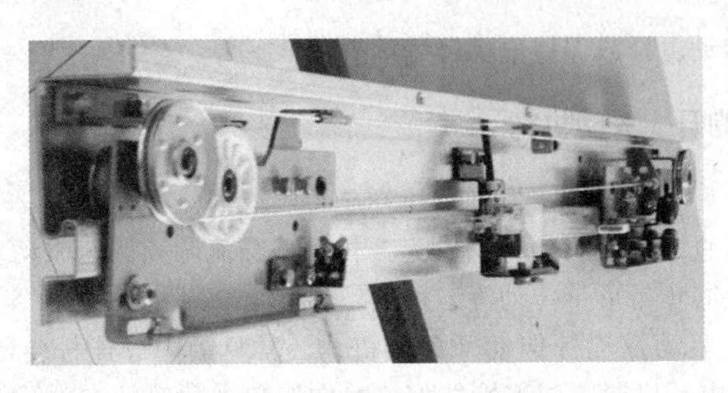

图 3-11　门机外形结构

门锁装置分手动和自动两种，手动门锁已经被淘汰。自动门锁只装在层门上，又称层门门锁。层门门锁的结构形式较多，按 GB 7588—2003 的要求，层门门锁不能出现重力开锁，也就是当保持门锁锁紧的永久磁铁或弹簧失效时，其重力也不应导致开锁。常见自动门锁如图 3-12 所示。

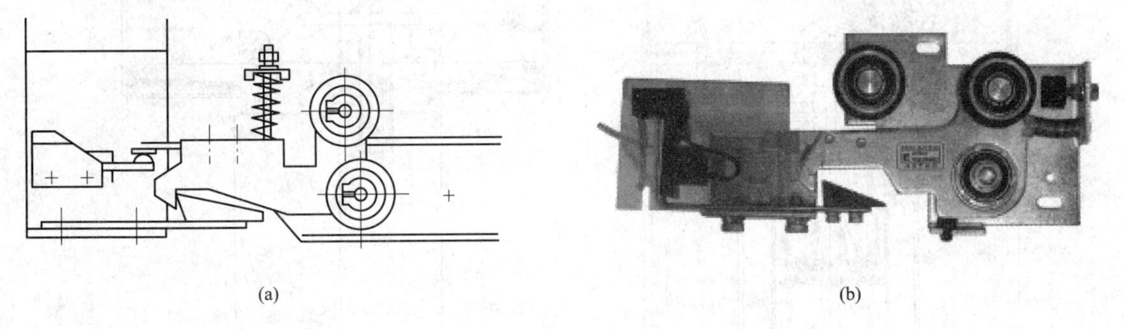

(a)　　　　(b)

图 3-12　自动门锁

(a) 自动门锁；(b) 门锁外形图

门锁的电联锁开关，是证实层门闭合的电气装置，当两电气触点刚接通时，锁紧元件之间啮合深度要求至少为 7mm，否则必须调整。

六、紧急开锁装置

紧急开锁装置是供专职人员在紧急情况下，需要进入电梯井道进行抢修，或进行日常检修维护保障工作时，从层门外用三角钥匙开启层门的机件。这种机件每层层门都应该设置，并且均应能用相应的三角钥匙有效打开，而且在紧急开锁之后，锁闭装置当层门闭合时，不应保持开锁位置。这种三角钥匙只能由一个负责人持有，钥匙应带有书面说明，详细讲述使用方法，以防止开锁后因未能有效重新锁上而引起事故。其示意图如图 3-13 所示，外形图如图 3-14 所示。

七、门机构机械动作原理简述

电梯的门一般由门扇、门滑轮、门靴、门地坎、门导轨架等组成。轿门由门滑轮悬挂在轿门导轨上，下部通过门靴与轿门地坎配合，厅门由门滑轮悬挂在厅门导轨上，下部通过门靴与厅门地坎配合，厅门上装有电气、机械连锁装置的门锁。开门机首先驱动轿门，再有门刀和门轮组成的联动机构驱动厅门，实现开关门动作，它的动力是伺服电动机。

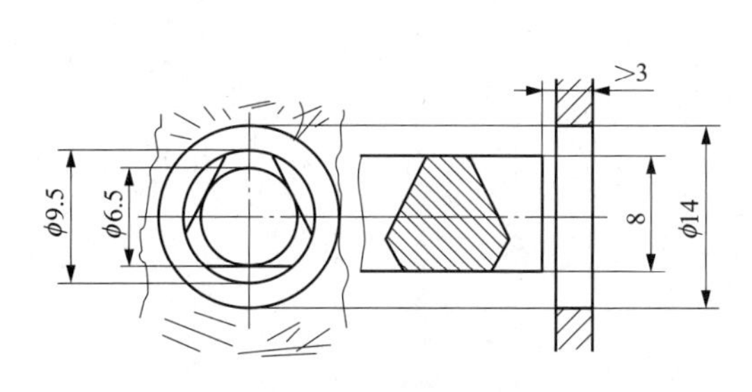

图 3-13　开锁三角孔示意图

图 3-14　三角锁和钥匙外形

八、开关门机构的安装

因为许多门机构的门电动机、门导轨、活动臂、门挂板等，在出厂前已装成一个整体，所以安装这类型开门机构在装上支撑件和开门机构后，首先要求确定门导轨的高度，同时保证它的水平度。其次是调整机架，使门导轨正面与轿厢地坎槽内侧垂直（也就是从门导机两端吊垂线至轿厢地坎槽内侧）。再次调整好门机本身的垂直度。检查方法就是线垂吊皮带轮或线垂吊门机架与门导轨两端接板使之垂直，调整好后拧紧连接螺丝。

1. 轿门的安装

首先在电梯轿门上装上吊轨，且要求装上的两块门导轨是在一条直线上。在挂上电梯轿门后必须做到如下事项

（1）门板与地坎距离为 4mm，电梯轿门与轿厢前壁之间距离为 4mm。

（2）两扇电梯轿门上下必须在一个平面上。检查方法就是用钢直尺靠两块门板的上下端，看它是否平整。

（3）门板的正面、侧面必须垂直，这样才能保证关闭中缝整齐，同时打开之后，与轿厢前壁并齐。安装完电梯轿门后，可以手动开关门，整个开关过程应该轻松、平稳。

2. 安全触板的安装

安全触板的安装，首先要求触板的接触面与电梯轿门侧面是平的；其次安全触板活动自如且没有异常声响；最后伸出时触板突出量以 30～50mm 为宜，用时两块触板伸出量相同。

3. 门刀的安装

安装开门刀：①确定保证门刀与厅门地坎之间距离为 7mm 为佳，并且保证这一方向的垂直；②确定门刀的固定刀片与厅门门锁的脱钩滚轮之间的距离 7mm 左右；③门刀固定刀片的两个面即推滚轮的一面必须垂直；④检查电梯轿门在带动厅门时，可动刀片不应有异常声响。

4. 开关门的速度

开关门的速度，首先要控制在 0.70m/s 左右，开门速度可适当快点。开门的加减速则根据电梯不同加以调整。如用三菱型门机，因自身有平衡铁，那么只需要调整开门减速，减速点宜距开门到位 150mm 左右；关门的减速点有 2 个，第 1 个宜在门板离中线 150mm 处，第 2 个减速点宜在门板离中线 20mm 处。

第二节　电梯的曳引机构

一、曳引机的分类

1. 按驱动电动机分类

（1）交流电动机驱动的曳引机；

（2）直流电动机驱动的曳引机；

（3）永磁电动机驱动的曳引机。

2. 按有无减速器分类

（1）无齿轮曳引机；

（2）有齿轮曳引机。

电梯额定速度和额定载质量的变化，曳引电动机、减速器、曳引轮的尺寸参数及结构形式也会发生相应变化，因而应根据需要而选择。

二、常用曳引机结构特点

1. 有齿轮曳引机

有齿轮曳引机由曳引轮、减速箱和制动轮组成，用于低速和中速电梯。常用涡轮蜗杆曳引机结构图如图 3-15 所示。

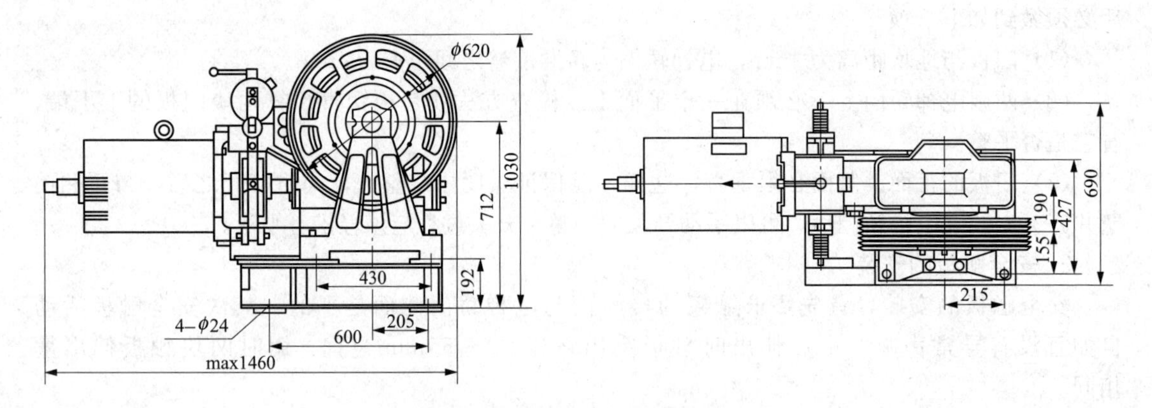

图 3-15　涡轮蜗杆曳引机结构图

有齿轮曳引机广泛用在运行速度不大于 2.0m/s 的各种交流调速货梯、客梯、杂物电梯。这种曳引机主要由曳引电动机、蜗杆、蜗轮、制动器、曳引绳轮、机座等组成，其中涡轮蜗杆曳引机同其他驱动型式的曳引机比可以使曳引机的总高度降低（永磁同步曳引机除外），便于将电动机、制动器、减速器装在一个共同的底盘上，使装配工作容易简单。另外由于它是采用蜗轮蜗杆传动的，其优点是运行平稳，噪声和振动小；但其缺点是由于齿面滑动速度大，因此润滑困难，效率低，同时齿面易于磨损。有齿轮曳引机外形和安装位置如图 3-16 所示。

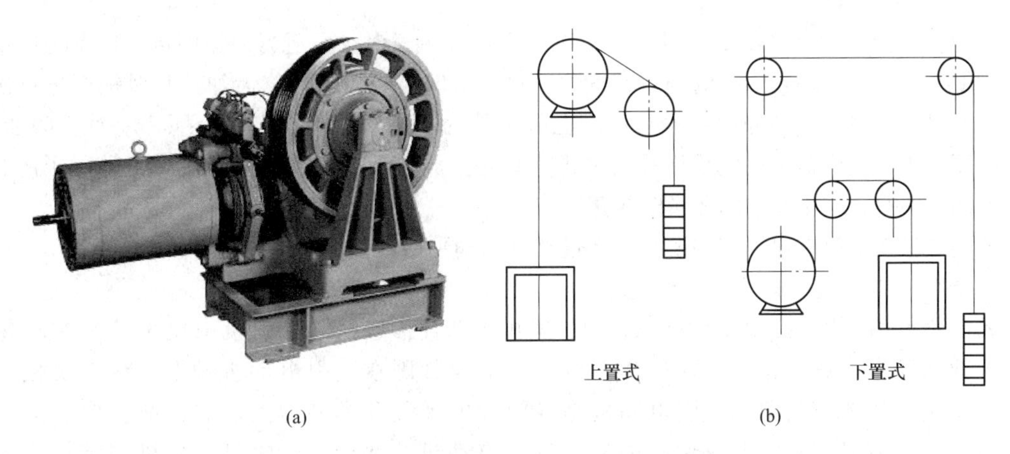

图 3-16　有齿轮曳引机外形和安装位置

(a) 外形；(b) 安装位置

(1) 蜗轮蜗杆传动结构。

1) 轮轴支承方式。蜗轮副的蜗杆位于蜗轮之上的称为上置式，位于蜗轮下面的称为下置式。

上置式的优点是，箱体比较容易密封，容易检查，不足之处是蜗杆润滑比较差。

2) 常用的蜗轮蜗杆齿形。常用的有圆柱形和圆弧回转面两种。

3) 蜗杆蜗轮材料的选择。选择材料时要充分考虑到蜗轮蜗杆传动的特点，蜗杆要选择硬度高，刚性好的材料，蜗轮应选择耐磨和减磨性能好的材料。

4) 热平衡问题。由于蜗杆传动的摩擦损失功率较大，损失的功率大部分转化为热量，使油温升高。过高的油温会大大降低润滑油的黏度，使齿面之间的油膜破坏，导致工作面直接接触产生齿面胶合现象。为了避免产生润滑油过热现象，设计的蜗轮箱体应满足：从蜗轮箱散发出的热量大于或至少等于动力损耗的热量。

(2) 有齿轮曳引机电梯工作原理简述。有齿轮曳引机的曳引电动机是通过联轴器与蜗杆相连，涡轮与曳引轮同装在一根轴上。由于蜗杆与涡轮间有啮合关系，曳引电动机能够通过蜗杆驱动蜗轮和绳轮作正反向运行。电梯的轿厢和对重装置分别连接在曳引钢丝绳的两端，曳引钢丝绳挂在曳引轮上，曳引绳轮转动时，通过曳引绳和曳引轮之间的摩擦力，驱动轿厢和对重装置上下运行。

最近几年广大科研人员对有齿轮曳引机产品，又开发了行星齿轮曳引机和斜齿轮曳引机这两种曳引机克服了涡轮蜗杆曳引机效率低的缺点，同时提高了有齿轮曳引机的速度和扭矩。

(3) 有齿轮曳引机的防振和消声。

1) 产生振动和噪声的原因。对于一般的电梯制造厂，曳引机都是在厂内组装并使各方面的性能指标合格后才允许出厂的。产生振动和噪声的原因大致为：①制造厂组装调试时没有加一定的负载，所以在电梯安装工地上安装后一加负载就产生了振动和噪声；②装配不符合要求，减速箱及其曳引轮轴座与曳引机底盘间的紧同螺栓拧紧不匀，引起箱体扭力变形，造成蜗轮副啮合不好；③蜗杆轴端的推力轴承存在缺陷；④制造不好，蜗杆的螺旋角不准及蜗杆偏心和蜗轮偏心、节径误差、动平衡不良及间隙不符合要求，都会产生振动噪声。

2）曳引机的防振和消声。①曳引机在制造厂组装调试时，应适当地加些负载，发现质量问题及时解决。②保证蜗轮蜗杆的制造精度，通过组装时对轮齿进行修齿加工和对蜗杆进行研磨加工，可以达到减小振动和噪声的目的。在有条件的制造厂，应推广蜗轮蜗杆配对研磨加工、配对出厂。③在曳引机和机座承重梁之间或砼墩之间放置隔振橡胶垫。④在厂内进行严格的动平衡测试，不符合技术要求的要及时修正。

各类电梯曳引机在出厂前都要必须经过严格的动平衡检验以及各种振动和性能测试。

2. 无齿轮曳引机

无齿轮曳引机即无减速器曳引机，它由电动机直接连接，曳引机由曳引轮和制动轮组成，广泛用于中高速电梯上。这种曳引机的曳引轮紧固在曳引电动机轴上，没有机械减速机构，整机结构比较简单。曳引电动机是专门为电梯设计和制造的，非常适合电梯运行工作的特点，适应具有良好调速性能的交流变频电动机。常见无齿轮曳引机机械结构简图如图 3-17 所示。

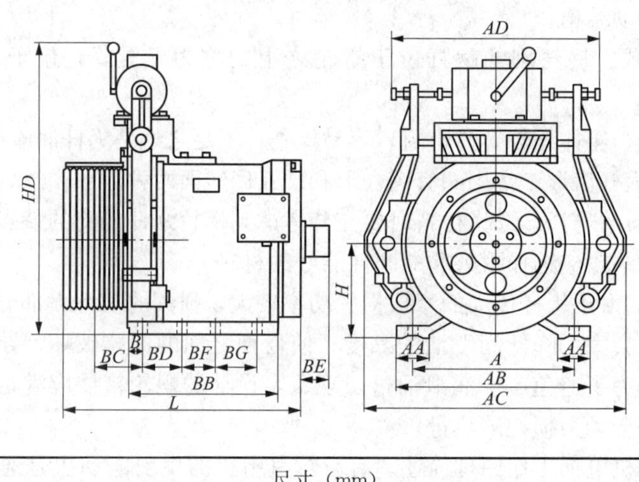

尺寸（mm）															
A	*AA*	*AB*	*AC*	*AD*	*K*	*B*	*BB*	*BC*	*BO*	*BE*	*BF*	*BG*	*H*	*HD*	*L*
504	110	608	800	650	8×ϕ26	33	475	143	140	90	115	140	300	900	780

图 3-17　无齿轮曳引机机械结构简图

无齿轮曳引机特点为：该曳引机制动时所需要的制动转矩要比有减速器曳引机大得多，因此无减速器曳引机的制动器比较大，其曳引轮轴及其轴承的受力要比有减速器曳引机大得多，相应的轴也显得粗大。由于无齿轮曳引机没有减速器，所以磨损比较低，使用寿命比较长。现在新施工的电梯几乎全部采用无齿轮曳引机。

3. 永磁同步曳引机

具有低速大转矩特性的无齿轮永磁同步曳引机以其节省能源、体积小、低速运行平稳、噪声低、免维护等优点越来越引起电梯行业的广泛关注。无齿轮永磁同步电梯曳引机主要由永磁同步电动机、曳引轮及制动系统组成。永磁同步电动机采用高性能永磁材料和特殊的电动机结构，具有节能、环保、低速、大转矩等特性。曳引轮与制动轮为同轴固定连接，采用双点支撑；由制动器、制动轮、制动臂和制动瓦等组成曳引机的制动系统。

（1）永磁同步曳引机的组成。永磁同步曳引机包括机座、定子、转子体、制动器等，永磁体固定在转子体的内壁上，转子体通过键安装于轴上，轴安装在后机座上的双侧密封深沟球轴承和前机座上的调心滚子轴承上，锥形轴上通过键固定曳引轮，并用压盖及螺栓锁紧曳引轮，轴后端安装旋转编码器，连接片把定子压装在后机座的定子支撑上，前机座通过止口定位在后机座上，前机座两侧开有使制动器上的摩擦块穿过的孔。常见永磁同步曳引机外形如图 3-18 所示。

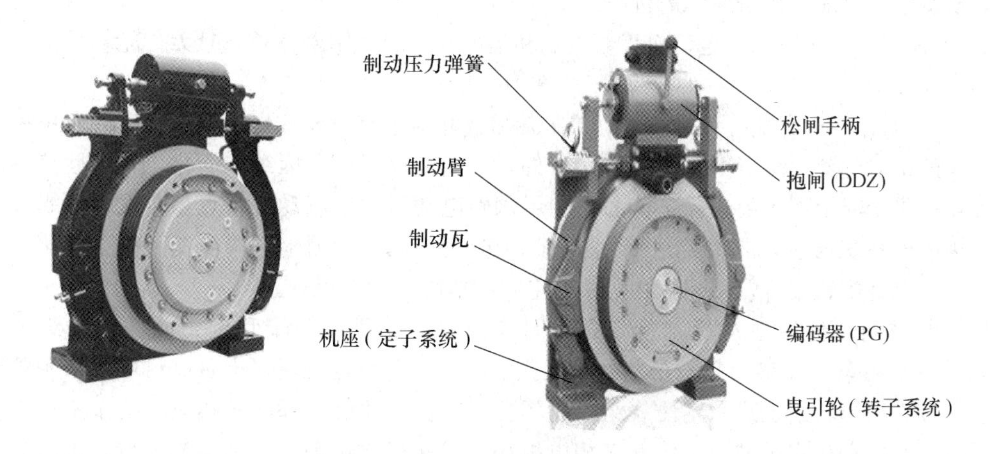

图 3-18　常见永磁同步曳引机外形

(2) 永磁同步曳引机优势。驱动系统使用永磁同步无齿轮曳引机。由于永磁同步无齿曳引机与传统的蜗轮蜗杆传动的曳引机相比具有如下优点。

1) 永磁同步无齿曳引机是直接驱动，没有蜗轮蜗杆传动副，永磁同步电动机没有异步电动机所需的定子绕组，而制作永磁同步电动机的主要材料是高能量密度的高剩磁感应和高矫顽力的钕铁硼，其气隙磁密一般达到 0.75T 以上，所以可以做到体积小和质量轻。

2) 传动效率高。由于采用了永磁同步电动机直接驱动（没有蜗轮蜗杆传动副）其传动效率可以提高 20%～30%。

3) 永磁同步无齿曳引机由于不存在一个异步电动机在高速运行时轴承所发生的噪声和不存在蜗轮蜗杆副接触传动时所发生噪声，所以整机噪声可降低 5～10dB。

4) 能耗低。从永磁同步电动机工作原理可知其励磁是由永磁铁来实现的，不需要定子额外提供励磁电流，因而电动机的功率因数可以达到很高（理论上可以达到 1）。同时永磁同步电动机的转子无电流通过，不存在转子耗损问题，一般比异步电动机降低 45%～60%耗损。由于没有效率低、高能耗蜗轮蜗杆传动副，使能耗进一步降低。

5) 永磁同步无齿曳引机由于不存在齿廓磨损问题和不需要定期更换润滑油，因此其使用寿命长，且基本不用维修。在近期如果能尽快解决生产永磁同步电动机成本问题，永磁同步无齿曳引机将完全代替由蜗轮蜗杆传动副异步电动机组成的曳引机。当然将来超导电力拖动技术和磁悬浮驱动技术也会在电梯上应用。

(3) 永磁同步曳引机特点。

1) 节能、驱动系统动态性能好。采用多极低速直接驱动的永磁同步曳引机，无需庞大的机械传动效率仅为 70%左右的蜗轮蜗杆减速齿轮箱；与感应电动机相比，无需从电网汲取无功电流，因而功率因数高；因没有励磁绕组没有励磁损耗，故发热小，因而无需风扇、无风摩耗，效率高；采用磁场定向矢量变换控制，具有和直流电动机一样优良的转矩控制特性，启、制动电流明显低于感应电动机，所需电动机功率和变频器容量都得到减小。

2）平稳、噪声低。低速直接驱动，故轴承噪声低，无风扇、无蜗轮蜗杆噪声。噪声一般可低5～10dB，减小对环境噪声污染。

3）建筑空间。无庞大减速齿轮箱、无励磁绕组、采用高性能钕铁硼永磁材料，故电动机体积小，质量轻，可缩小机房或无需机房。

4）寿命长、安全可靠。电动机无需电刷和集电环，故使用寿命长，且无齿轮箱的油气，对环境污染少。

5）维护费用少。无刷、无减速箱，维护简单。相对于有齿轮式曳引机，永磁同步曳引机具节能环保的绝对优势。除以上业内公认优点外，于安全性层面上因结构简化，具刚性直轴制动的特点，提供全时上下行超速保护能力，利用永磁电动机的反电动势特点，实现蜗轮蜗杆自锁功能，为电梯系统与乘客提供多层安全防护。于应用之层面上因永磁同步曳引机小型化及薄型化特点，对电梯配置安排及与建筑物间整合空间的搭配性大大提升。

（4）永磁同步伺服电动机结构。永磁同步伺服电动机由转子和定子两大部分组成，如图3-19所示。在转子上装有特殊形状的永久磁铁用以产生恒定磁场，永磁材料可以采用铁淦氧体或钕铁硼。由于转子上没有励磁绕组，故不会发热。电动机内部的发热只取决于定子上绕组流过的电流。电动机定子铁心上绕有三相电枢绕组接于变频电源上。从结构上看，永磁同步伺服电动机的定子铁心直接暴露于外界环境中，创造了良好的散热条件，也容易使电动机实现小型和轻量化。一般AC伺服的外壳设计成多个翅片，以强化散热。

4. 无机房电梯专用的曳引机

随着经济高速发展，住宅电梯也随之迅速发展，电梯市场上出现了无机房住宅电梯和随之而来的专用无齿轮曳引机，外形如图3-20所示。其优点如下。

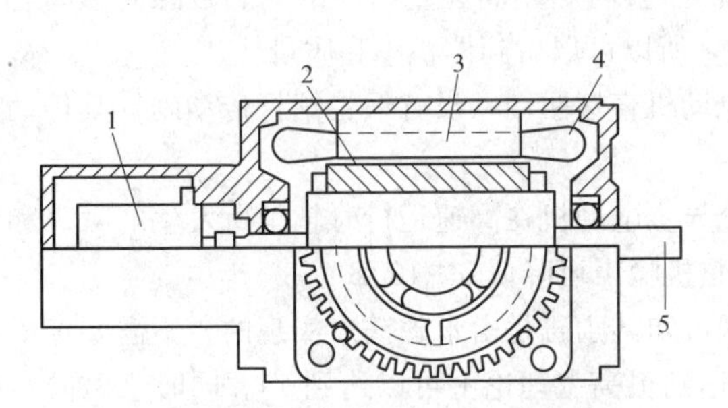

图3-19　永磁同步伺服电动机的结构
1—检测器（旋转变压器）；2—永久磁铁；
3—铁心；4—三相绕组；5—输出轴

图3-20　国产无机房专用永磁同步
无齿轮曳引机外形

（1）无机房限止。可上置或下置，也可侧置或内置。

（2）无齿轮限止。没有齿轮噪声的问题，没有齿轮振动问题，没有齿轮效率问题，没有齿轮磨损问题，不用考虑润滑的问题。

（3）无速度、高度限制。无机房电梯曳引机大致可分3类。永磁同步电动机驱动的超小型同步无齿轮曳引机；内置式行星齿轮和内置交流伺服电动机的超小型曳引机；交流变频电动机直接驱动的超小型无齿轮曳引机。上述3类无机房电梯专用的曳引机均各有优点和不足之处，但它们都是电梯的技术创新，突破了传统机房的限制。也是未来曳引机的发展方向。

三、制动器

为了提高电梯的安全可靠性和平层准确度，电梯上必须设有制动器，当电梯的动力电源失电或控制电路电源失电时，制动器应自动动作，制停电梯运行。在电梯曳引机上一般装有如图 3-21 所示的电磁式直流制动器。这种制动器主要由直流抱闸线圈、电磁铁心、闸瓦、闸瓦架、制动轮（盘）、抱闸弹簧等构成。工作特点为电动机通电时制动机松闸，电梯失电或停止运行时抱闸。

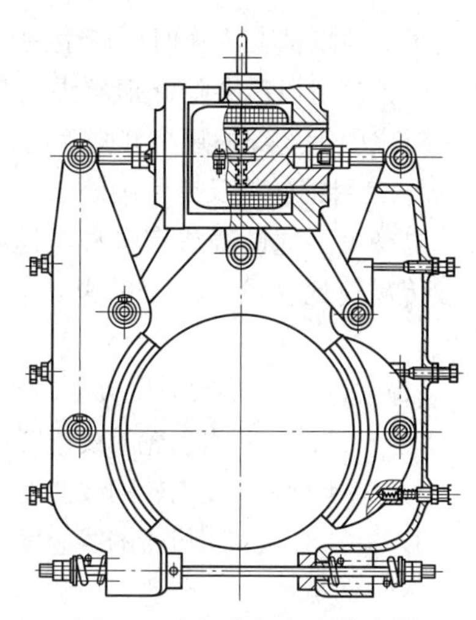

图 3-21　电磁式直流制动器

制动器必须设有两组独立的制动机构，即两个铁心、两组制动臂、两个制动弹簧。若一组制动机构失去作用，另一组应能有效地制停电梯运行。有齿轮曳引机采用带制动轮（盘）的联轴器，一般安装在电动机与减速器之间。无齿轮曳引机的制动轮（盘）与曳引绳轮是铸成一体的，并直接安装在曳引电动机轴上。

电磁式制动器的制动轮直径、闸瓦宽度及其圆弧角可参考表 3-1 的规定。

表 3-1　　电磁式制动器的参数尺寸

曳引机	电梯额定载质量/kg	制动轮直径/mm	闸瓦	
			宽度/mm	圆弧角度/（°）
有齿轮	100～200 500 750～3000	150 200 300	65 90 140	88 88 88
无齿轮	1000～1500	840	200	88

制动器是电梯机械系统的主要安全设施之一，而且直接影响着电梯的乘坐舒适感和平层准确度。电梯在运行过程中，根据电梯的乘坐舒适感和平层准确度，可以适当调整制动器在电梯启动时松闸、平层停靠时抱闸的时间，以及制动力矩的大小等。

为了减小制动器抱闸、松闸时产生的噪声，制动器线圈内两块铁心之间的间隙不宜过大。闸瓦与制动轮之间的间隙也是越小越好，一般以松闸后闸瓦不碰擦运转着的制动轮为宜。

四、曳引钢丝绳及绳头组合

1. 曳引钢丝绳

电梯用曳引钢丝绳系按国家标准生产的电梯专用钢丝绳，其结构如图 3-22 所示。钢丝绳均有直径为 8、10、11、13、16、19、22mm 七种规格，都是用纤维绳作芯子。其中 8×19S 表示这种钢丝绳有 3 股，每股有 3 层钢丝，最中层只有一根钢丝，外面两层都是 9 根钢丝，用(1+9+9)表示，6×19S 表示的意思与此相似。

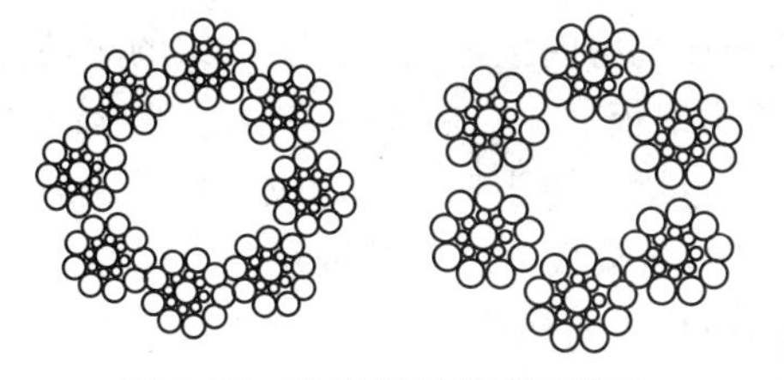

图 3-22　曳引钢丝绳断面结构

曳引钢丝绳是电梯中的重要构件，在电梯运行时弯曲次数频繁，并且由于电梯经常处在无制动状态下，所以不但承受着交变弯曲应力，还承受着不容忽视的动载荷。由于使用情况的特殊性及安全方面的要求，决定了电梯用的曳引钢丝绳必须具有较高的安全系数，并能很好地抵消在工作时所产生的振动和冲击。电梯曳引钢丝绳在一般情况下，不需要另外润滑，因为润滑以后会降低钢丝绳与曳引轮之间的摩擦系数，影响电梯正常的曳引能力。因此，国家对曳引钢丝绳的规格和强度有统一的严格标准。

2. 曳引钢丝绳及曳引绳绕法

电梯曳引绳的绕法有多种，这些绕法可以看成不同的传动方式，从绕法的基本概念把它叫做传动速比，也可称为曳引比，它指的是电梯运行时，曳引轮的线速度与轿厢升降速度的比。

（1）常见的几种绕法，如图 3-23 所示。

1）1∶1 绕法：曳引轮的线速度与轿厢升降速度之比为 1∶1，1∶1 绕法也可称为曳引比 1∶1。

2）2∶1 绕法：曳引轮的线速度与轿厢升降速度之比为 2∶1，2∶1 绕法也可称为曳引比 2∶1。

3）3∶1 绕法：引机轮的线速度与轿厢升降速度之比为 3∶1，3∶1 绕法也可称为曳引比 3∶1。

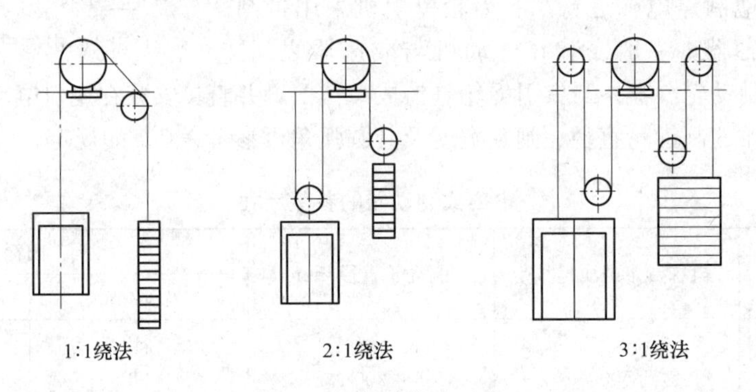

图 3-23　各种绕法示意

（2）曳引传动的线速度与载荷力的关系。

1）当曳引比为 1∶1 时：即曳引绳速度＝轿厢运行速度轿厢侧曳引绳载荷力＝轿厢总质量。

2）当曳引比为 2∶1 时：即曳引线速度＝2 倍轿厢运行速度轿厢侧曳引绳载荷力＝1/2 轿厢总质量。

3）当曳引比为 3∶1 时：即曳引线速度＝3 倍轿厢运行速度轿厢侧曳引绳子载荷力＝1/3 轿厢总质量。

3. 绳头组合

绳头组合又叫曳引绳锥套。曳引绳锥套在曳引系统中，是曳引钢丝绳连接轿厢和对重装置的（或是曳引钢丝绳连接曳引机承重梁及绳头板大梁的）一种过渡机件。

（1）组成。

1）曳引机承重梁是固定、支撑曳引机的机件。是由工字钢或两根槽钢金属材料做成的，梁的两端分别稳固在对应井道墙壁的机房地板上。

2）绳头板大梁一般由槽钢做成，按背靠背的形式放置在机房内预定的位置上，梁的一端固定在曳引机的承重梁上，另一端稳固在对应井道墙壁的机房地板上。

3）绳头板是曳引绳锥套连接轿厢对重装置或曳引机承重梁、绳头板大梁的过渡机件。绳头板是用钢板制成，板上有固定曳引绳锥套的孔，每台电梯的绳头板上钻孔的数量与曳引钢丝绳的根数相等，孔按各厂家按国标规定的形式排列成。每台电梯需要两块绳头板。

（2）分类。曳引绳锥套按用途可分为用于曳引钢丝绳直径为 ϕ3mm 和 ϕ6mm 两种。如按结构形式又可分为组合式、非组合式、自锁楔式三种，曳引绳锥套如图 3-24 所示。常见绳头组合外形如图 3-25 所示。

组合式的曳引绳锥套其锥套和拉杆是两个独立的零件，它们之间用铆钉铆合在一起。非组合式的曳引绳锥套，其锥套和拉杆是一体的。

（3）安装。曳引绳锥套与曳引钢丝绳之间的连接处，其抗拉强度应不低于钢丝绳的抗拉强度。因此曳引绳头一般预先做成类似大蒜头的形状，穿进锥套后再用巴氏合金浇灌。还有一种自锁楔式曳引绳锥套是 20 世纪 90 年代设计生产的，它可以省去浇灌巴氏合金的环节，它的钢丝绳绕过楔形块套入锥套，依靠楔形块与锥套内控斜面的配合使钢丝绳在拉力作用下自动锁紧，在钢丝绳的拼接处有绳卡，以防绳头滑脱。这种可拆式接头方式便于调节绳长，但抗冲击能力较差，曳引绳伸长后的调节也比较方便。

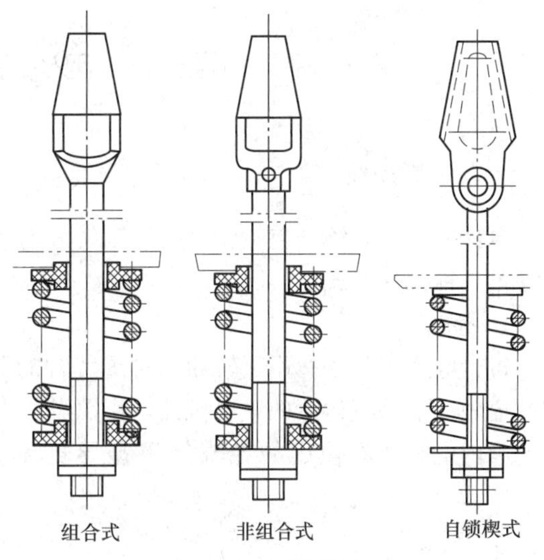

图 3-24　曳引绳锥套

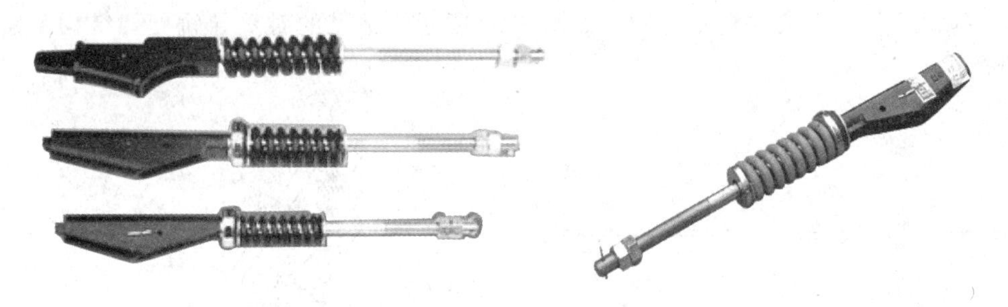

图 3-25　绳头组合外形

五、补偿链

由于轿厢升降，轿厢侧和对重侧的曳引钢丝绳质量比随之变化，为了修正这个变化，减轻曳引电动机负载，将轿厢和对重用补偿链连接起来，一般用于 30m 以上的电梯，基本是现代电梯的标准配置，其外形如图 3-26 所示。

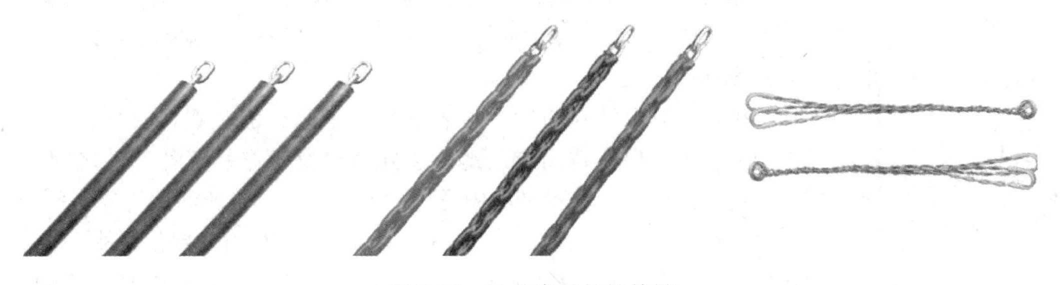

图 3-26　几种常见的补偿链

第三节 电梯的引导系统及对重

一、引导系统

电梯的引导系统，包括轿厢引导系统和对重引导系统两种。这两种系统均由导轨、导轨架和导靴三种机件组成。

1. 导轨

每台电梯均具备有用于轿厢和对重装置的两组导轨。导轨主要用于电梯的轿厢和对重装置在井道做上下垂直运行的重要机件，作用类似火车的铁轨。

国内电梯产品使用的导轨分 T 型导轨和空心导轨两种，两种导轨的横截面形状之一如图 3-27 所示。

2. 导轨架

导轨架，是固定导轨的机件，固定在电梯外道内的墙壁上。每根导轨上至少应设置两个导轨架。

导轨架在井道墙壁上的固定方式有多种，其中常用几种方式是埋入式、焊接式、预埋螺栓和涨管螺栓固定式。

常见的轿厢导轨支架结构示意图，如图 3-28 所示，常见的对重导轨支架结构示意图如图 3-29 所示。

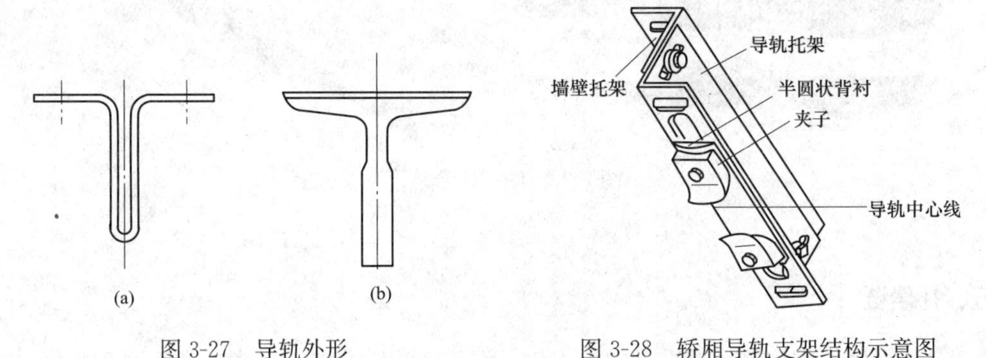

图 3-27 导轨外形
(a) T 型导轨；(b) 空心导轨

图 3-28 轿厢导轨支架结构示意图

导轨及其附件应能保证轿厢与对重（平衡重）间的导向，并将导轨的变形限制在一定的范围内。不应出现由于导轨变形而导致不安全隐患的发生，确保电梯安全运行。

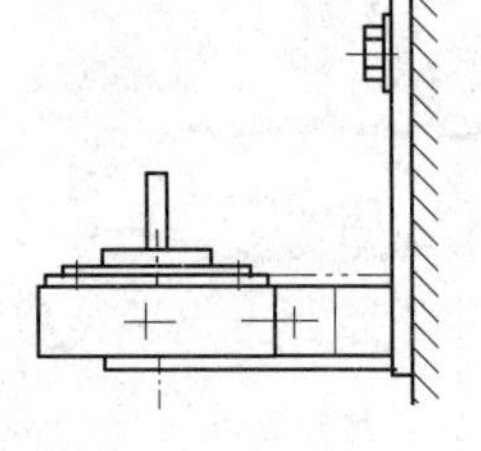

图 3-29 对重导轨支架结构示意图

3. 导靴

导靴，是确保轿厢和对重沿着导轨上下运行的装置，安装在轿架和对重架上，也是保持轿门层门地坎、井道壁及操作系统各部件之间的恒定位置关系的装置。电梯产品中常用的导靴有滑动导靴和滚轮导靴两种。

（1）滑动导靴。滑动导靴有刚性滑动导靴和弹性滑动导靴两种。刚性滑动导靴和弹性滑动导靴这两种导靴的结构比较简单，主要被作为额定载质量 2000kg 以上、运行速度不高的电梯上。这几种滑动导靴外形如图 3-30 所示。

图 3-30　滑动导靴外形

(2) 滚轮导靴。刚性滑动导靴和弹性滑动导靴的靴衬无论是铁的还是尼龙衬套的，在电梯运行过程中，靴衬与导轨之间摩擦力还是很大的。这个摩擦力不但增加曳引机的负荷，而且是轿厢运行时引起振动和噪声的原因之一。在近几年的电梯产品中为减少导轨与导靴之间的摩擦力、节省能量、提高乘坐舒适感均采用滚轮导靴而取代了弹性滑动导靴。

图 3-31　滚动导靴外形

滚轮导靴主要由两个侧面导轮和一个端面导轮构成，如图 3-31 所示，三个滚轮从三个方面卡住导轨，使轿厢沿着导轨上下运行。当轿厢运行时，三个滚轮同时滚动，保持轿厢在平衡状态下运行。为了延长滚轮的使用寿命，减少滚轮与导轨工作面之间在做滚动摩擦运行时所产生的噪声，滚轮外缘一般由耐磨塑料材料制作，使用中不像滑动导靴那样需要润滑。

二、对重装置

对重装置位置是在井道内，通过曳引绳经曳引轮与轿厢连接，作用是在电梯运行过程中通过对重导靴在对重导轨上滑行，起平衡轿厢的作用。

对重装置由对重架和对重铁块两部分组成，对重装置外形如图 3-32 所示。

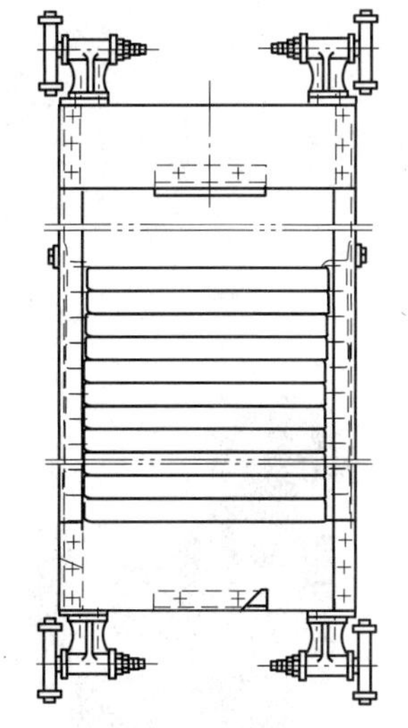

图 3-32　对重装置外形

1. 对重架

对重架用槽钢和钢板焊接而成。根据使用场合不同，对重架的结构形式也不同。对于不同曳引方式，对重架可分为用于 2∶1 吊索法的有轮对重架和用于 1∶1 吊索法的无轮对重架两种。根据不同的对重导轨，又可分为用于 T 形导轨、采用弹簧滑动导靴的对重架，以及用于空心导轨、采用钢性滑动导靴的对重架两种。

根据电梯的额定载质量不同时，对重架所用的型钢和钢板的规格要求也不同。在实际使用中不同规格的型钢作对重架直梁时，必须配相对应的对重铁块。

2. 对重铁块

对重铁块一般用铸铁做成。在小型货梯中也有采用钢板夹水泥的对重块。对重块一般有 50、75、100、125kg 等几种，分别适用于额定载质量为 500、1000、2000、3000 和 5000kg 等几种电梯。对重铁块放入对重架后，需用连接片固定好，防止电梯在运行过程中窜动而产生意外和噪声。

为了使对重装置能对轿厢起最佳的平衡作用，必须正确计算对重装置的总质量。对重装置的总质量与电梯轿厢本身的净重和轿厢的额定载质量有关，这在出厂时由厂家设计好，不允许随便改动。

第四节　机械安全保护系统

电梯的安全保护装置有机械保护和安全防护两大类。机械保护有超速保护装置、缓冲器、门锁等。安全防护有机械设备的防护，如曳引轮、滑轮、链轮等机械运动部件防护以及各种护栏、罩、盖等安全防护装置。

电梯的机械安全保护系统除已述及的制动器、层门和轿门、安全触板、门锁，还有上下行超速保护装置、缓冲器、机械防护装置等。

一、轿厢下行超速保护装置

为了确保乘用人员和电梯设备的安全，防止轿厢或对重装置意外坠落，在电梯中使用限速装置和安全钳作为安全保护设施。

1. 限速器

限速器是限制电梯运行速度的装置，一般安装在机房。当轿厢上行或下行超速时，通过电气触点使电梯停止运行，当下行超速电气触点动作仍不能使电梯停止，速度达到一定值后，限速器机械动作，拉动安全钳夹住导轨将轿厢制停；当断绳造成轿厢（或对重）坠落时，也由限速器的机械动作拉动安全钳，使轿厢制停在导轨上。安全钳和限速器动作后，必须将轿厢（或对重）提起，并经专业人员调整后方可恢复使用，限速器和安全钳简图如图 3-33 所示。

常见限速器外形如图 3-34 所示，常见限速器开头外形如图 3-35 所示。

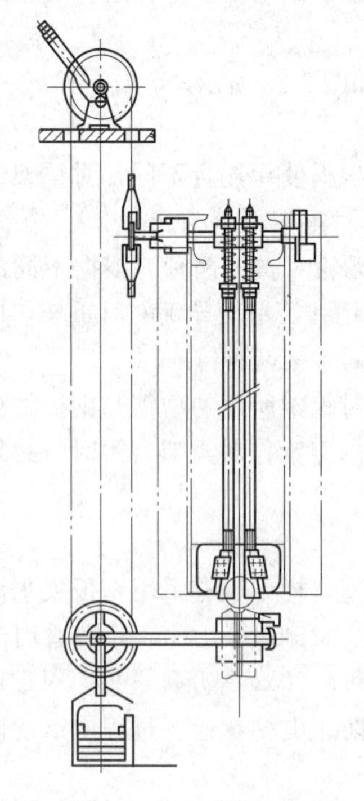

图 3-33　限速器和安全钳简图

图 3-34　限速器外形

限速器装置由限速器、钢丝绳、涨紧装置三部分构成。限速器一般安装在机房内；涨紧装置位于井道底坑，用压导板固定在导轨上。限速器与涨紧装置之间用钢丝绳连接起来，钢丝绳两端分别绕过限速器和涨紧装置的绳轮，与固定在轿架梁上的安全钳绳头连接，限速器绳围绕限速器轮和涨紧轮形成一个封闭的环路。

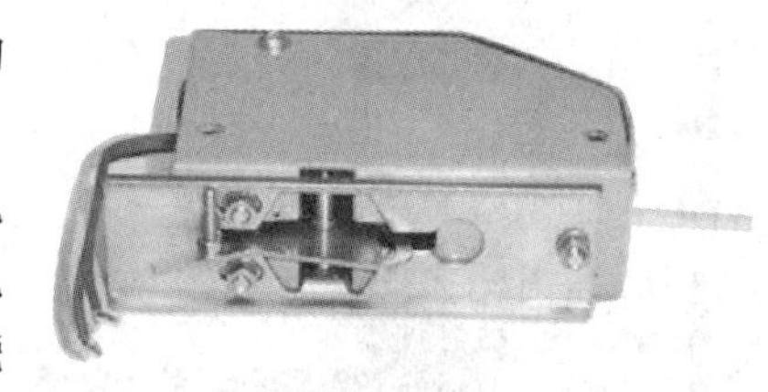

图 3-35　限速器开关

2. 限速器结构工作原理

限速器的两端通过绳头连接架安装在轿厢架上操纵安全钳的杠杆系统。涨紧轮的质量使随速器绳保持张紧，并在限速器轮槽和限速器绳之间形成一定的摩擦力。轿厢运行，同步地带动限速器绳运动从而带动限速器轮转动，所以限速器能直接检测轿厢的运行速度。

限速器包括 3 个部分：反映电梯运行速度的转动部分、当电梯达到极限速度时将限速器绳夹紧的机械自锁部分、钢丝绳下部张紧装置。它按照检测超速的原理可分为惯性式和离心式两种，目前绝大部分电梯均采用离心式限速器。按操纵安全钳的结构又分成刚性夹绳（配用瞬时式安全钳，适用于速度不大于 0.63m/s 的电梯）和弹性可滑移夹绳（配用渐进式安全钳，适用于速度大于 0.63m/s 的电梯）两种。按结构形式分，有刚性和弹性甩锤式两种限速器。按电梯的速度不同，限速器的结构也有所不同。下面给出了几种典型的限速器外形图。

图 3-36 所示是刚性甩锤式限速器。甩锤装在限速器绳轮上，当电梯运行时，轿厢通过钢丝绳带动限速器绳轮转动，甩锤的离心力随轿厢运行速度增大而升高。当运行速度达到额定速度的 115%以上时，甩锤的突出部位与锤罩的突出部位相扣，推动绳轮、锤罩、拔叉、压绳舌往前移动一个角度后，将钢丝绳紧紧卡在绳轮槽和压绳舌之间，使钢丝绳停止移动，从而把安全钳的楔块提起来，将轿厢卡在导轨上。由于压绳舌卡住钢丝绳时对绳索的损伤较大，因此刚性甩锤式限速器一般用在速度小于 1m/s 的低速梯上。

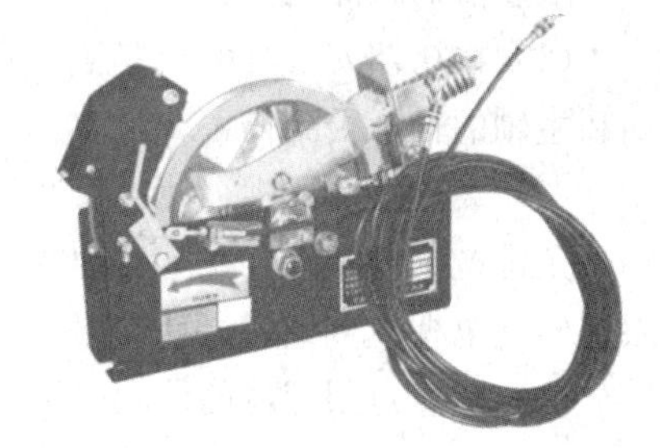

图 3-36　刚性甩锤式限速器

图 3-37 所示是弹性甩锤式限速器，其工作原理与刚性甩锤式限速器相似。当梯速达到额定转速的 115%时，甩球机构通过连杆推动卡爪动作，卡爪把钢丝绳卡住，从而使安全钳动作，将轿厢卡在导轨上。它还设有超速开关，当轿厢运行速度达到超速开关动作速度时，通过杠杆系统使开关动作，在电梯运行速度未达到额定速度的 115%时，即切断电梯的控制电路。它的绳钳在压紧绳索前与钢丝有一段同步运行过程，使钢丝绳在被完全压紧前有一段滑移而得到缓冲，所以对保护钢丝绳有利。甩球式限速器和弹性甩锤式限速器广泛应用在快速电梯上。

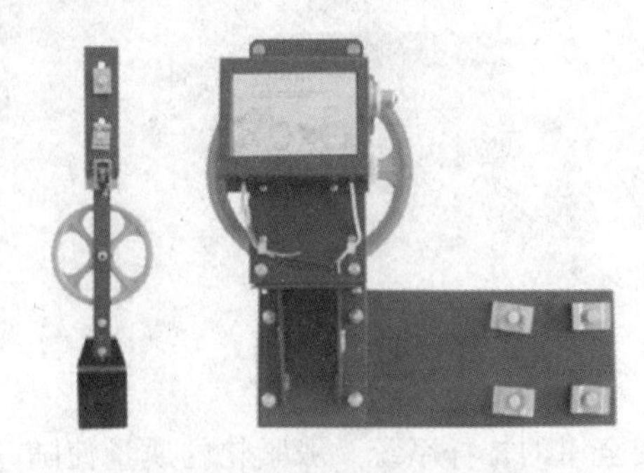

图 3-37　弹性甩锤式限速器

3. 双向限速器原理

双向限速器是通过增加上行超速保护装置要求而产生的全新电梯部件，可防止电梯超速坠落、蹲底，又可防止电梯超速冲顶，属于把原有下行制动安全钳系统与增加上行超速保护装置合二为一的新技术产品。国产双向限速器外形如图 3-38 所示。

双向限速器在加速转动中，双面双甩块分别作用于由操纵的杠杆击打电器开关和弹性压绳重锤的限速器，限速器在电梯轿厢运行时带动限速器的运转，使限速器的槽轮双面的双甩块在相同的转速下产生离心力，在电梯下行或上行时达到或超过一定的速度后两对甩块分别由不同拉力的弹簧和传动杆对甩块进行控制，使限速器的电器开关和制动的压绳重锤先后展张开动作，而弹簧成为限速器动作的最重要的控制部件。因此，即使产生一般的故障也不可随意调动弹簧。

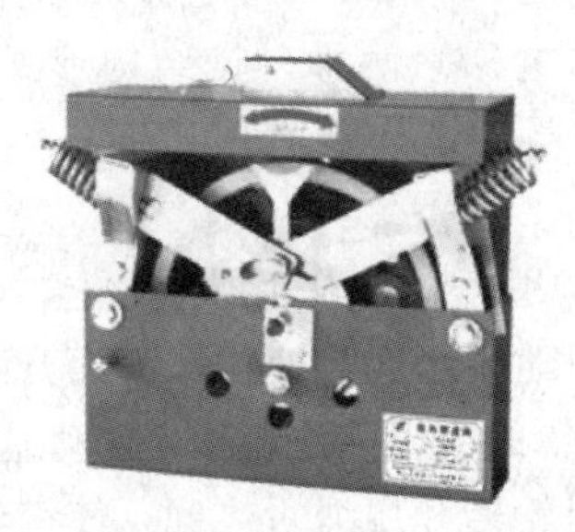

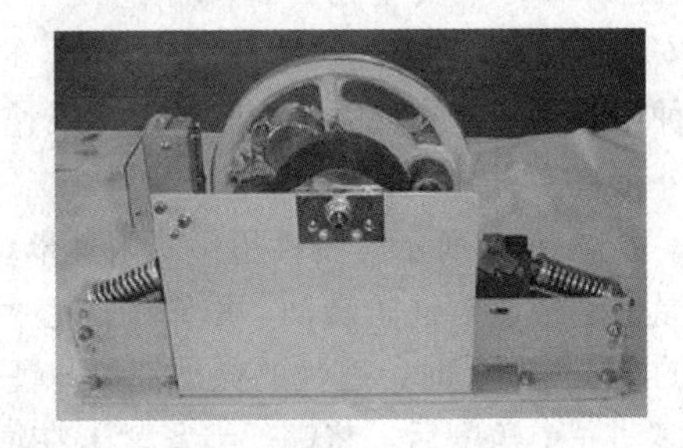

图 3-38　双向限速器外形

4. 限速器的故障

限速器的故障主要有以下三个方面。

（1）在初期安装时由于有歪、侧、斜等现象使制造精密的限速器长期侧重的磨损从而使主轴和主轴的轴承受到伤害。

（2）工作环境恶劣，使得限速器的连杆、定销轴、甩块轴承在槽轮的动作速度的固定范围的小角度范围内运动，在其运动的范围之外由于恶劣的环境的影响，产生的锈渍与污垢将阻碍限速器在电梯达到或超过动作速度时限速器的电器开关和压绳重锤不能正常动作。

（3）随意对限速器的传动、转动部件加注油脂也是对限速器的一种伤害。

（4）限速器是电梯速度的监控元件，应定期进行动作速度校验，对可调部件调整后应加封记，确保其动作速度在安全规范规定的范围内。

5. 限速器在选用时注意的事项

（1）限速器动作速度。

（2）限速器绳的预张紧力。

（3）限速器绳在绳轮中的附着力或限速器在动作时的张紧力。

（4）限速器动作的响应时间应尽量短。

6. 安全钳

安全钳装置是在限速器的操纵下，使电梯轿厢紧急制停夹持在导轨上的一种安全装置。它和限速器相配套使用，对轿厢超速提供了最后的综合保护作用。

根据国内外电梯安全标准化的规定，任何曳引电梯都必须设有安全钳装置，并且此安全钳装置必须由限速器来操纵，禁止使用由电气、液压或气压装置来操作安全钳。当电梯底坑的下方具有有人通行的过道或空间时，则对重也应设有安全钳装置。一般情况下，对重安全钳也应由限速器来操纵，但是在电梯速度不超过 1m/s 时，它可以借助于悬挂机构或借助一根安全绳来动作。

安全钳装置装设在轿厢架或对重架上，它由两部分组成，即制停机构和操纵机构。制停机构叫做安全钳，它的作用是使轿厢或对重制停，夹持在导轨上。操纵机构是一组连杆系统，限速器通过此连杆系统操纵安全钳起作用。

安全钳需要有两组，对应地安装在两根导轨上，大多数情况下，安全钳安装在轿厢架下梁的下面，但是也可以安装在轿厢架的上梁上。限速器绳两端的绳头与安全钳杠杆系统的驱动连杆相连接。电梯在正常运行时，轿厢运动通过驱动连杆带动限速器绳和限速器运动，此时安全钳处于非动作状态，其制停元件与导轨之间保持一定的间隙。当轿厢超速达到限定值时，限速器动作使夹绳钳夹住限速器绳，于是随着轿厢继续向下运动，限速器绳提起驱动连杆使杠杆系统联动，两侧的提升拉杆被同时提起，带动安全钳制动元件与导轨接触，两安全钳同时夹紧在导轨上，使轿厢制停。

另一方面，在安全钳卡住轿厢前会碰打位于限速器和轿梁上面的电器开关，切断电梯的交、直流控制电源，使曳引电动机和制动电磁线失电，制动器制动，曳引机立刻停止运转。

安全钳根据动作方式可分为瞬时动作式安全钳和滑移动作式安全钳两种，瞬时动作式结构简图如图 3-39 所示。当与刚性甩锤式限速装置配套时，安全钳用瞬时动作式；而与弹性甩锤式或甩球式限速器配套时，则采用滑移动作式，滑移动作式结构简图如图 3-40 所示，常见安全钳外形如图 3-41 所示。

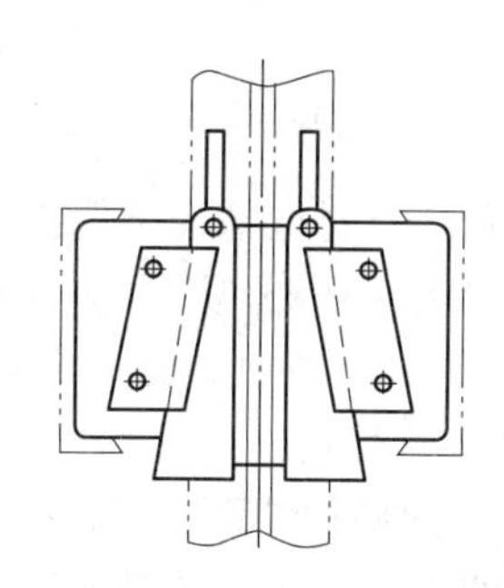

图 3-39　瞬时动作式结构简图

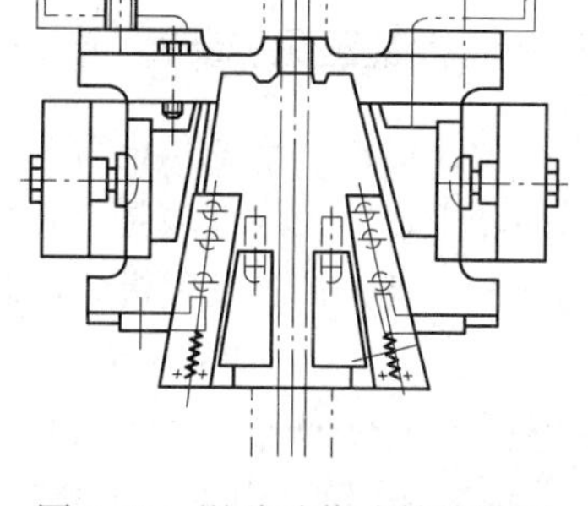

图 3-40　滑移动作式结构简图

图 3-41　常见安全钳外形

(1) 瞬时型安全钳。瞬时型安全钳也叫做刚性急停型安全钳，它的承载结构是刚性的。当轿厢或对重运行速度超速时，安全钳应能接受限速器的操纵，通过钢丝绳及安全钳传动机构，使位于安全嘴内的斜面楔块楔紧在安全嘴、盖板及导轨之间，产生很大的制停力，使轿厢或对重立即停止在导轨上。在钢丝绳被卡死后，直接通过拉杆提起楔块，使楔块卡死在安全嘴和导轨之间。这种安全钳结构简单，但它的制停速度快、制停距离很短，一般在30mm以内，因此产生的冲击振动较大，只适用于速度较低的电梯中，否则制停时减速度过大，将危及人体及物品的安全。

常见的瞬时型安全钳结构有楔型、滚子型和偏心型，它们又各分成单面作用和双面作用的两种，其主要区别在于夹紧零件。所有的瞬时型安全钳，无论是楔型滚子型或偏心型，均利用自锁夹紧原理，即一旦夹紧零件（楔块、滚子或偏心）与导轨发生接触，就不需要任何外力而依靠自锁夹紧作用夹住导轨。由于夹紧零件是刚性支承的，所以夹紧力立即增大到使轿厢停住为止，而夹紧力的大小则决定于轿厢的速度和质量。

只要自锁夹紧设计合理，瞬时型安全钳动作可靠，则每次动作后只要慢慢地提起轿厢，安全钳装置即可松开并复位。但是这种安全钳的夹紧力很大，在夹紧零件和导轨面之间产生很大的接触应力，所以每次安全钳制停之后，要修平夹紧处的导轨表面。为了保证可靠的自锁夹紧，楔块压紧表面与导轨工作面之间必须有足够的摩擦系数。为此，楔块的压紧表面需做成齿形花纹，并且表面热处理硬度为HRC40-45。

(2) 滑移渐进式安全钳。滑移动作式安全钳与瞬时动作式安全钳的主要区别在安全嘴部分。滑移动作式安全钳安全嘴上安装的是滚筒，滚筒内设有滚轴，当限速器卡住钢丝绳，停止运动的楔块与继续下落的滚筒内滚轴之间产生滚动摩擦。由于结构上的原因，轿厢要向下运行一定距离后才会将楔块卡死在导轨上，从而实现轿厢的制停。由于在制停过程中存在一定的滑移减速过程，从而避免了轿厢的剧烈冲击，导轨也受到一定的保护，因此一般用在快速、高速电梯上。

二、轿厢上行超速保护装置

轿厢上行超速保护装置是防止轿厢冲顶的安全保护装置，是对电梯安全保护系统的进一步完善，因为轿厢上行冲顶的危险是存在的，在对重侧的质量大于轿厢侧时，一旦制动器失效或曳引机齿轮、轴、键、销等发生折断，造成曳引轮与制动器脱开，或由于曳引轮绳槽磨损严重，造成曳引绳在曳引轮上打滑，这些都可能造成轿厢冲顶事故的发生。因此，曳引驱动电梯应装设上行超速保护装置，该装置包括速度监控和减速元件，应能检测上行轿厢的失控速度，当轿厢速度大于等于电梯额定速度115%时，应能使其速度下降至对重缓冲器的设计范围或使轿厢制停；同时该装置应该作用于轿厢、对重、钢丝绳系统（悬托绳或补偿绳）或曳引轮上。同时使电气安全装置动作，使控制电路失电，电动机停止运转，制动器动作。

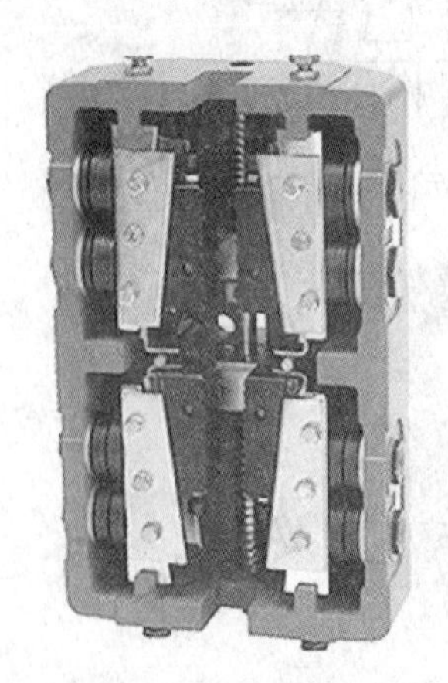

图3-42　双向安全钳外形

以前常见的上向限速器、上向超速保护开关的限速器基本已经被淘汰，目前电梯常用的是双向限速器和双向安全钳作为限速控制装置等。双向安全钳外形如图3-42所示。

(1) 用双向安全钳来使轿厢制停或减速方式：双向安全钳是上、下行超速保护装置同用一套弹性元件和钳体，且上行制动力和下行制动力可以单独设定的安全钳。由于上行安全钳没有制动后轿厢地板倾斜不大于5%的要求，它可以成对配置也可以单独配置。目前这种方式也是一种较为成熟的方式，在有齿曳引电梯中应用广泛。

（2）采用对重限速器和安全钳方式：作为上行超速保护装置的限速器和安全钳系统与对重下方有人能达到的空间应加的限速器安全钳系统不同，上行超速保护装置的安全钳和限速器不要求将对重制停并保持静止状态，而是该系统只要将对重减速到对重缓冲器能承受的设计范围内就可以。因此上行超速保护装置的限速器和安全钳系统的制动力比对重下方有人可到达空间的限速器安全钳制动力要求低。其安全钳可成对配置，也可以单独配置。但是这就要求上行超速保护装置的限速器和安全钳系统也必须有一个电气安全装置在其动作时也要动作，使制动器失电抱闸，电动机停转。

（3）采用钢丝绳制动器方式：它一般安装在曳引轮和导向轮之间，通过夹绳器夹持悬挂着的曳引钢丝绳使轿厢减速。如果电梯有补偿绳，夹绳器也可以作用在补偿绳上。夹绳器可以机械触发也可以电气触发，触发的信号均可用限速器上向机械动作或上向电气开关动作来实现。夹绳器外形如图3-43所示。

（4）采用制动器方式：该方式适用于无齿曳引机驱动的电梯，要求制动器必须是安全型制动器，它是将无齿曳引机制动器作为减速装置，减速信号一般由限速器的上行安全开关动作时实现触发单片机相对应接口，从而使单片机发出制动指令。这种方案是无齿曳引机最为理想的上行超速保护装置，也是近几年无齿曳引机应用最广泛地一种方式。

图3-43　夹绳器外形图

此方式轿厢上行超速保护装置基本是安装在曳引驱动电梯上，在电梯上行超速到一定程度时用来使轿厢制停或有效减速的一种安全保护装置。它一般由速度监控装置和减速装置两部分组成。安全制动器作为上行超速保护装置必须直接作用在曳引轮或作用于最靠近曳引轮的曳引轮轴上，在无机房电梯永磁同步电动机上通常就是利用直接作用在曳引轮上的制动器作为上行超速保护。这种制动器机械结构设计冗余，符合安全制动器的要求，不必考虑其失效。同时由于它直接作用在曳引轮上，曳引机主轴、轴承等机械部件损坏不会影响其有效抱闸制停。当然，它不能保护如曳引条件被破坏，曳引轮和钢丝绳之间打滑等其他原因而引起的上行超速。

三、缓冲器

缓冲器的位置设在井道底坑的地面上，作用是当轿厢或对重装置超越极限位置发生墩底时，用来吸收或消耗轿厢或对重装置动能的制动装置。

在轿厢和对重装置下方的井道底坑地面上均设有缓冲器，分别称为轿厢缓冲器和对重缓冲器。国标规定同一台电梯的轿厢和对重缓冲器其结构规格必须是相同的。

轿厢缓冲器在保护轿厢撞底的同时，也防止了对重的冲顶。同样，对重缓冲器在保护对重撞底的同时，也防止了轿厢的冲顶。为此，轿厢的井道顶部间隙，必须大于对重缓冲器的总压缩行程。同样，对重的井道顶部间隙也必须大于轿厢缓冲器的总压缩行程。国家标准对轿厢和对重的井道顶部间隙有相应的规定。缓冲器所保护的电梯速度是有限的，即不大于电梯限速器的动作速度，当超过此速度时，应由限速器操纵安全钳使轿厢制停。

缓冲器的原理是使运动物体的动能转化为一种无害的或安全的能量形式。在刚性碰撞的情况下，碰撞减速度和碰撞力趋于无限大。当轿厢或对重装置超越极限位置发生礅底时，缓冲器将使运动着的轿厢或对重在一定的缓冲行程或时间内减速停止，吸收轿厢或对重装置的动能，从而实现缓冲吸振，控制碰撞减速度和碰撞力以使其在安全范围之内，减少对电梯及乘客和物品的损害。另外，通过对对重的缓冲还可防止轿厢冲顶事故的发生。

在电梯中常见到的缓冲器有弹簧缓冲器、油压缓冲器两种。常见的缓冲器外形如图 3-44 所示。

(a) (b) (c)

图 3-44 缓冲器外形

(a) 弹簧缓冲器外形；(b) 弹簧缓冲器外形；(c) 油压缓冲器外形

1. 弹簧缓冲器

如图 3-44（a）、（b）所示，弹簧缓冲器受到轿厢或对重装置的冲击时，依靠弹簧的变形来吸收轿厢或对重装置的动能，使电梯下落时得到缓冲力。弹簧缓冲器在受力时会产生反作用，反作用力使轿厢反弹并渐次进行直至这个力消失为止。弹簧缓冲器是一种储能式缓冲器，缓冲效果不是很稳定。使用过程中不同载质量及不同运行速度的电梯，弹簧缓冲器的缓冲弹簧规格不同，弹簧缓冲器多用在低速电梯上。

当弹簧压缩到极限位置后，弹簧要释放缓冲过程中的弹性变形能，轿厢仍要反弹上升产生撞击，撞击速度越高反弹速度越大。因此弹簧式缓冲器只能适用于额定速度不大于 1.0m/s 的电梯。

弹簧缓冲器一般由缓冲橡皮、缓冲座、弹簧、弹簧座组成，在底坑中并排设置两个，对重底下常用一个。为了适应大吨位轿厢，压缩弹簧由组合弹簧叠合而成。行程高度较大的弹簧缓冲器，为了增强弹弹簧的稳定性，在弹簧下部设有导套或在弹簧中设导向杆，也可在满足行程的前提下加高弹簧座高度，缩短无效行程。

2. 油压缓冲器

油压缓冲器则是用油作为介质来吸收轿厢或对重装置动能的一种缓冲器。如图 3-44（c）所示，这种缓冲器比弹簧缓冲器结构相对复杂，在它的液压缸内一般装有抗耐磨液压油。在柱塞受到压力时，由于液压缸内的油压增大，使油通过油孔立柱、油孔座和油嘴向柱塞流动。通过油嘴向柱塞喷流过程中的阻力，来缓冲柱塞上的压力，起到缓冲作用，它是一种耗能式缓冲器。由于油压缓冲器的缓冲过程是缓慢、连续而且均匀的，因此效果比较好，被广泛应用。当柱塞完成一次缓冲行程后，由于柱塞弹簧的作用使柱塞复位，使下次继续缓冲轿厢和对重的压力。

中高速电梯一般采用油压缓冲器。油压缓冲器在制停期间的作用力近似常数，从而使柱塞近似做匀减速运动。油压缓冲器是利用液体流动的阻尼，缓解轿厢或对重的冲击，具有良好的缓冲性能。在使用条件相同的情况下，油压缓冲器所需的行程比弹簧缓冲器减少一半。

各种油压缓冲器的构造虽有所不同，但基本原理相同，在制停轿厢或对重过程中，其动能转化成油的热能，即消耗了电梯的动能，使电梯以一定的减速度逐渐停止下来。

四、防人员剪切和坠落的保护

在电梯事故中人员被运动的轿厢剪切或坠入井道的事故所占的比例较大，而且这些事故后果都十分严重，所以防止人员剪切和坠落的保护十分重要。

防人员坠落和剪切的保护主要由门、门锁和门的电气安全触点联合承担。

五、报警和救援装置

电梯发生人员被困在轿厢内时，通过报警或通信装置应能将情况及时通知管理人员并通过救援装置将人员安全救出轿厢。

（1）报警装置。电梯必须安装应急照明和报警装置，并由应急电源供电。

（2）救援装置。电梯困人的救援以往主要采用自救的方法，即轿厢内的操纵人员从上部安全窗爬上轿顶将层门打开。随着电梯的发展，无人员操纵的电梯广泛使用，再采用自救的方法不但十分危险而且几乎不可能。因此现在电梯从设计上就确定了救援必须从外部进行。救援装置包括曳引机的紧急手动操作装置和层门的人工开锁装置。

六、停止开关和检修运行装置

（1）停止开关一般称急停开关，按要求在轿顶、底坑和滑轮间必须装设停止开关。

（2）检修运行是便于检修和维护而设置的运行状态，由安装轿顶或其他地方的检修运行装置进行控制。

七、消防功能

发生火灾时井道往往是烟气和火焰蔓延的通道，而且一般层门在70℃以上时也不能正常工作。为了乘客的安全，在火灾发生时必须使所有电梯停止应答召唤信号，直接返回撤离层站，即具有火灾自动返基站功能。

消防员在用电梯或有消防员操作功能的电梯（一般称消防电梯），除具备火灾自动返基站功能外，还要供消防员灭火和抢救人员使用。

消防电梯的布置应能在火灾时避免暴露于高温的火焰下，还能避免消防水流入井道。一般电梯层站宜与楼梯平台相邻并包含楼梯平台，层站外有防火门将层站隔离，层站内还有防火门将楼梯平台隔离，这样在电梯不能使用时，消防员还可利用楼梯通道返回。

八、防机械伤害的保护

电梯很多运动部分在人接近时可能会发生撞击、挤压、绞碾等危险，在工作场地由于地面的高低差也可能会产生摔跌等危险，所以必须采取保护。

人在操作、维护中可以接近的旋转部件，尤其是传动轴上突出的锁销和螺钉，钢带、链条、皮带，齿轮、链轮，电动机的外伸轴，甩球式限速器等必须有安全网罩或栅栏，以防无意中触及。曳引轮、盘车手轮、飞轮等光滑圆形部件可不加防护，但应部分或全部涂成黄色以示提醒。

轿顶和对重的反绳轮，必须安装防护罩。防护罩要能防止人员的肢体或衣服被绞入，还要能防止异物落入和钢丝绳脱出。

在底坑中对重运行的区域和装有多台电梯的井道中不同电梯的运动部件之间均应设隔障。

机房地面高度差大于0.5m时，在高处应设栏杆并安设梯子。

在轿顶边缘与井道壁水平距离超过0.32m时，应在轿顶设护栏，护栏的安设应不影响人员安全和方便地通过入口进入轿顶。

九、电气安全保护

对电梯的电气装置和线路必须采取安全保护措施，以防止发生人员触电和设备损毁事故。按GB 7588—1995的要求，电梯应采取以下电气安全保护措施。

（1）直接触电保护。绝缘是防止发生直接触电和电气短路的基本措施。

（2）间接触电的防护。间接触电是指人接触正常时不带电而故障时带电的电气设备外露可导电部分，如金属外壳、金属线管、线槽等发生的触电。在电源中性点直接接地的供电系统中，防止间接触电最常用的防护措施是将故障时可能带电的电气设备外露可导电部分与供电变压器的中性点进行电气连接。

（3）电气故障防护。按规定交流电梯应有电源相序保护，直接与电源相连的电动机和照明电路应有短路保护，与电源直接相连的电动机还应有过载保护。

（4）电气安全装置。电气安全装置包括：直接切断驱动主机电源接触器或中间继电器的安全触点；不直接切断上述接触器或中间继电器的安全触点和不满足安全触电要求的触点。但当电梯电气设备出现故障，如无电压或低电压；导线中断；绝缘损坏；元件短路或断路；继电器和接触器不释放或不吸和；触头不断开或不闭合；断相、错相时，电气安全装置应能防止出现电梯危险状态。

十、综述电梯是怎样保证乘客安全的

1. 保证乘客总是处在安全空间

（1）井道的封闭。开在井道壁上的层门、检修门和各种孔洞，都装有无孔的门。这些都不能向井道内开启，电梯运行时都处于关闭并且锁住的状态。每个门洞都有一个具有安全触点的开关用来确认门的关闭状态，这个开关串联在电梯控制系统的安全回路中。只要有一个门未能关闭，电梯便不能运行。电梯在进行维修时，凡是需要打开通往井道的门或孔洞的位置，都必须采取可靠的隔离措施，以确保乘客没有进入井道的任何可能。

（2）层门的启闭。层门是隔断或连通楼层和轿厢这两个空间的装置。有多少层站就有多少层门。它表面光滑平整，周边缝隙狭小，而且有自闭能力，在垂直方向施加300N的力或在开启方向施加150N的力都不会丧失封闭功能。在一般情况下它只接受轿门的控制，轿厢到达停靠层站时轿门驱动层门二者同步打开或关闭，此时其他所有层门都应保持关闭状态。在特殊情况下，只有接受过专门培训而有资格掌管钥匙的人员可以打开层门，此时电梯会自动停止运行。

（3）轿门的启闭。轿门是打开或封闭轿厢的装置，也是操作层门启闭的装置。在一般情况下，轿门只能在轿厢停层时打开。它的打开与关闭通常由开门机驱动，轿门通过专门的装置与层门连接并使二者同步进行开关门运动。为了防止关门过程中碰伤乘客，最大关门速度不超过0.3m/s，最大阻止关门力不超过150N，平均关门速度下的最大动能不超过10J；当关门过程中碰到乘客时门会自动重新打开；在轿门未完全关闭的情况下，不能启动电梯或保持电梯继续运行。在特殊情况下，在靠近层站的地方，在轿厢停止运动并切断开门机电源的情况下，用一个不大于 300N 的力可以打开（或部分打开）轿门以及与之连接的层门。

（4）门锁的作用。门锁装在层门上，是使层门保持关闭的装置。在锁住层门时，沿开门方向用小于 300N 的力不会使门锁降低锁紧效能，用小于 1000N 的力不会使锁紧元件出现永久变形。门锁有防粉尘、耐震动、易检查等特点。在一般情况下，门锁只能被轿门打开。在特殊情况下，可以由专门人员用钥匙打开。除机械装置外门锁还有一个电气装置，即与层门保持同步闭合或打开的安全触点，它负责向控制柜提供层门是否关闭的信息。轿门上有一组同样的安全触点。这些安全触点与其他重要部位的许多安全触点一起串联在安全回路中，只要有一组安全触点未闭合，电梯便不能通电运行。

通过以上措施，电梯就确保了乘客要么待在楼层上，要么待在轿厢里，而绝对不会进入井道里。

2. 保证乘客承受的加（减）速度总是处在安全范围

（1）正常运行情况下。正常运行的电梯，国家标准推荐的起制动加（减）速度最大值不得超过 $1.50\mathrm{m/s^2}$，其平均值不得超过 $0.48\mathrm{m/s^2}$（额定速度为 1.0～2.0m/s 时）和 $0.65\mathrm{m/s^2}$（额定速度为 2.0～2.5m/s 时）。应当说明：这个数值不是安全的界限，而是舒适的界限。这么小的加（减）速度非但不会给乘客带来任何不适，倒使乘坐电梯成了“上上下下的享受”。

（2）安全钳制停时。当轿厢运动速度超过了额定速度的 115%时，电梯的限速器就会动作。它首先用一个符合安全触点要求的装置切断电梯曳引机的电源使之停止转动，与此同时曳引机的制动器动作使曳引机逐渐停止转动并保持在静止状态；如果切断电源后轿厢速度未减，限速器紧接着会拉动轿厢安全钳（或对重安全钳，或其他形式的上行超速保护装置）动作，使轿厢-对重系统停止运动。在轿厢从运动到静止的全过程中，其平均减速度小于 g_n。

（3）缓冲器制停时。顶层和底层是轿厢不可超越的上下两个端站。轿厢运行到达端站时如果未停止运行，端站停止开关会发出信号使电动机减速制停。此时如果电梯轿厢继续运行，就会触动极限开关切断曳引机电源，曳引机的制动器动作使电梯减速制停。如果此时仍未能使下行的轿厢停止运行，轿厢就会碰到缓冲器。在轿厢装有额定载质量且速度达到 115%额定速度的情况下，缓冲器会使轿厢从运动状态变为静止状态，实现软着陆。轿厢上行超越端站时装在对重侧的缓冲器具有同样的性能。

（4）曳引机制动器制停时。只有当曳引机接通电源时制动器才处于打开状态。当曳引机失电时制动器立即动作并对与曳引轮直接联结的部件进行制动。如果制动器动作之前曳引机转速为零，制动器动作之后会使曳引机保持静止状态；如果制动器动作之前曳引机在正常转动，制动器动作之后以一定的制动力使曳引机减速直到停止转动。制动器有这样的制动能力：当轿厢载有 125%额定载荷并以额定速度向下运行时，操作制动器能使曳引机停止运转。为了提高制动器的工作可靠性，所有参与向制动轮（或盘）施加制动力的机械部件分两组装设。如果一组部件不起作用，另一组仍有足够的制动力使载有额定载荷以额定速度下行的轿厢减速制停。

通过以上措施，无论电梯在正常运行时，还是在故障情况下安全部件动作使轿厢制停时，都确保了乘客承受的加（减）速度保持在安全的范围内。

第四章

电梯的电气控制系统基本知识

第一节 电器控制系统构成

在电梯系统中分散布置着许多电器部件，之所以分散布置主要目的就是为了方便操作和制造安装，电气控制系统组装的主要电器部件如下。

一、操纵箱控制器

操纵箱一般位于轿厢内，是供乘客控制电梯上下运行的操作控制中心。

操纵箱装置的电器元件与电梯的控制方式、停站层数有关。轿内按钮开关控制电梯操纵箱如图 4-1 所示。

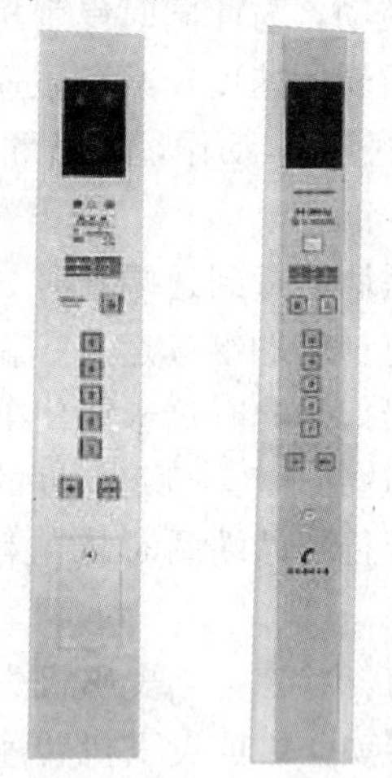

图 4-1 轿内按钮操纵箱

操纵箱上装配的电器元件一般包括下列几种：

发送轿内指令任务，命令电梯启动和停靠层站的元件，如轿内控制电梯的手柄开关、轿内按钮开关、控制电梯工作状态的手指开关或钥匙开关、急停按钮开关、点动开关门按钮开关、轿内照明灯开关、电风扇开关、蜂鸣器开关等。同时近年来普遍把指层灯箱合并到轿内操纵箱和厅外召唤箱中，而且采用数码管显示，既节能又耐用，指层灯箱内装置的电器元件包括电梯上下运行方向灯、电梯所在层楼指示灯，这些开关各厂家设计不同，形状也各异。

二、召唤按钮箱控制器

召唤按钮箱是设置在电梯停靠站厅门外侧，给厅外乘用人员提供召唤电梯的装置。

最近几年来出现召唤和电梯位置及运行方向合为一体的召唤指层箱，被广泛应用，召唤按钮箱如图 4-2 所示。

三、轿顶检修箱控制器

轿顶检修箱位于轿厢顶上，以便于检修人员安全、可靠、方便地检修电梯而设置的。检修箱装设的电器元件一般包括控制电梯慢上慢下的按钮、点动开关门按钮、急停按钮、轿顶正常运行和检修运行的转换开关等，如图 4-3 所示。

四、井道信息装置

井道信息装置也称换速平层装置。换速平层装置是一般低速或快速电梯实现到达预定停靠站时，提前一定距离把快速运行切换为平层前慢速运行，平层时自动停靠的控制装置。常用的换速平层装置有以下几种。

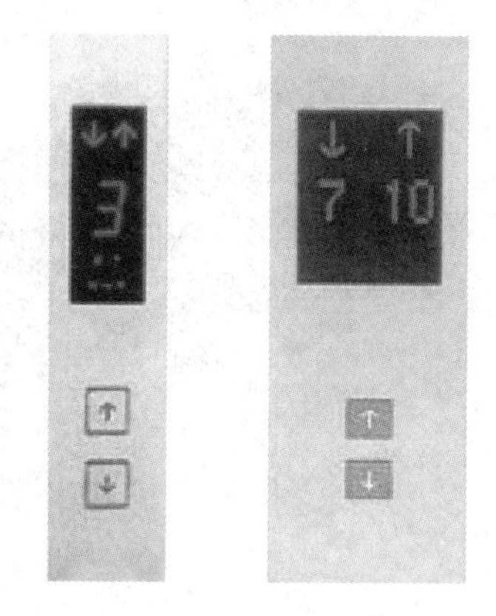

图 4-2　召唤按钮箱

（1）干簧管换速平层装置，在二十世纪七八十年代被广泛应用，因其与计算机技术兼容性差，已经被淘汰。

（2）双稳态开关换速平层装置。双稳态磁性开关作为电梯的换速平层装置时由轿顶上的双稳态开关和位于井道的圆柱形或方形磁铁组成，外形如图 4-4 所示，工作示意图如图 4-5 所示。

当电梯向上运行时，双稳态开关接近或路过圆柱或方形磁铁时 S 极动作接通，N 极复位断开，反之当电梯向下运行时 S 极断开，N 极接通，以此输出电信号实现电梯到站，提前换速，平层停靠。

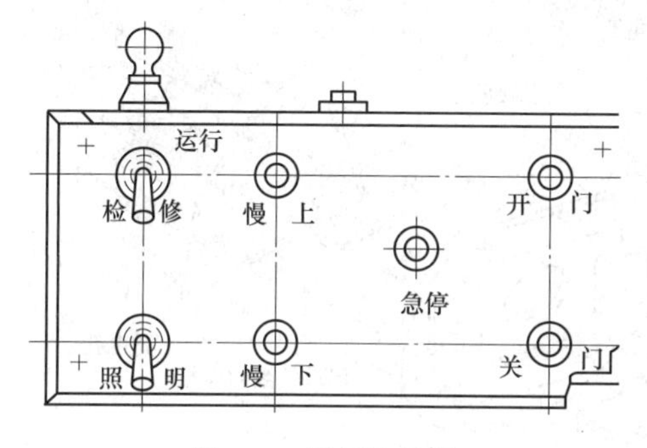

图 4-3　轿顶检修箱

（3）光电开关换速平层装置。随着电子控制、制造技术的发展，国内开始采用固定在轿顶上的光电开关和固定在井道轿厢导轨上的遮光板构成的光电开关装置。该装置利用遮光板路过光电开关的预定通道时，由遮光板隔断光电发射管与光电接收管之间的联系，由接收管实现对电梯的换速、平层停靠、开门控制功能，这种装置具有结构简单、反应速度快、安全可靠等优点，其外形如图 4-6 所示。

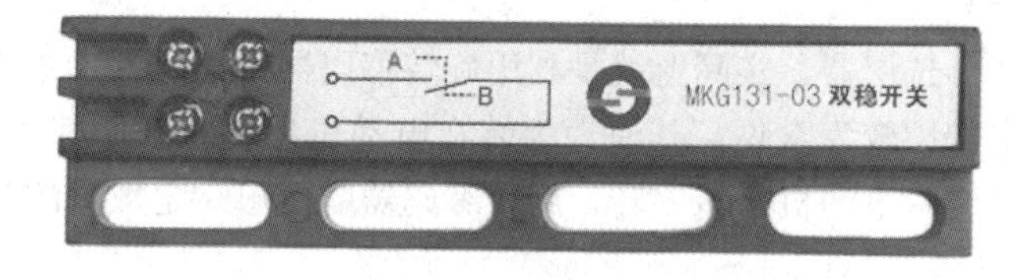

图 4-4　双稳态开关外形图

五、旋转编码器

随着计算机技术的发展，国内外许多公司开发出了利用曳引机上的旋转编码器发出的信号通过计算机精确的计算，利用时间控制理论达到用来检测电梯的运行速度和运行方向，再通过变频器将实际速度与变频器内部的给定速度相比较，从而调节变频器的输出频率及电压，使电梯的实际速度跟随变频器内部的给定速度，达到调节电梯速度，选层、确定电梯运行方向的目的。旋转编码器外形和结构如图 4-7 所示。

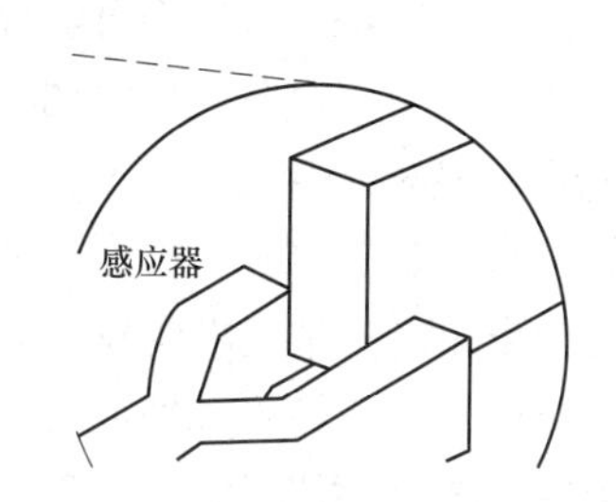

图 4-5　双稳态开关换速平层工作示意图

图 4-6　光电换速开关外形

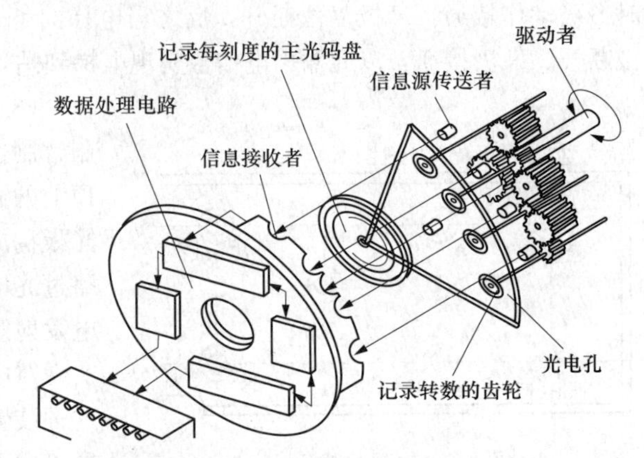

图 4-7　旋转编码器外形和结构

数字选层器所谓数字选层器，实际上就是利用旋转编码器得到的脉冲数来计算楼层的装置，这在目前大多数变频电梯中较为常见。其原理为装在电动机尾端（或限速器轴）上的旋转编码器，跟着电动力同步旋转，电动机每转一转，旋转编码器能发出一定数量的脉冲数（一般为 600 或 1024 个）。

在电梯安装完成后，一般要进行一次楼层高度的写入工作，这个步骤就是预先把每个楼层的高度脉冲数和减速距离脉冲数存入电脑内，在以后运行中，旋转编码器的运行脉冲数再与存入的数据进行对比，从而计算出电梯所在的位置。一般地，旋转编码器也能得到一个速度信号，这个信号要反馈给变频器，从而调节变频器的输出数据。

1. 旋转编码器的原理

旋转编码器是集光机电技术于一体的速度位移传感器。当旋转编码器轴带动光栅盘旋转时，经发光元件发出的光被光栅盘狭缝切割成断续光线，并被接收元件接收产生初始信号。该信号经后继电路处理后，输出脉冲或代码信号。

2. 旋转编码器的分类

（1）增量式编码器。增量式编码器轴旋转时，有相应的相位输出。其旋转方向的判别和脉冲数量的增减，需借助后部的判向电路和计数器来实现。

其计数起点可任意设定，并可实现多圈的无限累加和测量。还可以把每转发出一个脉冲的 Z 信号，作为参考机械零位。当脉冲已固定，而需要提高分辨率时，可利用带 90°相位差 A、B

的两路信号，对原脉冲数进行倍频。

（2）绝对值编码器。绝对值编码器轴旋转器时，有与位置一一对应的代码（二进制，BCD码等）输出，从代码大小的变更即可判别正反方向和位移所处的位置，而无需判向电路。它有一个绝对零位代码，当停电或关机后再开机重新测量时，仍可准确地读出停电或关机位置地代码，并准确地找到零位代码。一般情况下绝对值编码器的测量范围为0～360°，但特殊型号也可实现多圈测量。

（3）正弦波编码器。正弦波编码器也属于增量式编码器，主要的区别在于输出信号是正弦波模拟量信号，而不是数字量信号。它的出现主要是为了满足电气领域的需要，用作电动机的反馈检测元件。在与其他系统相比的基础上，人们需要提高动态特性时可以采用这种编码器。这种编码器对低速响应特别良好，特别适合医用电梯和超高速电梯采用。

3. 旋转编码器特点

旋转编码器其特点是体积小，质量轻，品种多，功能全，频响高，分辨能力高，力矩小，耗能低，性能稳定，可靠使用寿命长等。

六、限位开关装置

为了确保司机、乘用人员、电梯设备的安全，在电梯的上端站和下端站处，设置了限制电梯运行区域的装置，称为限位开关装置，如图4-8所示。

控制式极限位置保护开关装置的行程开关安装在图4-8所示的强制式极限位置保护开关装置中的上、下滚轮组之间，当安装在轿厢上的行程开关随轿厢上、下运行碰到碰铁时，开关的动断触点断开，动断触点控制的电源接触器线圈失电，接触器控制的电梯主供电路或控制电路失电，电磁抱闸抱死电梯停转。

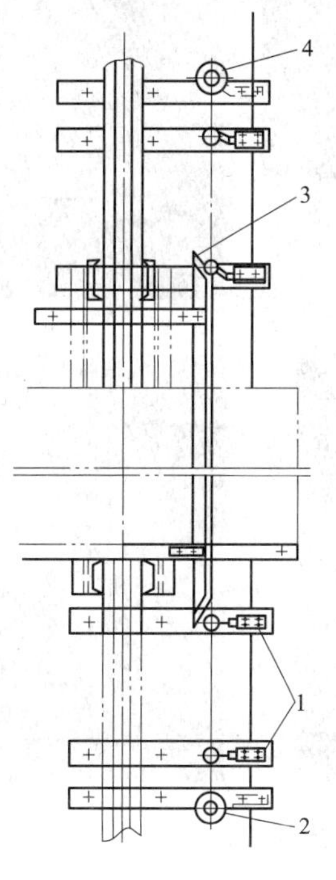

图4-8　限开关装置

1—行程开关；2—下滚轮组；3—碰铁；4—上滚轮组

七、电梯控制柜

控制柜是电梯电气控制系统完成各种主要任务，实现各种性能的控制中心。

控制柜由柜体和各种控制电器元件组成。控制柜内部电气排布如图 4-9 所示，控制系统图如图 4-10 所示。

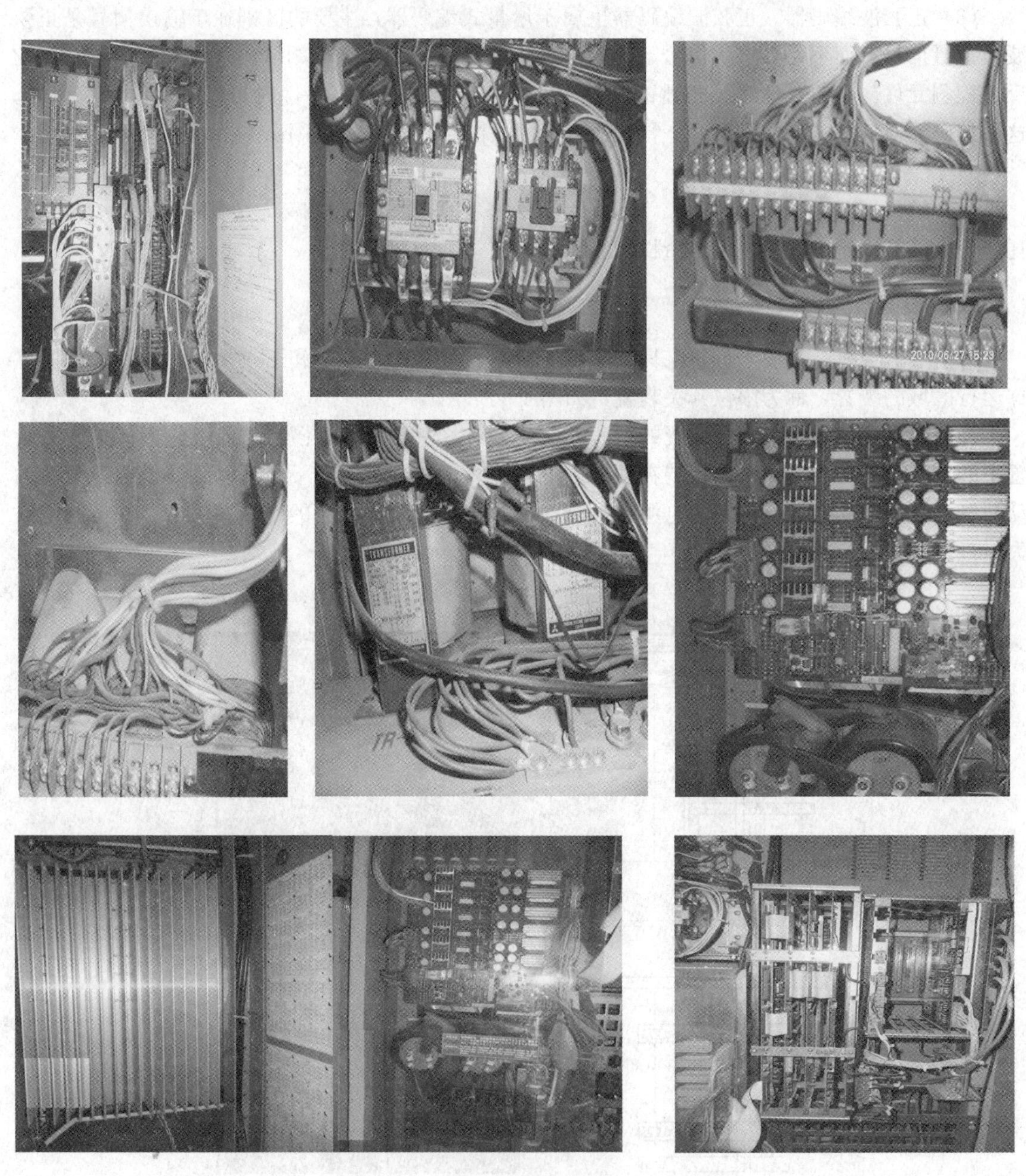

图 4-9　电梯控制柜内部电气排布（一）

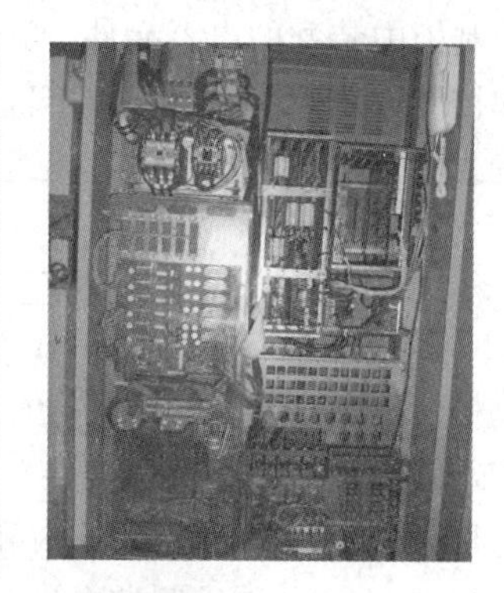

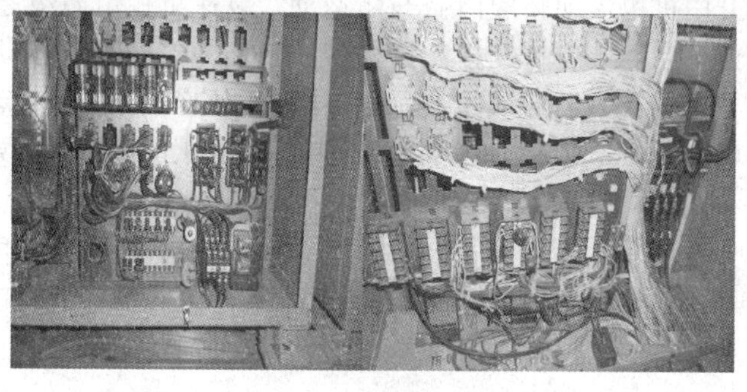

图 4-9　电梯控制柜内部电气排布（二）

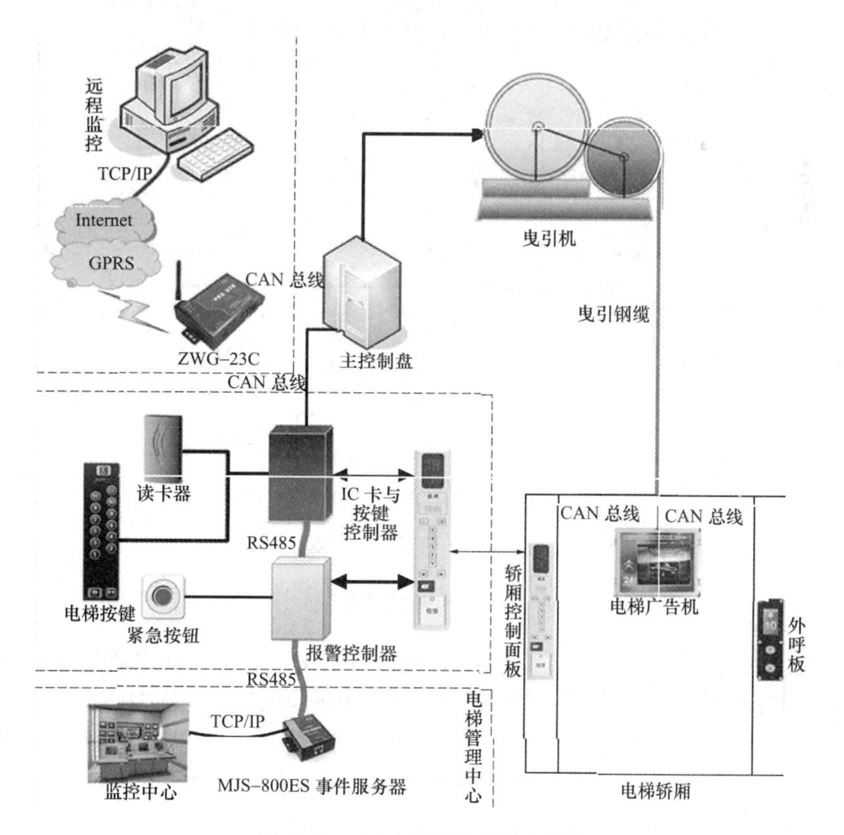

图 4-10　电梯控制柜控制系统图

控制柜中装配的电器元件，其数量和规格主要与电梯的停层站数、额定载荷、速度、拖动方式和控制方式等参数有关，不同参数的电梯，采用的控制柜不同。现代新式电梯几乎全部采用微机或单片机控制，也全部是组合式电路板，不允许随便拆卸和维修。

第二节　电梯门机电器控制系统

电梯门机是用来控制驱动电梯厅门和轿门的开闭动作的机电一体化伺服系统。对于一部电梯而言，门机数目=厅门（楼层）数目+1（轿门）。

门机系统由电动机驱动机构和电气控制系统组成。广泛使用的自动门机采用电动机为动力，通过减速机构和开门机构带动轿厢门做开闭运动。减速机构由两级三角带传动减速，第二级减速的带轮就是曲柄轮，其通过连杆和摇杆带动轿厢左右两扇门运动，曲柄轮顺、逆时旋转 180°，能使左右两扇门同时开启或闭合。电梯门分轿厢门与厅门两部分。轿厢门有门机电动机、到位开关、门锁开关、安全光电等，厅门电气上有门锁开关信号，在轿厢门带动下开启关闭。

先进的门机系统使用变频门机与旋转编码器等组成运动控制系统。变频器控制交流异步电动机驱动开门机。控制器采用具有通信功能的 PLC 控制技术，为电梯智能控制技术的升级提供广阔的空间。

一、直流门机系统原理简述

直流门机系统的工作原理图如图 4-11 所示，其工作原理分析如下。

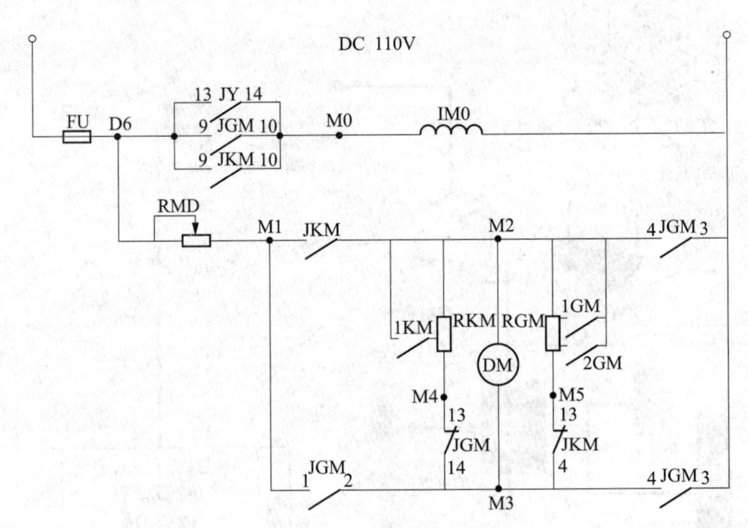

图 4-11　直流门机系统

开门：当 JKM 吸合时，电流一方面通过电动机转子 DM，另一方面通过开门电阻 RKM，从 M2→M3，使门机向开门方向旋转，因为此时 RKM 电阻值较大，通过 RKM 的分流较小，所以开门速度较快。当电梯门关闭到 3/4 行程时，使开关减速限位 1KM 接通，短接了 RKM 的大部分电阻，使通过 RKM 的分流增大，从而使电动机转速降低，实现了开门的减速的功能。当开门结束时，切断开门中断限位，使开门继电器释放，电梯停止开门。

关门：当 JGM 吸合时，电流一方面通过 DM，另一方面通过关门电阻 RGM，从 M3→M2，使门机向关门方向旋转。因为此时 RGM 电阻值较大，通过 RGM 的分流较小，所以关门速度较快。当电梯关闭到一半行程时，使关门一级减速限位 1GM 接通，短接了 RGM 的一部分电阻，使从 RGM 的分流增大一些，门机实现一级减速。电梯门继续关闭到 3/4 行程时，接通二级减速限位 2GM，短接 RGM 的大部分电阻，使从 RGM 的分流进一步增加，而电梯门机转速进一步降低，实现了关门的二级减速。当关门结束时，切断关门终端限位，使关门继电器释放，电梯停止关门。

通过调节开关门电路中的总分压电阻 RMD，可以控制开关门的总速度。因为当 JY 吸合时，门机励磁绕阻一直有电，所以当 JKM 或 JGM 释放时，能使电动机立即进入能耗制动，门机立即停转。而且在电梯门关闭时，能提供一个制动力，保证在轿厢内不能轻易扒开电梯门。

二、常见的变频门机的工作原理简述

常见的交流单速电动机变频变压调速驱动开关门电路原理结构框图如图 4-12 所示。

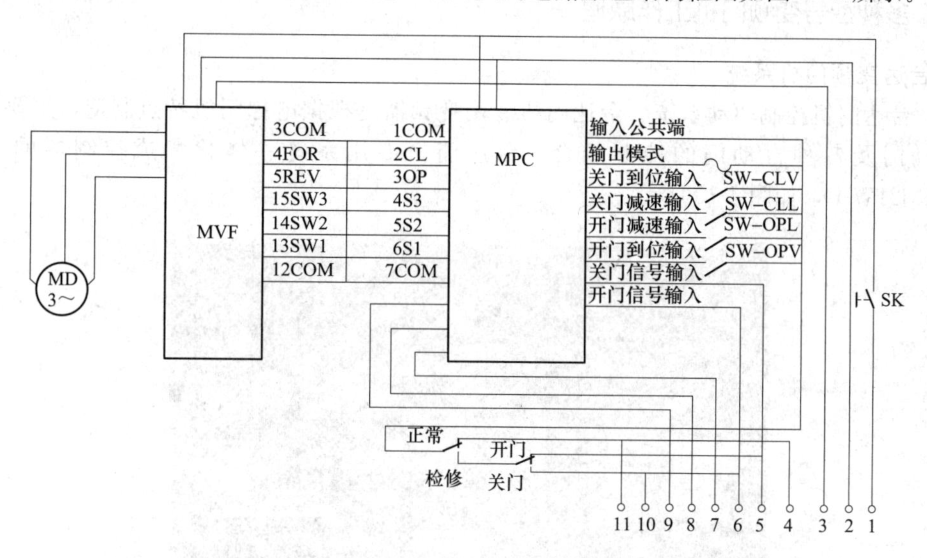

图 4-12 交流单速电动机变频变压调速驱动电梯开关门电路原理框图

1. 交流单速变频变压门机特点

采用交流单速电动机作为动力源，通过交流变频变压调速装置和专用工业控制微机构成的驱动、控制系统，在电梯实现自动开关门过程中，对交流电动机的启动、运行、停止过程进行驱动速度调节和过程管理控制，实现电梯按预定要求开门和关门，使电梯的自动开关门机械结构更简单，而且具有开关门速度易于调节，过程噪声低，节能效果好，可靠性高等优点。

2. 工作原理

图 4-12 中的 MVF 为门电动机变频变压调速驱动装置，即俗称的变频器，MPC 为门开关过程管理控制专用微机或单片机，MD 为三相 380V 交流单速门驱动电动机。在工作使用过程中，MPC 根据采集到的开关门信号、开关门减速信号、开关门到位信号等适时传送给门电动机变频变压调速驱动装置，控制开关门电动机 MD 适时启动、加速、减速、到位停靠，实现电梯的开门和关门。微机还能在门机的工作过程中根据门的阻力自动调整力矩的输出，使门的工作可靠性进一步提高。其中 1、2 为 AC220V 电源输入，3 为接地端，4 为输入信号公共端，在这里一

般接+12V电源是通过SW开关到达MPC内部电路来实现相应功能，5、6分别为按钮操纵厢送来的关门和开门信号，7为关门、开门到位信号公共端，8为开门到位信号输出，其信号送到主机的相应端口，9为关门到位信号输出，其信号也送到主机的相应端口，8、9信号是电梯启动运行的必要条件，10、11是由安全触版或光幕门信号输入的安全保护信号。FOR和REV为变频器正反方向输入使MD门电动机正反方向旋转，SW1、SW2、SW3是多速段速度组合端。

目前广泛采用的电梯自动门机构是变频门机配以齿形同步带传动的机构，这种机构克服了传统曲柄连杆机构结构复杂、传动节点多、调节困难等缺点，是当前最为先进的门机传动机构，也是今后电梯门机系统的发展方向。采用这种驱动方式的电梯自动开关门系统的电梯更安全可靠且调试简便，被国内许多厂家所采用，其基本原理类似，只是端口定义略有差别。

三、多种型号变频门机工作原理

1. 台达变频门机系统

（1）台达门机控制驱动系统。台达门机专用变频器是根据电梯门机特点制造，主要应用于电梯自动门及各种自动门的控制场合。台达门机专用系统一体化集成控制器的变频器VFD004M21W-D，如图4-13所示。

图4-13　台达一体化专用门机控制驱动器

（2）电路原理。台达门机控制系统电气原理如图4-14所示。开关门机械挡块上安装一颗永磁铁，在左右两个极限位置内左右移动，由于挡块上永磁铁作用，当挡块在不同的位置，利用4个双稳态开关状态，相应输出4个不同的信号，此4组信号输入给变频器。变频器从而判断门的当前位置，在给出对应的速度矢量驱动曲线，控制门机执行开门到位、开门减速、开门加速、关门加速、关门减速、关门到位等运动动作。

图4-14中，FWD（关门输入）可以做到脉冲信号控制；REV（开门输入）可以做到脉冲信

号控制。开门到位输出和关门到位输出信号分别输出到 PLC 相应端口上作为电梯（开门输入）或运行的必要条件。PLC 控制电路根据各个厂家选取原件不同而不同，可参照安装使用说明。

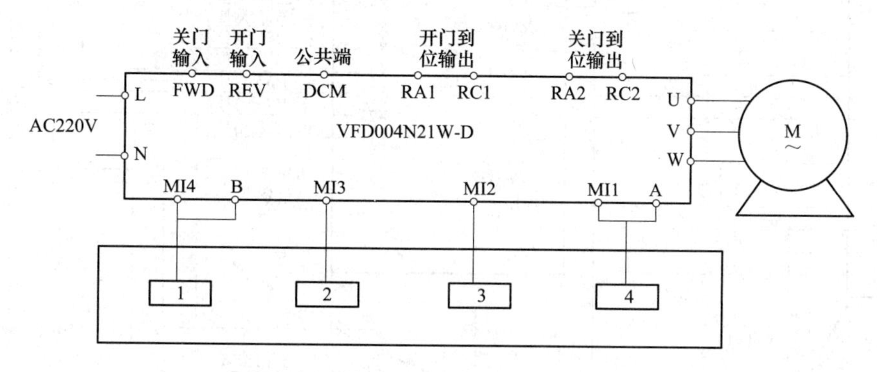

图 4-14　台达门机控制系统电气原理

（3）变频器参数设置。变频器在使用之前必须进行参数设定才能使用，VFD004M21W-D 变频器参数设置内容如下。

1）0.0～0.5：控制模式四，专为双稳态开关控制模式。

2）0.0～1.1：运转信号由外部端子有效。

3）0.0～1.7：电动机额定电流（A）。

4）0.0～0.68：电动机空载电流（A）。

5）0.0～6：电动机级数。

6）时间设定：开门加速时间；开门减速时间；开门保持力矩（根据电动机而调整）；开门到位至保持转矩准位设定（根据电动机而调整）；开门力矩保持时间；关门加速时间；关门减速时间；关门保持力矩（根据电动机而调整）；关门到位至保持转矩准位设定（根据电动机而调整）；关门力矩保持时间。

7）多段速设定：MI1；MI2；MI3；MI4；MI5（多光幕信号）；关门到位；开门到位。

2. 申菱门机系统

（1）系统的构成。申菱门机变频调速系统硬件部分采用日本松下公司的 VF-7F0.4kW 的变频器，FP.C14 型可编程控制器，门机运行变速位置由双稳态开关控制。

1）变频器内部接线如图 4-15 所示。

2）PLC 各输入输出信号说明如下。

X0—力矩保持信号，Y0—开门信号输出，X1—光幕、触板信号，Y1—关门信号输出，X2—开门信号，Y2—开关门变速信号，X3—关门信号，Y3—开关门变速信号，X4—关门到位信号，Y4—关门到位输出，X5—开门到位信号，Y5—开门到位输出，X6—关门限位信号，Y6—开门限位信号。运行频率及加减速由 Y0、Y2、Y3 信号控制。

（2）开关端子功能简述。

1）切换开关。当开关置于调试状态时，系统对外部信号不响应，按下手动开、关门按钮时，门机按要求关门或开门；当开关置于系统状态时，系统由外部信号控制，手动开、关门按钮不起作用。

2）手动关门按钮。当调试切换开关置于调试状态时，按下该按钮，门机作关门运动，无论门机在何位置，停止按该按钮，门机立即停止关门运动；当调试切换开关置于系统状态时，该按钮不起作用。

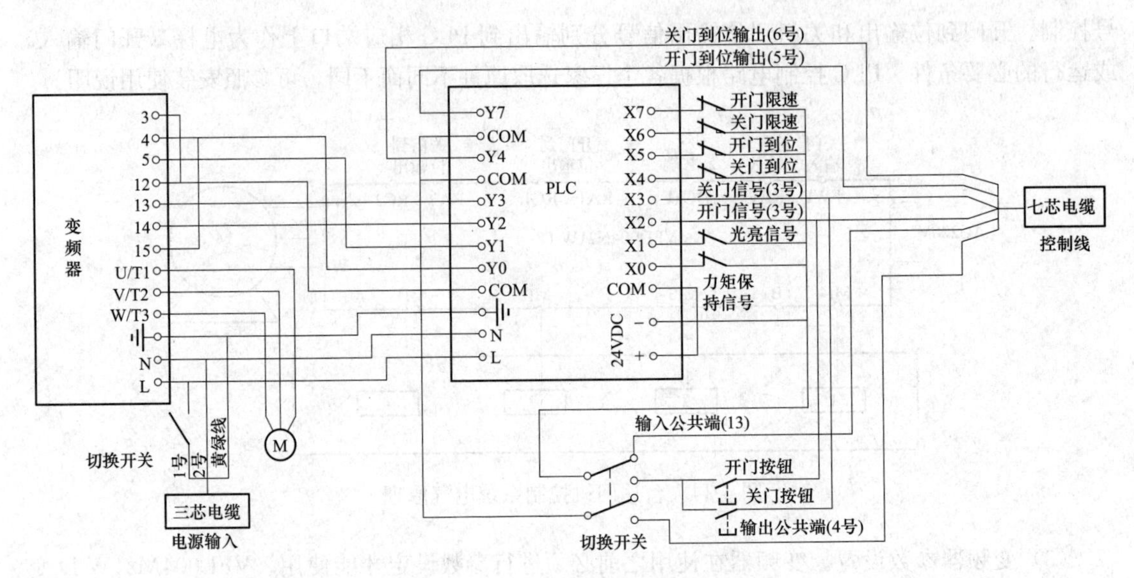

图 4-15　变频器内部接线图

1 号—输入公共端；2 号—开门信号；3 号—关门信号；4 号—输出公共端；5 号—开门到位输出；6 号—关门到位输出

3）手动开门按钮。当调试切换开关置于调试状态时，按下该按钮，门机作开门运动，无论门机在何位置，停止按该按钮，门机立即停止开门运动；当调试切换开关置于系统状态时，该按钮不起作用。

4）控制输入。控制输入部分包括门位置信号输入和外部控制信号输入。

a. 门位置控制信号。XK1～XK4 均为门位置控制信号，开门时的时序图如图 4-16 所示，关门时的时序图如图 4-17 所示。

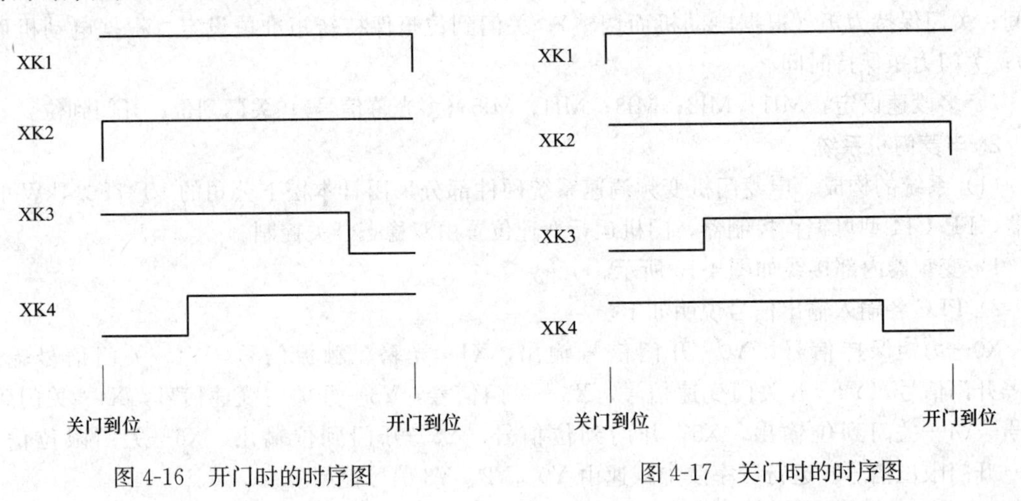

图 4-16　开门时的时序图　　　图 4-17　关门时的时序图

b. 磁性开关位置如图 4-18 所示。

注：开门起始区不是根据磁开关的位置定，而是根据时间设定，程序设定为 1s。

5）外部控制信号。七芯电缆中 1 号线为输入公共端，2 号线为开门信号输入，3 号线为关门信号输入。

6）控制输出。输出部分中七芯电缆中 4 号线为输出公共端，5 号线为开门到位输出，6 号线为关门到位输出。

7）电源输入部分。三芯电缆为本控制器的电源输入电缆，黄绿线为电源接地，1 号线和 2 号线为电源输入，其输入要求为单相交流 200～240V，且电压是稳定电压。

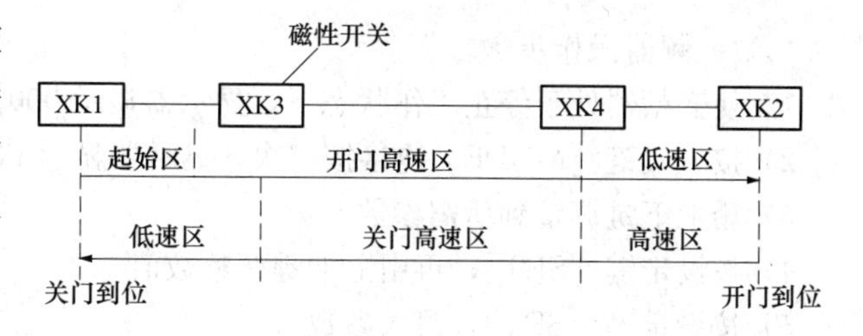

图 4-18　磁性开关位置图

（3）控制曲线及相关参数说明。

1）本变频器位置控制采用双稳态磁开关，门机加、减速位置可根据磁性开关位置自行调整，以满足不同的用户要求。门机开门的曲线由 P01、P02、P36、P37、P38 五个参数控制，关门曲线由 P32、P33、P34、P3、P44 等参数控制。具体参数功能说明如下。

P0.——开门加速时间（第一加速时间）
P0.——开门减速时间（第一减速时间）
P3.——开门快速频率（预设频率 6）
P3.——开门高速频率（预设频率 7）
P3.——开门低速频率（预设频率 8）
P3.——关门快速频率（预设频率 2）
P3.——关门高速频率（预设频率 3）
P3.——关门低速频率（预设频率 4）
P3.——开门到位力矩保持频率（预设频率 5）
P3.——关门快速加速时间（第二加速时间）
P40——关门快速减速时间（第二减速时间）
P4.——关门高速加速时间（第三加速时间）
P4.——关门高速减速时间（第三减速时间）
P4.——关门低速加速时间（第四加速时间）
P4.——关门低速减速时间（第四减速时间）

运行曲线图如图 4-19 所示。

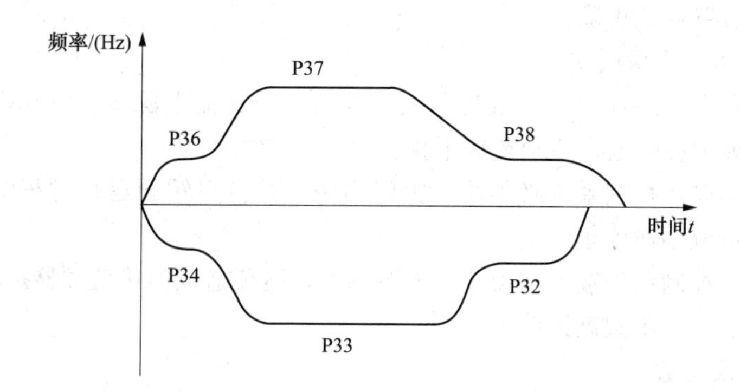

图 4-19　开关门运行曲线图

2）开、关门到位力矩保持。门机控制系统载力矩保持；开门到位力矩保持频率由 P36 设定；关门到位力矩保持由 X0 切换，保持频率由速度 1 控制，出厂设定为 0.5Hz，（关门到位后，按操作面板上的上下键可改变其频率）。

（4）变频器操作步骤。

1）使变频器处于停止工作状态下，显示器显示000。

2）按方式键［MODE］连接按三次，显示器显示P01。

3）用上下键调整到所需参数。

4）按设定键［SET］，再用上下键调整数值。

5）按设定键［SET］，写入参数。

6）按方式键［MODE］，使变频器回到原状态；显示器显示000。

（5）操作调试过程中应注意的问题。

1）不要将交流电源接到输出端子（U/T1、V/T2、W/T3）上。

2）输入电源不得超过240V（AC），且应是稳定的电压，以免过电压烧坏变频器。

3）防止变频器进水，以免造成短路而烧坏变频器。

四、变频门机安装调试

1. 安装工作程序

安装注意事项如下：

（1）控制器设计安装于轿顶。操作及安装时应小心，尤其不能有金属、水、油或其他异物进入门机控制器。

（2）不要将门机控制器安装于易燃材料上。

（3）在轿顶安装门机控制器时，一方面要保证面板能被良好的观察，另一方面要保证门机控制器的清洁。

（4）在进行接线工作前，必须确保门机控制器电源至少已切断两分钟。否则会存在电击或放电危险。

（5）门机控制器的接线必须由有专业资格的人员来完成。

（6）检查安全开关电路是否断开（急停）。

（7）确保所有的电气部件都正确接地。

（8）确认门机控制器有正确的电源电压。

（9）反复确认装置接线正确。

2. 变频门机使用注意事项

（1）在布线过程中始终注意信号及控制线（弱电）与交流电源线、电动机线（强电）之间保持一定距离，不要混在一起，避免造成干扰。

（2）在轿厢启动前，控制系统必须给出关门指令，并且在轿厢运行过程中始终给出关门指令，避免门锁断开造成中途停车。

（3）对于开关门控制信号输入必须使用无源触点，避免造成门机变频器损坏或工作不正常。

（4）在使用前必须仔细阅读说明书。

3. 变频器安装及配线

（1）门机变频器安装轿顶上，一方面要方便观察门机变频器工作状态，另一方面要保证门机变频器清洁，有一个良好散热空间。

（2）配线要求。

1）对于所有信号控制线，要求采用截面积为0.5～0.75mm^2护套电缆。

2）电源线和电动机线要求采用截面积1～1.5mm^2的护套电缆，电源线采用三芯带有黄绿地线的护套线缆，电动机采用四芯带有黄绿地线的护套线缆。

有的变频门机系统除了受控制屏开关门信号控制外，自身有力限计算功能，当在关门过程中力限超过设定值时，即向反方向开启。当到达关门终端开关动作后，这个力限计算才失效。对于这种门系统，关门终端的位置一定要超在轿门锁之前，否则，门锁接通后电梯即可运行，如果这个力限计算还有效的话，可能会引起电梯在运行中有开门故障现象，应该注意，对于该系统过流检测部分接触不良是其主要故障点。

变频门机系统的故障主要是开关门按钮接触不良，双稳态开关安装位置不当或移位，力限开关电阻变值或接触不良等。

第三节　电梯的通信系统

一、RS-485 标准

在要求通信距离为几十米到上千米时，广泛采用 RS-485 串行总线。RS-485 采用平衡发送和差分接收，因此具有抑制共模干扰的能力，加上总线收发器具有高灵敏度，能检测低至 200mV 的电压，故传输信号能在千米以外得到恢复。RS-485 采用半双工工作方式，任何时候只能有一点处于发送状态，因此，发送电路须由使能信号加以控制。

RS-485 用于多点互联时非常方便，可以省掉许多信号线。应用 RS-485 可以联网构成分布式系统，其允许最多并联 32 台驱动器和 32 台接收器。

在自动化领域，随着分布式控制系统的发展，迫切需要一种总线能适合远距离的数字通信。在 RS-422 标准的基础上，EIA 研究出了一种支持多节点、远距离和接收高灵敏度的 RS-485 总线标准。

RS-485 标准采有用平衡式发送，差分式接收的数据收发器来驱动总线，具体规格要求如下。

（1）接收器的输入电阻 RIN≥12kΩ。

（2）驱动器能输出±7V 的共模电压。

（3）输入端的电容≤50pF。

（4）在节点数为 32 个，配置了 120Ω 的终端电阻的情况下，驱动器至少还能输出电压 1.5V（终端电阻的大小与所用双绞线的参数有关）。

（5）接收器的输入灵敏度为 200mV，即（V+）－（V－）≥0.2V，表示信号“0”；（V+）－（V－）≤－0.2V，表示信号“1”。

因为 RS-485 的远距离、多节点（32 个）以及传输线成本低的特性，使得 EIARS-485 成为工业应用中数据传输的首选标准。

二、RS-485 特点

（1）RS-485 的电气特性：逻辑“1”以两线间的电压差为+(2～6)V 表示；逻辑“0”以两线间的电压差为－(2～6)V 表示。接口信号电平比 RS-23.C 降低了，就不易损坏接口电路的芯片，且该电平与 TTL 电平兼容，可方便与 TTL 电路连接。

（2）RS-485 的数据最高传输速率为 10Mbit/s。

（3）RS-485 接口是采用平衡驱动器和差分接收器的组合，抗共模干能力增强，即抗噪声干扰性好。

(4) RS-485 接口的最大传输距离标准值为 4000 英尺，实际上可达 3000m，另外 RS-23. C 接口在总线上只允许连接 1 个收发器，即单站能力。而 RS-485 接口在总线上是允许连接多达 128 个收发器。即具有多站能力，这样用户可以利用单一的 RS-485 接口方便地建立起设备网络。

三、RS-485 的接口

RS-485 接口具有良好的抗噪声干扰性，长的传输距离和多站能力等上述优点使其成为首选的串行接口。因为 RS-485 接口组成的半双工网络，一般只需二根连线，所以 RS-485 接口均采用屏蔽双绞线传输。RS-485 接口连接器采用 DB-9 的 9 芯插头座，与智能终端 RS-485 接口采用 DB-9（孔），与键盘连接的键盘接口 RS-485 采用 DB-9（针）。

四、影响总线通信速度和通信可靠性的四个因素

1. 在通信电缆中的信号反射

在通信过程中，有两种信号会导致信号反射：阻抗不连续和阻抗不匹配。

信号在传输线末端突然遇到电缆阻抗很小甚至没有，信号在这个地方就会引起反射，由于阻抗不连续引起的信号反射如图 4-20 所示。这种信号反射的原理，与光从一种媒质进入另一种媒质要引起反射是相似的。消除这种反射的方法，就必须在电缆的末端跨接一个与电缆的特性阻抗同样大小的终端电阻，使电缆的阻抗连续。由于信号在电缆上的传输是双向的，因此，在通信电缆的另一端可跨接一个同样大小的终端电阻，终端电阻的正确连接如图 4-21 所示。

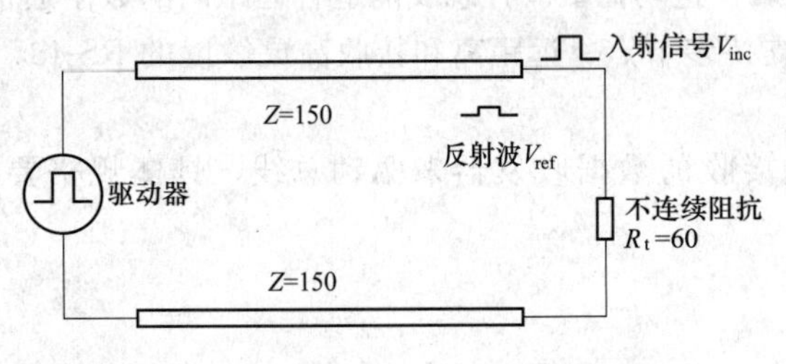

图 4-20 由于阻抗不连续引起的信号反射

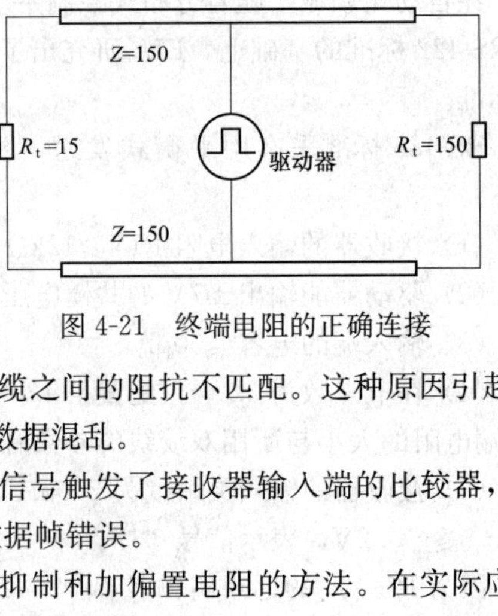

图 4-21 终端电阻的正确连接

引起信号反射的另一个原因是数据收发器与传输电缆之间的阻抗不匹配。这种原因引起的反射，主要表现在通信线路处在空闲方式时，整个网络数据混乱。

信号反射对数据传输的影响，归根结底是因为反射信号触发了接收器输入端的比较器，使接收器收到了错误的信号，导致 CRC 校验错误或整个数据帧错误。

要减弱反射信号对通信线路的影响，通常采用噪声抑制和加偏置电阻的方法。在实际应用中，对于比较小的反射信号，为简单方便，经常采用加偏置电阻的方法。

2. 在通信电缆中的信号衰减

第二个影响信号传输的因素是信号在电缆的传输过程中衰减。一条传输电缆可以把它看出由分布电容、分布电感和电阻联合组成的等效电路，如图 4-22 所示。

电缆的分布电容 C 主要是由双绞线的两条平行导线产生。导线的电阻在这里对信号的影响很小，可以忽略不计。信号的损失主要是由于电缆的分布电容和分布电感组成的 LC 低通滤波器。PROFIBUS 用的 LAN 标准型二芯电感（西门子为 DP 总线选用的标准电缆），在不同波特率时的衰减系数见表 4-1。

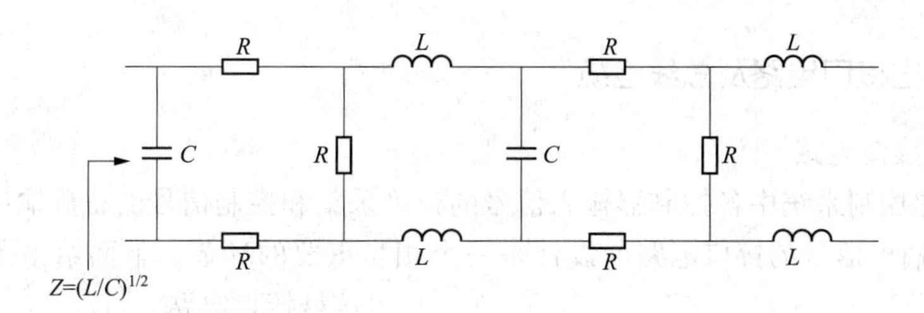

图 4-22　传输电缆等效电路图

表 4-1　　　　**电缆的衰减系数**

通信波特率	16MHz	4MHz	38.4kHz	9.6kHz
衰减体系数（1km）	≤42dB	≤22dB	≤4dB	≤2.5dB

3. 在通信电缆中的纯阻负载

影响通信性能的第三个因素是纯阻性负载（也叫直流负载）的大小。这里指的纯阻性负载主要由终端电阻、偏置电阻和 RS-485 收发器三者构成。

4. 分布电容对 RS-485 总线传输性能的影响

电缆的分布电容主是由双绞线的两条平行导线产生。另外，导线和地之间也存在分布电容，虽然很小，但在分析时也不能忽视。分布电容对总线传输性能的影响，主要是因为总线上传输的是基波信号，信号的表达方式只有“1”和“0”。在特殊的字节中，例如 0x01，信号“0”使得分布电容有足够的充电时间，而信号“1”到来时，由于分布电容中的电荷来不及放电，$(V_{in}+)-(V_{in}-)$ 还大于 200mV，结果使接受误认为是“0”，而最终导致 CRC 校验错误，整个数据帧传输错误，具体过程如图 4-23 所示。

由于总线上分布影响，导致数据传输错误，从而使整个网络性能降低。解决这个问题有以下两种方法。

（1）降低数据传输的波特率。

（2）使用分布电容小的电缆，提高传输线的质量。

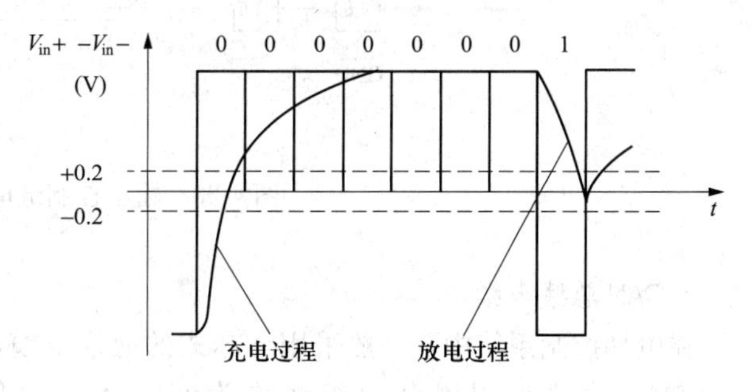

图 4-23　放电不及时导致数据接收错误

五、RS-485 驱动器节点结构

现在比较常用的 RS-485 驱动器有 MAX485、DS3695、MAX1488/1489、SN75176A/D 等，其中有的 RS-485 驱动器负载能力可以达到 20Ω。在不考虑其他诸多因素的情况下，按照驱动能力和负载的关系计算，一个驱动器可带节点的最大数量是 32 个，如图 4-24 所示。

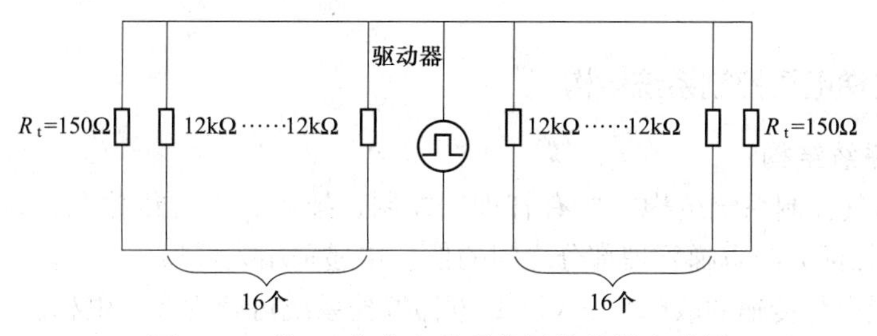

图 4-24　带 32 个节点的通信网络等效电路图

六、输入输出接口电路及总线电缆

1. 输入输出接口电路

在CAN电梯控制系统中各控制器输入信号的正确采集和控制信号的正确输出保证着电梯的安全运行。输入输出信号的接口电路的设计是一个相当重要的环节。下面给出了常用的输入输出信号接口电路。

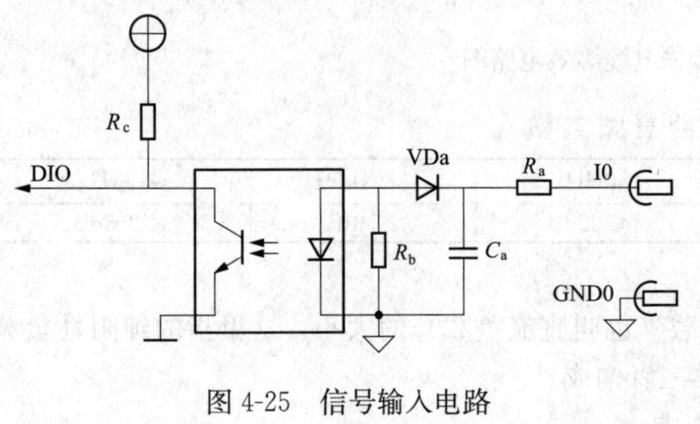

图4-25　信号输入电路

（1）输入电路，图4-25所示为一个常用的信号输入电路，用于采样电梯系统的外部信号，并将信号进行电气隔离，以提高系统的抗干扰能力。

（2）输出电路，图4-26为输出控制继电器电路，将输出控制信号放大，用于驱动一个继电器，从而实现对执行机构的控制。

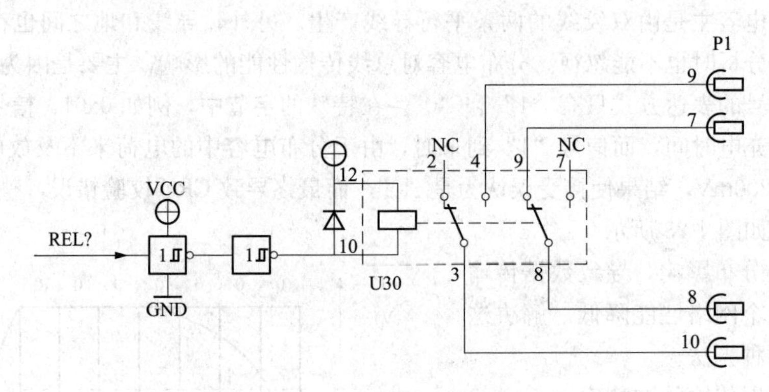

图4-26　输出控制继电器电路

2. CAN总线电缆

在电梯控制系统中，一般采用4芯式的通信电缆，其中2根传输电源，另2根传输CAN-bus信号。建议采用屏蔽双绞线作为CAN-bus通信电缆；使用国标AWG18（截面积为$\phi0.75mm^2$）的导线一般可以保证在1km距离下实现CAN-bus可靠通信；建议通信电缆线的截面积采用$\phi1.5mm^2$。

第四节　三菱VFCF电梯电路原理

一、VFCL电梯电气控制系统结构

1. 电气控制系统结构

VFCL电梯电气控制系统结构主要有管理、控制、拖动、串行传输和接口等部分组成（见图4-27）。图中群控部分与电梯管理部分之间的信息传递采用光纤通信，优点是减少信号损失增加传输距离，降低串行传输的故障率。VFCL电梯群控系统可管理多台电梯。

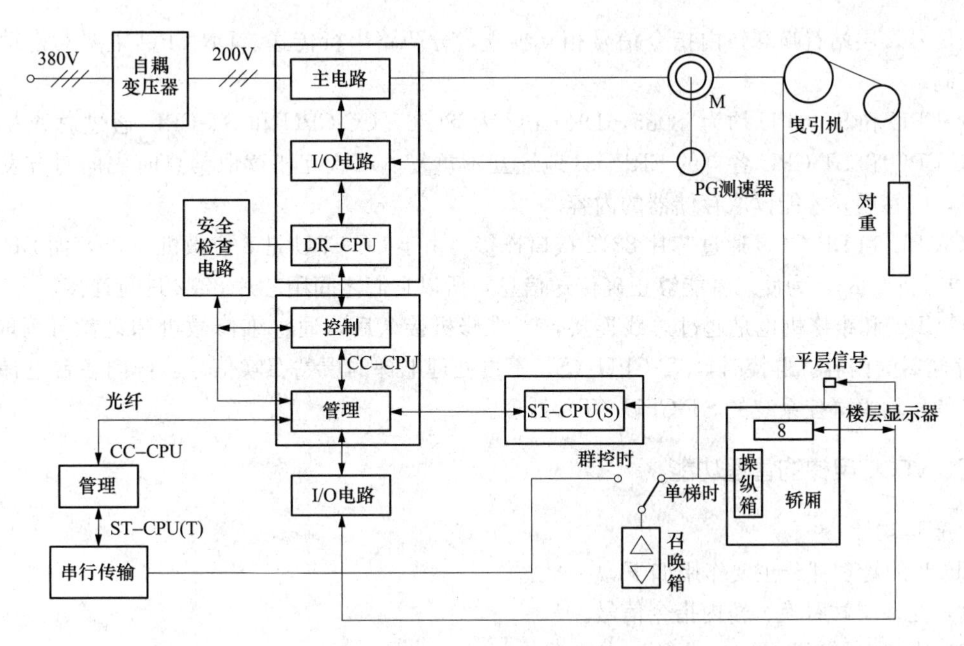

图 4-27　VFCL 电梯电气结构简图

2. VFCL 电梯控制总线结构

VFCL 电梯控制系统为三微机控制构成，三微机总线结构图如图 4-28 所示。

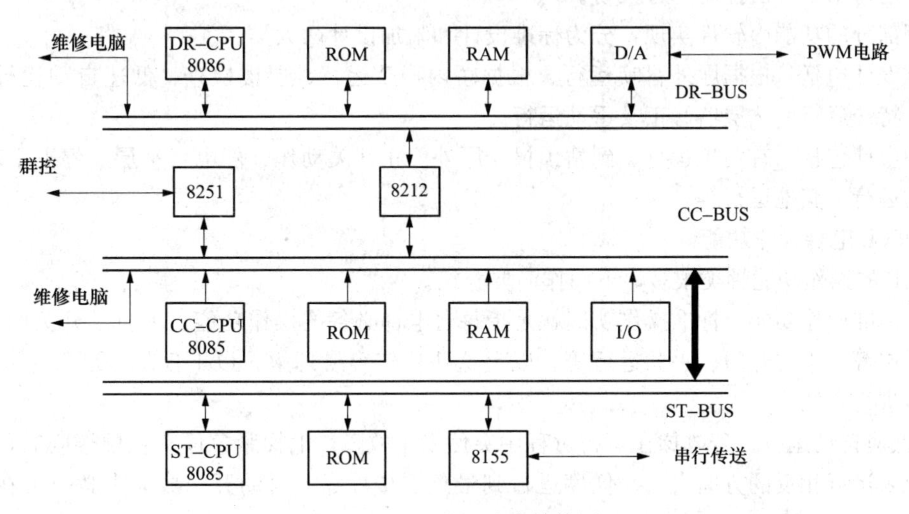

图 4-28　三微机总线结构图

CC-CPU 为管理和控制两部分共用，它是按照不同的运算周期分时进行运算，采用的是定时中断方式运行。

CC-CPU 将根据适时性响应要求的不同，分成三部分：运算周期为 25mm 的软件、运算周期为 50mm 的软件和运算周期为 100mm 的软件。在软件执行过程中，根据电梯请求优先要求的高低，使执行频率也由高到低的使用原则。

ST-CPU 主要进行层站召唤和轿内指令信号的采集和处理，层站召唤和轿内指令均采用串行传送信号，层站召唤和轿内指令信号相互独立，分两路串行传送。DR-CPU 主要对拖动部分进行控制。

CC-CPU 和 ST-CPU 均为 i8085，DR-CPU 为 i8086。CC-CPU 和 ST-CPU 通过总线相互连接，CC-CPU 和 ST-CPU 各自的 ERPOM 地址互不重复，二者互相读取信息时先向对方发出请求信息，应答后，才能读取存储器的内容。

CC-CPU 和 DR-CPU 通过芯片 8212 接口连接。由于 CC-CPU 是 8 位微机 8085，而 DR-CPU 是 16 位微机 8086，为使二者能够正确传送信息，所以它们之间用芯片 8212 进行连接。

CC-CPU 和维修机也是通过总线连接，当维修机接入后，通过维修微机和键盘可读取 CC-CPU 存储器的内容。群控时，ST-CPU（S）不再处理电梯的层站召唤信号，群内各台电梯的所有召唤信号均由群控系统的 ST-CPU（T）处理。

二、VFCL 电梯的管理功能

1. 管理功能

VFCL 的管理部分主要作用如下。

（1）处理层站召唤、轿内指令信号。

（2）决定电梯运行方向。

（3）提出启动、停止要求。

（4）处理各种运行方式。

VFCL 的管理部分和控制部分均由 CC-CPU 控制。管理部分在电梯运行过程中向控制部分提出各种运行指令，由控制部分执行。

管理部分的功能由软件实现，分为标准设计和附加设计两大类。

标准设计包括：根据厅外召唤运行、根据轿内指令运行、层楼检查、低速自动运行、返基站运行、特殊运行、选层器修正及手动运行。

附加设计包括：有司机运行、到站预报、厅外停止开关动作、停电自平层、停电手动运行、火灾时的运行、其他运行等。

2. VFCL 电梯操作功能

VFCL 的操作功能种类很多，下面作简要介绍。

（1）标准操作功能。标准操作功能就是指每台电梯必备的操作功能，如自动开关门、启动、减速和平层等、本层开门、手动运行等。以上这些比较容易理解，以下仅就 VFCL 电梯的几种特殊功能进行介绍。

1）低速自动运行。若电梯在运行过程中突然发生故障，电梯紧急停车在层楼间时，电梯会自动以原来运行相反的方向启动，低度运行到最近层楼停靠，自动开门放人来救出关在轿厢内的乘客。

2）反向时轿内召唤的自动消除。当电梯在高速自动运行过程中，响应完前方的召唤后准备去响应反方向的召唤时，自动消除已登记的轿内召唤。

3）自动应急处理。例如电梯群控时，如果其中一台电梯在确定方向数十秒钟后尚未启动运行，则把这台虽然保持有方向而不能启动的电梯切出群控系统，将层站召唤分配给群内其他电梯去执行。一旦这台电梯又可以正常运行后，群控系统又把它接纳入群内。

4）轿内风扇、照明的自动操作。当电梯停在门区内、门关好一段时间后无任何召唤时，自动关掉风扇和照明。一旦有层站召唤时，电梯再自动打开风扇和照明，便于节能。

5）开门保持时间的自动控制。电梯每次停站自动开门后，应有一定的开门保持时间，以保证乘客进出轿厢，然后再自动关门。电梯仅根据轿内召唤停站后，在只有出轿厢的乘客时，将开门保持时间设置得短一些；当电梯有层站召唤停站时，再同时有乘客进出时将开门保持时间设置得长一些。

6）换站停靠。通常电梯运行中，电梯停站后，由于所停层的层门出现故障等原因，致使无法开关门放人时，采取以下的保护措施：如果电梯停站，自动开门动作持续一段时间后，门尚未开足，就作关门动作，等门关闭后，根据轿内或层站召唤运行到其他层站后开门放人。

7）重复关门。电梯关门时，由于某种原因使电梯关不了门。此时，采取以下措施：当关门动作持续一段时间后，如果门尚未关闭，则改为开门动作。门打开，等待一段时间后，再作关门动作。如此往返，直至门关闭为止。

（2）选择操作功能。选择操作功能是根据用户需要而设计的功能。

1）强行关门。当电梯停站并打开门后，如果发生特殊情况或故障，使正常的自动关门不能动作，则采取以下措施：当电梯停站时方向确定数十秒后，如果门还没有关好，此时只有开门按钮没按下和安全触板没有动作，电梯就会强行关门，门关闭立即启动。

2）门的光电装置安全操作。为了防止乘客被电梯门卡住，每台电梯都装有安全触板开关。

3）门的超声波装置安全操作。SP-VF、MP-VF 电梯还备有与光电装置作用相同的超声波装置。其基本原理为超声波装置利用检测超声波从发射到接收反射之间的时间间隔，检测是否正有乘客进出轿厢，从而避免电梯门边缘碰到乘客。

4）电子门安全操作。电子门操作是近一两年发展的门安全保护装置。它既保证不让乘客碰到门边缘，又比光电装置和超声波装置具有更高的安全系数。它的操作的过程为电梯在关门过程中，只在乘客或货物接近门边缘（约 10cm）时，电子门即动作，立即重新开门。

5）停电自动平层操作。如果大楼里没有自备的紧急供电装置，而遇到突然停电时，就有可能使正在运行的轿厢停在层楼之间，使轿内的乘客无法出来。因此，VFCL 电梯可供用户选配紧急平层装置。有了该装置后，万一遇到停电情况时，电梯停到层站之间过几秒后，就利用紧急平层装置启动电梯，运行到最近层停靠后，自动开门放人，保证了乘客的安全。

6）轿内无用指令信号的自动消除（防捣乱功能）。有的乘客在乘电梯时，乱按了许多轿内指令按钮。如果没有特殊操作，这些被登记的无用指令将使电梯信息传输浪费许多时间。为此，本功能具有这样的作用：当电梯控制系统检测到轿厢内的指令信号多于乘客人数时，就认为其中必有无用的召唤信号，因此，将已登记的轿厢指令信号全部消除，真正需要的可重新登记。

7）层站停机开关操作。一旦操作人员关掉基站停机开关后，层站的所有召唤立即不起作用，已登记的消号。但轿内指令继续有效，直到服务完轿内指令后，电梯返回到基站，自动开门门保持一段时间关门停机，同时切断轿内风扇和照明。

8）独立运行。VFCL 群控系统中，备有独立运行操作功能供用户选配：即当电梯维修人员合上轿内的独立运行开关后，这台电梯就开始独立运行。它不响应层站的召唤，只有在电梯确定运行方向后，按住关门按钮时，才关门。在门关闭前，如松开关门按钮，它还会自动开门。门关闭后的其他所有动作与平常的高速自动运行相同。

除了上述操作功能外，VFCL 电梯的选择功能还有许多，如：自动语音报站装置操作、指定层强行停车、紧急医务运行、地震时紧急运行等，这里不作一一介绍了请朋友们参阅安装说明书。

三、VFCL 电梯控制部分

VFCL 电梯控制部分的主要功能是对选层器、速度图形和安全检查电路三方面进行控制。

1. 选层器运算

VFCL 系统的选层器运算主要处理层站数据、同步位置、前进位置、同步层和前进层的运算，以及排除因钢丝绳打滑而引起的误差进行的修正运算等。

VFCL 的选层器是由光电旋转编码器、计算机软件以及相应的脉冲输入电路、脉冲分频电路组成。控制系统通过对光电编码器旋转时发出的两相脉冲的相位差来判定电梯运行方向，通过对编码器发出脉冲的多少进行计数来得到轿厢当前位置及加速点、减速点。

光电旋转编码器是集光、机、电精密技术于一体的结晶。可将输给轴的机械量、旋转位置等转换成相应的脉冲或数字量。它由发射管、接收管、光电码盘、放大电路、整形电路和输出电路组成。光电码盘一圈上均匀分布着许多黑色的线条（通常用 512 个或 1024 个）或许多长孔，发射管和接收管分别在光电码盘的两侧，在透明区，发射管发光照射到接收管上，接收管阻值下降，放大电路有脉冲输出，经过整形电路输出为标准方波脉冲。当电梯运行，光电码盘随着转动时，经两组发光元件发出的光被光电码盘、狭缝切割成断续光线并被各自的接收元件接收，产生两组初始信号，该两组信号经后继电路处理后，输出两组相差 90°的信号 A、B。为了降低干扰，也同时产生两个辅助信号 A、B。无论光电码盘的转动方向如何，这两组信号在电气上互相超前或滞后 90°。

光电旋转编码器安装在曳引机的轴上，通过计算脉冲的个数可以得出电梯的位置以及确定加速点、减速点的位置。通过计算脉冲有频率可以得出电动机的当前速度。通过判别 A、B 相位的超前或是滞后可以判断电梯的运行方向。

2. 速度图形的运算

VFCL 的速度图形曲线是由微机实时计算出来的，这部分工作也由 CC-CPU 的控制部分完成。控制部分的软件每周期都计算出当时的电梯运行速度指令数据，并传送给驱动部分 DR-CPU，使其控制电梯按照这个速度图形曲线运行。

为了提高电梯运行的平稳性和运行效率，必须对速度图形进行精确运算。因此，将速度图形划分为八个状态进行分别计算，速度图形各个状态的示意图如图 4-29 所示。

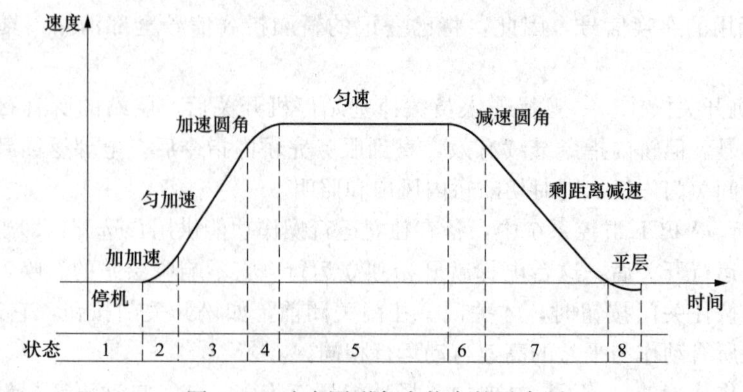

图 4-29　速度图形各个状态的示意图

（1）停机状态——状态1。在电梯停机时，CC-CPU的每个运算周期中对速度图形赋零，并设置加速状态和平层状态时间指针。

（2）加加速运行状态——状态2。电梯在启动开始时，首先作加加速运行。这个过程中，速度图形在每一运算周期的增量不是常数，而是随时间变化的数据。软件在每个运算周期中，根据存储在数据表内的速度增量进行运算。

（3）匀加速运行状态——状态3。电梯在加加速结束后，即进行匀加速运行。在匀加速运行过程中，速度图形的增量是常数。

（4）加速圆角运行状态——状态4。加还圆角是指电梯从匀加速转换到匀速运行的过渡过程。在这个过程中，每一运算周期的速度增量不是常数，所以也采用了数据表的方式。软件在每个运算周期中进行查表运算，直到运算时间指针小于零时，加速圆角状态运算结束。

（5）匀速运行状态——状态5。在这个状态中，电梯匀速运行，速度图形的增量为零，即加速度为零。

（6）减速圆角运行状态——状态6。在这个状态中，电梯从匀速运行过渡到减速运行。因此，每个软件周期的电梯速度变化量不是常数，处理方法是软件在每个运算周期进行查表运行。当软件一直运算到速度图形值小于剩距离速度图形值时，即转入剩距离减速运行状态运算。

（7）剩距离减速运行状态——状态7。电梯进入正常减速运行时，速度图形也是采用了数据表的方法，即预先在EPROM中设置一对应剩距离的速度图形数据表。软件根据此数据表中的值进行运算，当轿厢进入平层开始位置时，进入平层运行状态运算。

（8）平层运行状态——状态8。在平层运行状态的时间里，速度是随时间而变化。这样每个运算周期中的速度下降量是预先设置在EPROM中的随时间变化的数据表中的数据值。当速度图形值小于平层速度指令的规格数据值时，速度图形被指定为平层速度指令的规格数据值。当轿厢完全进入平层区，上、下平层开关全都动作时，电梯停车，平层状态结束，状态又回复到状态1。

3. 安全检查电路

为了保证电梯的安全运行，VFCL对整个系统进行了非常全面的安全检查。VFCL电梯安全检查示意图如图4-30所示。

图中D-WDT和C-WDT的检查功能及处理结果如下。

（1）检查DR-CPU（即驱动CPU8086）因各种原因引起的死机及失控运行。检查时间设定为电源接通后3s开始进行定时检查。当检查到DR-CPU异常后，安全回路继电器动作，使电梯无法启动。

（2）检查CC-CPU（即管理CPU8085）因各种原因引起的异常情况。检查时间一般设定为电源接通后3s开始进行定进检查。当检查到CC-CPU工作异常后，安全回路继电器动作，使电梯在最近层站停层，CC-CPU不能再运行。

四、VFCL电梯的通信功能

所谓串行传送方式，就是在发送端，将由并行产生的多个二进制信号经过编码，变换成串行信号，并通过几根传送线传送出去；在接收端，再将接收到的串行信号按一定编码变成并行信号。

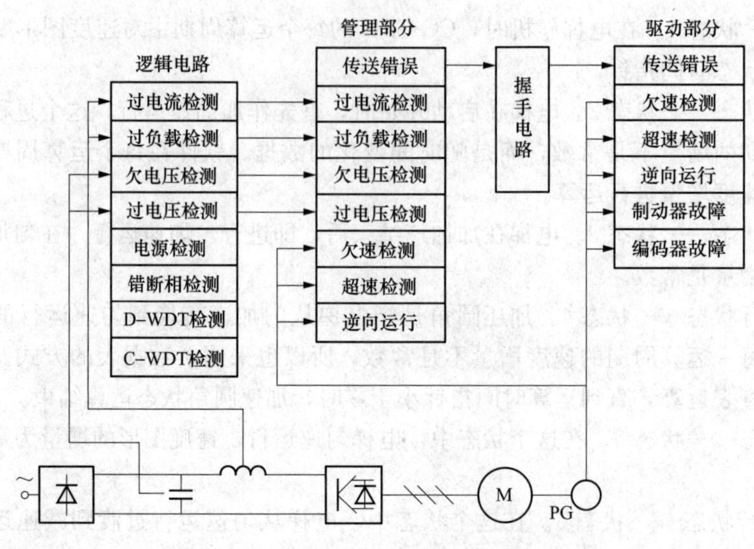

图 4-30　VFCL 电梯安全检查示意图

VFCL 系统串行传送硬件主要由两部分构成：控制板和信号处理板。

五、控制板

控制板指主电脑板 P1 板的串行通信部分，VFCL 系统的串行通信共有两部分，一部分为与轿厢内部的信号传送，另一部分为与厅门之间的信号传送，因为两个部分原理结构完全相同，只是传送的对象以及相应的信号处理板稍有差别。在这我们只介绍其中的一种，其原理如图 4-31 所示。

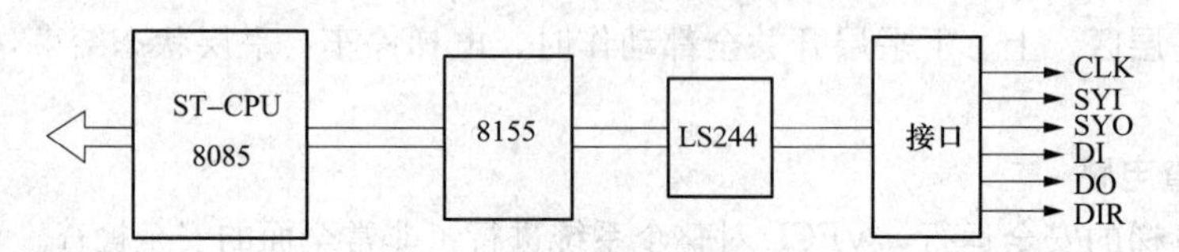

图 4-31　控制板原理示意图

(1) 8085 为 ST-CPU，主要负责串行通信，并以并行通信的方式与 CC-CPU 交换信息。

(2) 8155 芯片除作信号输入输出的 I/O 外，还为 ST-CPU 提供 256 个字节的存储空间，用来存放采集到的召唤信号编码和向外界输出的灯控制信号编码。

(3) LS244 为数据总线驱动芯片，以提高驱动能力。

(4) 为了提高抗干扰能力，控制板上使用了光电耦合器与外界隔离。

六、信号处理板

信号处理板主要指轿内操纵箱的各电子板以及外召唤按钮板。信号处理板的主要功能如下。

(1) 实现同步信号的移位。

(2) 送出按钮召唤信号。

(3) 接收灯控制信号并对按钮灯进行控制。

信号处理板的输入输出信号同样包括同步输入信号（SYNCI）、同步输出信号（SYNCO）、按钮召唤信号（DI）、按钮点灯信号（DO）及时钟信号（CLOCK），其中对按钮灯的点亮是通过晶闸管驱动的。

七、串行传送工作原理

为了完成串行传送，控制板要用软件送出三种信号到信号处理板，即软件时钟信号CLOCK、软件同步信号SYNCO和灯控制信号DO，同时从信号处理板接收两种信号，即同步返回信号SYNCI和召唤信号DI。

时钟信号由软件产生，接在每一层站信号处理板的时钟输入上，同步信号也由软件产生，但它只接在顶层信号处理板的同步信号输入端，而下一层信号处理板的同步信号输入端接上一层信号处理板的同步信号输出端，这样一直接到底层，底层的同步信号输出端接到控制板的同步返回信号SYNCI上，如图4-32所示。这种结构有一个缺点，就是其中有一块信号处理板出现信号断路，系统则处于瘫痪状态，所以在三菱公司以后开发的产品中开始采用基于CAN总线主结构的通信系统。

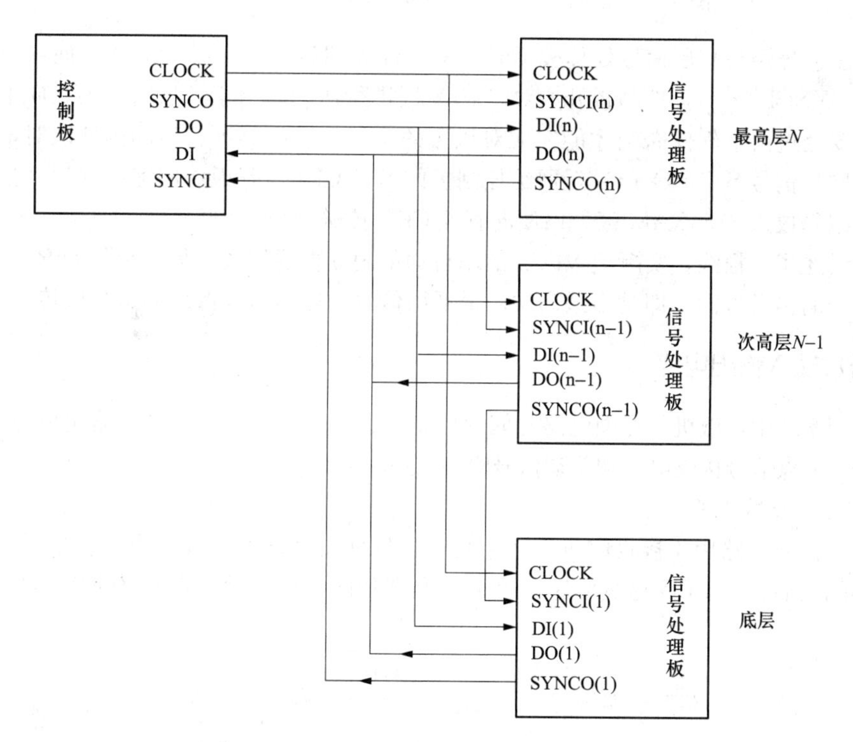

图4-32　控制板和信号处理板的连接示意图

图4-33为控制板和信号处理板之间的信号工作时序图。

实际上，控制板对信号处理板的逐个访问是通过同步信号SYNCO的顺序移位来实现的，SYNCI（i）相当于选通信号。

当SYNCI（i）=0时，第i块信号处理板即被选通，这时如果控制板的DI线上有低电平，这个低电平必定是第i块信号处理板的按钮发出的召唤请求；控制板是从最高层N逐个向下访问的，在第一个CLOCK周期，控制板向最高层N发出同步信号SYNCI（n），开始对最高层进行访问。由于最高层只有一个向下的按钮，因此只需要经过一个软件CLOCK即可完成对该层

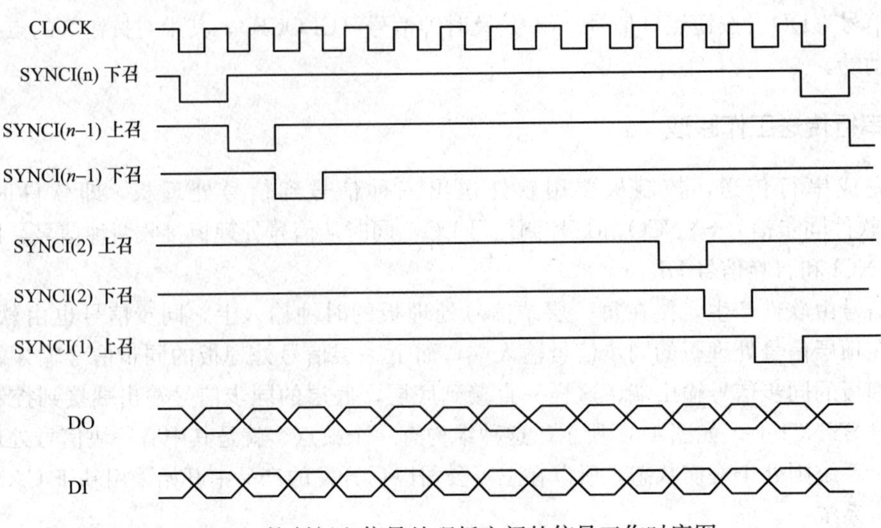

图 4-33　控制板和信号处理板之间的信号工作时序图

的访问。同步信号经最高层信号处理板延时一个软件周期后，由 SYNCO（n）向（$n-1$）层发出同步信号 SYNCI（n-1），控制板开始对（n-1）层进行访问。由于该层有向上、向下两个召唤按钮，因此要经过两个软件周期才能完成对该层的访问。以此类推，访问到低层时，最底层信号处理板把同步信号 SYNCO（1）返回给控制板的 SYNCI。控制板访问完一次后，把获得的召唤信号进行编码放入 8155RAM 区，以便向管理 CPU 传送。

以上只讲述了 5 根线，实际上 VFCL 的串行通信由 6 根线组成，另一根是 DIR 方向信号线，用来控制信号的传送方向，即是由最高层向最低层传送，还是由最低层向最高层传送。

八、芯片输入输出电路

电梯控制系统中，微机与外围电路之间的信息传递，是通过外围 I/O 电路实现的。外围 I/O 电路主要有：触点信号接收电路和驱动信号输出电路两大类。

1. 触点信号接收电路

触点信号接收电路用于接收门机、平层装置和各种安全开关等外围电路的信号，信号经过光电耦合器隔离后，向 CPU 总线传送，图 4-34 是典型的触点信号接收电路的接线图。

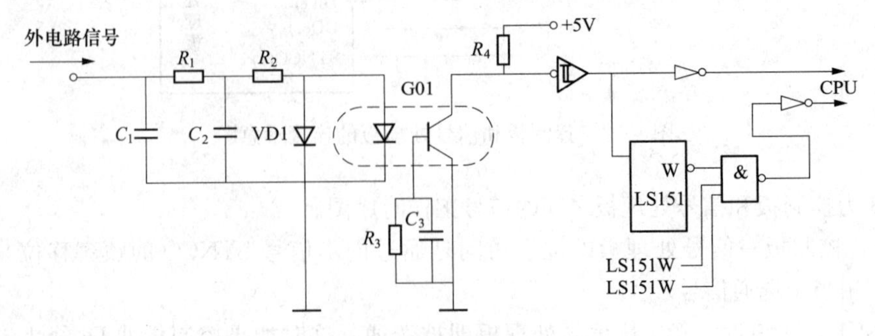

图 4-34　触点信号接收电路

2. 驱动信号输出电路

驱动信号输出电路用于向层站显示器、制动器等外部电路输出驱动信号。由于外围电路所需要的驱动功率不同，因此，驱动信号输出电路又分为大功率输出和小功率输出两种电路。大功率输出电路，由晶闸管电路构成（见图 4-35）其中 GO 起隔离的作用 VD2 和 VD5 组成桥式整流电路，小功率输出电路，由继电器构成，主要是节约了制造成本，其结构如图 4-36 所示。

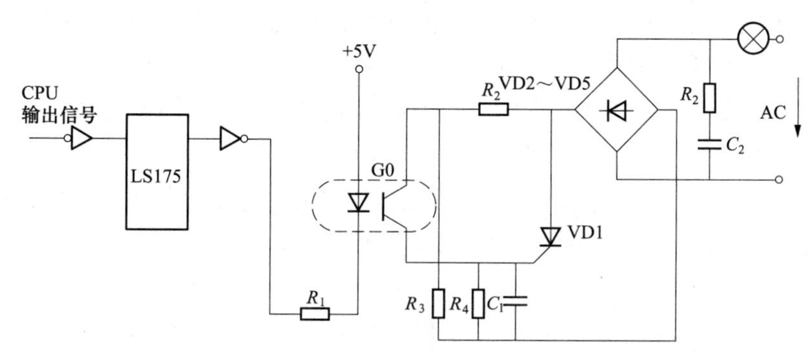

图 4-35　大功率驱动

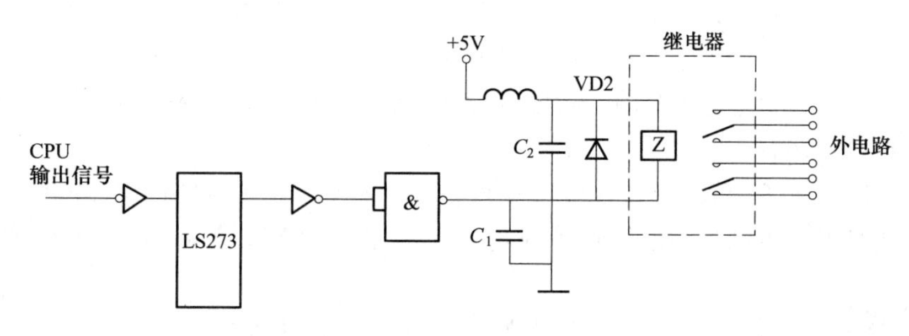

图 4-36　小功率驱动

九、VFCL 电梯的主回路和控制回路原理介绍

1. 电梯的主回路

VFCL 系统的电力拖动部分主要由整流滤波电路、充电电路、逆变电路、再生电路等四部分组成，系统主回路如图 4-37 所示。

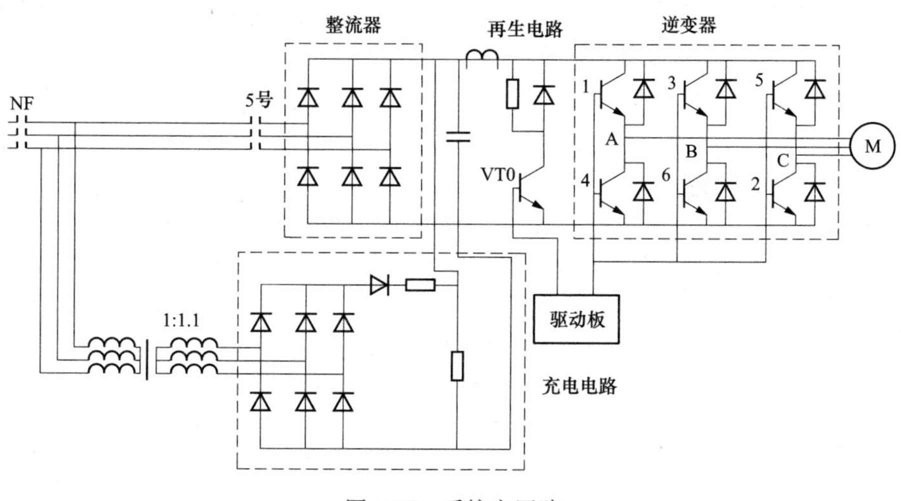

图 4-37　系统主回路

（1）整流滤波电路。VFCL系统的整流电路采用二极管三相桥式整流，将三相交流电整流成脉动直流电，并用大电解电容作滤波储能元件。

（2）充电回路。如果当电梯启动时整流部分才开始向电容充电，这样势必会造成电梯启动的不稳定。为了使电梯启动时，变频器直流侧有足够稳定电压，需要对直流侧电容器进行预充电，充电回路中的变压器采用升压变压器，匝比为1∶1.1，充电过程如下。

1）当电源电压输入为U时，接通主接触器NF，则充电回路的整流器输出$U_D=\sqrt{2}\times1.1U$，U_D向电容器C充电。

2）当电容充电至$\sqrt{2}U$时（约2s），CC-CPU检测到充电结束信号。便认为电梯可以启动。

3）如此时电梯不需要启动，则电容器继续充电到$U_{DC}=\sqrt{2}\times1.1U$，然后再通过电阻放电到$U_{DC}=\sqrt{2}U$。

4）当电梯启动时，主回路接触器（5号）立即接通，此时有很大的电流流向逆变器。由于充电回路有一只逆向二极管VD，所以主回路电流不能流向充电回路。

（3）逆变电路。逆变电路是由大功率晶体管模块（GTR）和阻容吸收器件组成。

DR-CPU接到电梯启动指令后，经计算将PWM信号按一定的时序传送到驱动板LIR-81X，驱动板把PWM信号放大后直接驱动GTR基极，使六只大功率晶体管按一定时序顺序导通和截止，从而驱动电动机旋转。

当同一桥臂上的上下两只GTR导通切换时，要有30～40μs的间隔，以避免二者同时导通而造成短路。因为交流电动机为电感性负载，当GTR由导通转为关断时，GTR中的续流二极管起续流作用。

逆变电路中的阻容吸收器件主要是用来吸收GTR导通截止过程中所产生的浪涌电压。阻容吸收器件连接在同一桥臂的两端。实际上，在每个GTR的B-E极之间也接有一个小电容（104K50），用来吸收触发毛刺，以防误触发。

（4）再生电路。电梯在减速运行以及轻载上行、重载下行过程中，电梯都处于发电状态。由于整流部分采用是不可控整流，再生能量无法反馈电网，必须通过再生电路释放。

电动机的再生能量通过逆变装置向直流侧电容器时行充电。

1）当电容器的两端电压U_{DC}大于充电回路的输出电压U_D时，微机向驱动板LIR-81X发出放电晶体管导通信号，驱动再生回路的大功率晶体管导通，电动机的再生能量就消耗在再生回路的电阻内，同时，电容器也通过该电阻放电。

2）当电容两端电压下降到$\sqrt{2}U$时，再生回路的大功率晶体管截止，电动机的再生能量再向电容器充电，重复上述过程，直至电流停止运行。

2. 控制系统的工作原理

对于变频变压调速电梯，多采用三相交流380V电源供电，当运行接触器接通后，三相交流380V电源经由整流器变换成直流电，再经逆变器中三对大功率晶体管逆变成频率、电压可调的三相交流电，对感应电动机供电，电动机按指令运转，通过曳引机驱动电梯上下运行，实现变频变压调速拖动。

这种电梯的逻辑控制功能由主微机（ST-CPU）实现，一般均采用集选控制，下面简要介绍该控制系统的工作过程。控制系统原理图如图4-38所示。

（1）电梯关门及自动确定运行方向：假设电梯停靠在1楼，假设此时5楼有楼层外召唤指令，该指令信号通过串行通信方式到达主微机（ST-CPU），主微机根据楼层外召唤指令信号和

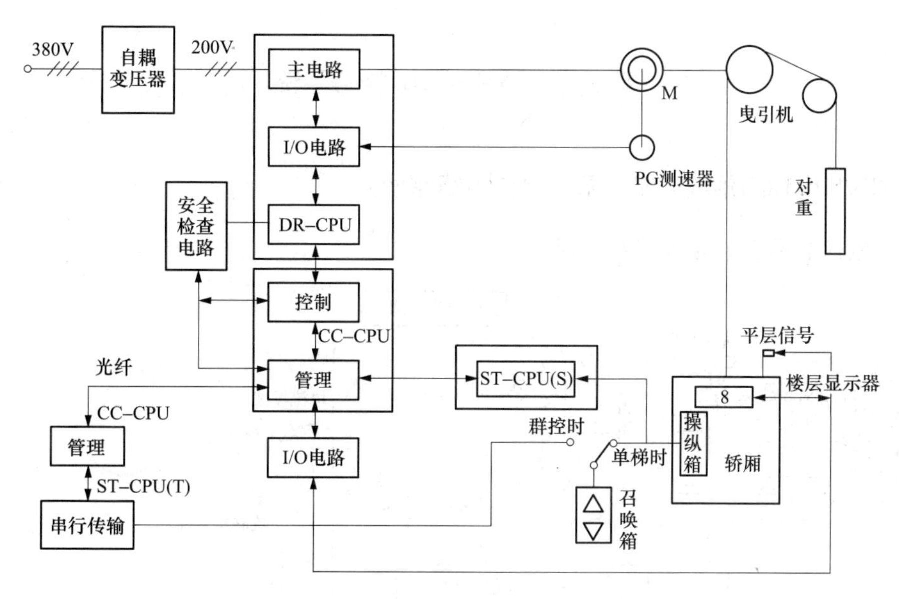

图 4-38 控制系统原理图

电梯轿厢所在楼层位置信号，经过逻辑分析判断发出向上运行指令；该指令同时发送给副微机（CC-CPU），副微机作好启动运行的准备。主微机发出关门指令，门机系统执行关闭电梯厅门和轿门，实现电梯自动关门和自动定向。

（2）电梯启动及加速运行：微机（CC-CPU）根据主微机传送来的上行指令，生成速度运行指令，并根据载荷检测装置送来的轿厢载荷信号，通过微机（DR-CPU）进行矢量控制计算，生成电梯启动运行所需的电流和电压参数控制逆变器进行逆变输出，主回路运行接触器接通，电动机得电，同时主微机发出指令使抱闸装置打开，电梯开始启动上行。当电梯启动运行后，与电动机同轴安装的旋转编码器随着电动机的旋转不断发送脉冲信号给主微机和副微机。主微机根据此信号控制运行，副微机根据此信号进行速度运算，并发出继续加速运行的指令，电梯加速上行。当电梯的速度上升到额定速度时，副微机将旋转编码器的脉冲信号与设定值比较发出匀速运行命令，电梯按指令匀速运行。在这一过程中，微机（CC-CPU）均以调整变量参数值的形式使逆变器正常工作。电梯完成启动、加速、满速运行。

（3）电梯减速平层停靠及自动开门：在电梯运行过程中，微机（CC-CPU）根据编码器发送来的脉冲信号，进行数字选层信息运算，当电梯进入 5 楼层区域时，该微机按生成的速度指令提前一定距离发出减速信号，通过矢量控制计算控制逆变器按预先设置的减速曲线，控制电梯进入减速运行。当电梯继续上行到达 5 楼平层区域时，轿厢顶的平层区域位置检测器给该微机发出电梯爬行速度指令，并通过数字选层的运算开始计算停车点。当旋转编码器发送来的脉冲数值等于设定值时，由该微机发出停车信号，逆变器中的大功率晶体管关闭，电动机失电停止运行，电梯在零速停车。同时，发出指令使制动器抱闸、主回路运行接触器复位主触点断开，电梯在 5 楼平层停车；随后主微机（ST-CPU）发出开门指令，电梯自动开门。至此电梯就完成了一次从关门启动到停车开门的运行全过程。在此运行过程中，如果在 3 楼有向上的外召唤信号而电梯还没有运行到 3 楼之前，电梯在 3 楼自动停车，即在 3 楼实现顺向截梯功能。同时在整个运行过程中，主微机根据各楼层位置信号的输入，经内部程序控制正确输出电梯的运行方向和实际的楼层位置指示。

第五节 YPVF 电梯系统

一、YPVF 电梯的系统构成（永大电梯电路原理）

YPVF 电梯的系统结构如图 4-39 所示。

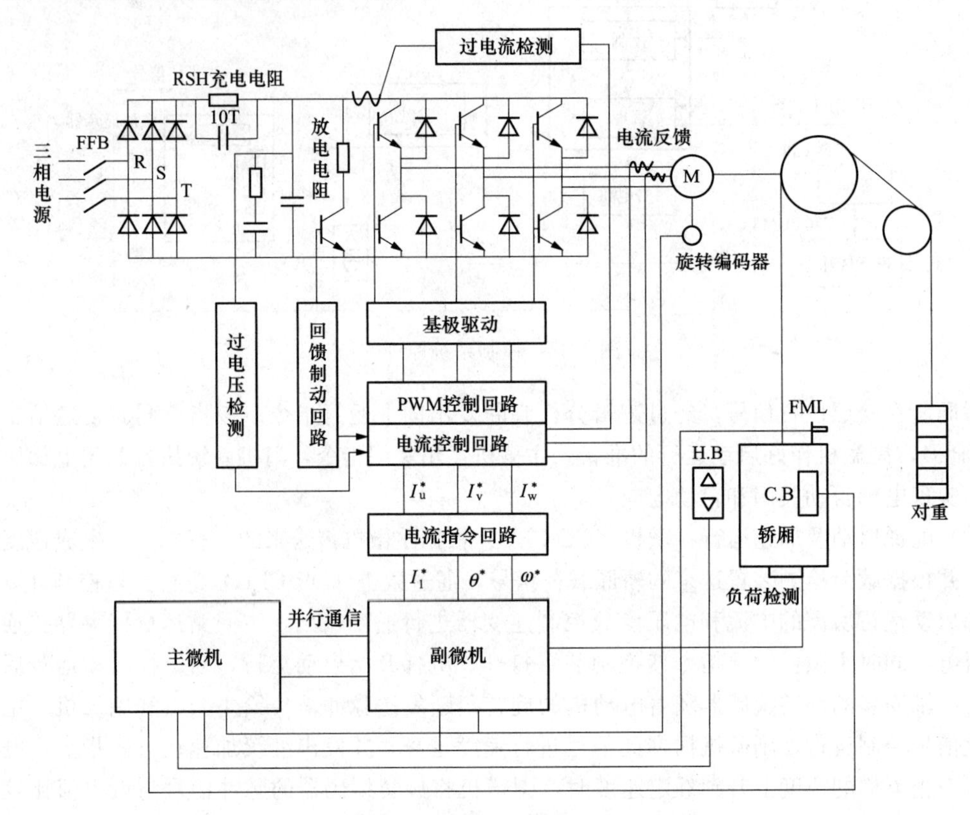

图 4-39 YPVF 电梯的系统结构图

（1）主回路：由三相整流器、逆变器、充电回路和放电回路组成。

在桥式整流器上加的大容量电容器和 *RC* 滤波回路，用来滤波，稳定直流电压。直流侧设置了放电回路，当电梯制动时会引起直流侧电压的上升，当电压上升到一定值时，可通过硬件回路使反馈三极管自行导通，把反馈的电能消耗在放电电阻上。

在运行接触器 10T 上并有电阻 R_1，其作用是在电梯投入运行前，使滤波电容有个预充电，当 10T 接通电梯投入运行时，避免因电容器瞬间大电流充电产生冲击，保护整流器和滤波电容。

（2）主微机：采用 M6802 芯片，主要功能是负责机房控制柜与轿厢之间串行通信，以取得轿厢的开关信号、呼叫信号、与厅站进行串行通信，以取得厅外召唤信号。以及进行开关门控制、运行控制、故障检测和记录等。

（3）副微机：采用 M68000 芯片，主要功能是根据主微机的运行指令，负责数字选层器的运算、速度指令生成、矢量控制，进行故障检测和记录，负责信号器工作。

（4）电流指令回路：根据副微机矢量控制演算结果，发出三相交流电流指令。

（5）电流控制回路：通过将电流指令回路中三相交流电流指令与感应电动机电流反馈信号

比较，发出逆变器输出电压指令，比较各种反馈信号，决定指令是否生成。

（6）PWM 脉宽调制控制电路：产生与逆变器输出三相电压指令对应的基极触发信号。

（7）基极驱动电路：根据 PWM 信号，驱动主回路中逆变器内的大功率晶体管，使晶体管导通。

（8）负荷检测装置：检测轿厢负荷并输送负载信号给副微机，以进行启动力矩补偿，使电梯运行平稳。

另外，YPVF 系统中还包括：与感应电动机随动，可发送脉冲信号到主、副微机的旋转编码器、传递楼层位置信号的位置检测器 FML、可接受指令信号和开关输入信号的轿内操纵箱 C. B 和厅外召唤箱 H. B，以及系统的各种保护装置。

YPVF 的主微机和副微机之间采用并行通信，共同控制又互相监控。

二、YPVF 电梯的运行过程简述

1. 运行准备

当合上电梯动力电源开关后，R、S、T 出线端有交流 380V 电压，控制柜上的电压表有电压指示，电源指示灯亮。主开关可以合上，由阻容电路组成的过电压保护电路投入运行，逆变器的排风扇 FAN 开始工作。主回路的阻容吸收回路如图 4-40 所示，整流部分原理和结构图如图 4-41 所示。

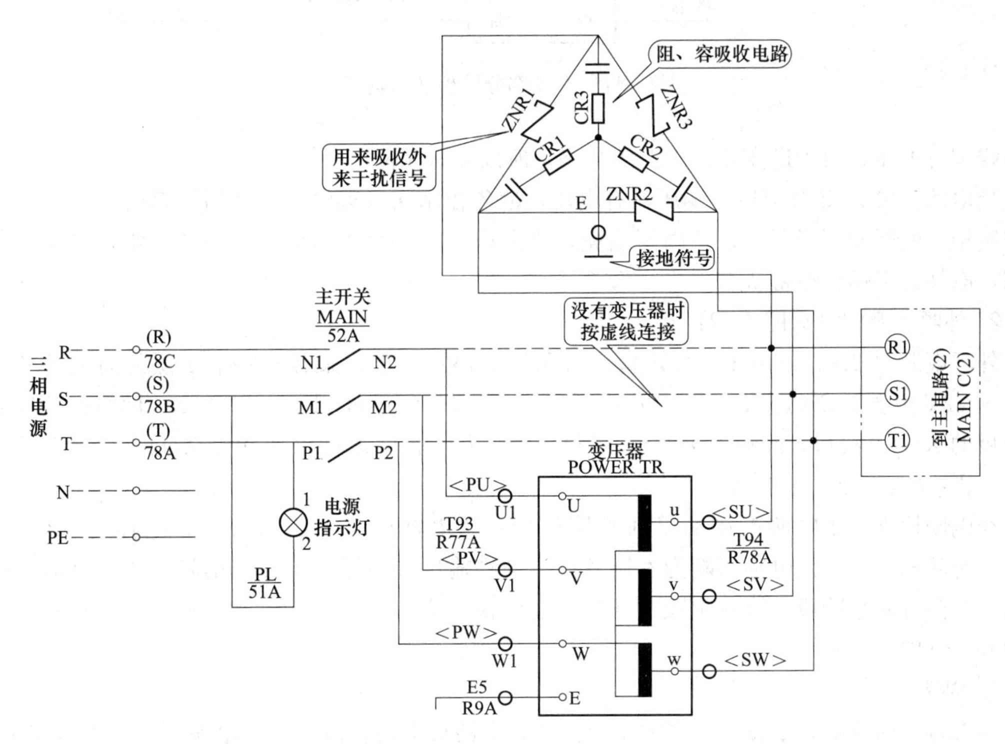

图 4-40　主回路的阻容吸收回路

当三相电源 R、S、T 进入了整流器后，经整流三相交流电变为直流电，上端为正，下端为负。由于此时 10T 处于释放状态，直流电只能通过冲击限流电阻 R_{SH} 向大电容 FILC 充电。这个预充电功能减少了电梯启动时电流对电网的冲击，也保护了整流器和滤波电容。此时虽然变频

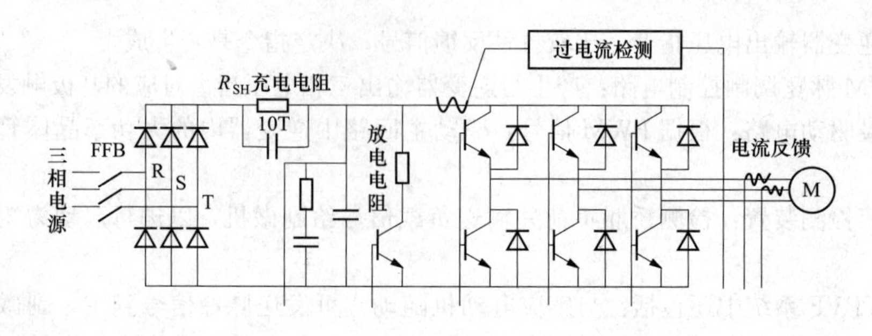

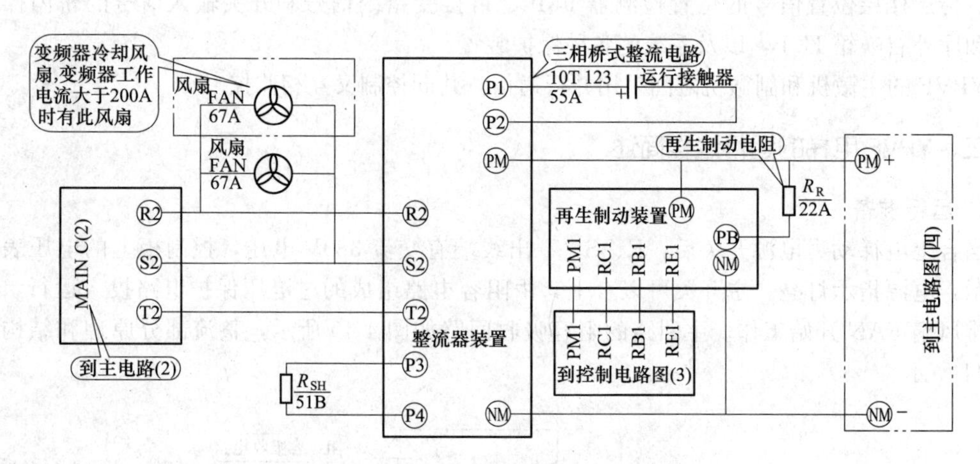

图 4-41　整流部分原理和结构图

器两线端有电压，由于逆变器处于关闭状态，所以此时无输出。

当电源开关 FFB 合上后，变压器有电压，使各控制回路得电，层楼指示器灯点亮，这是合上控制柜上的轿厢照明开关，轿内照明亮，排风扇有电。此时如果安全系统正常，门处于关闭状态，电梯处于运行准备状态。

2. 外呼、开门（见图 4-42）

外呼电源 P22A 是直流＋22V 电源，如果轿厢停在 1 层，乘客按一下 1 层的向上召唤按钮 1U，＋22V 电源 P22A 经 XH1-2，发光二极管，按钮 1U，XH1-1 接 GD22AX；同时经 FIO 输入输出板的 XH1-3 接口，经输入缓冲器 X711＋0 输入电脑后使输出缓冲器 Z711＋0 输出保持信号，1 层上召唤发光二极管发光。

经电脑检索，①电梯正在本层的平层位置；②电梯处于关门状态；③电梯无运行指令；④本层有呼梯信号。则电脑判断为本层开门。则经输出缓冲器输出开门信号，使门电动机旋转开门。开门分两个阶段。第一阶段，开门速度较快，第二阶段，开门速度较慢，直到将开门限位撞开，开门停止。

3. 内选、关门

乘客进入轿厢后，如按下 5 层的指令按钮，电路板上的直流＋22V 电源同样经输入缓冲器。将轿内呼叫信号输入电脑。电脑储存并记忆。输出缓冲器在输出记忆信号，内选 5 层的记忆灯亮，经电脑判别定为上方向运行。

经延时或按下关门按钮，门电动机向关门方向旋转。当将关门停止开关撞开后，门电动机停止旋转。门关闭好为启动做好准备。

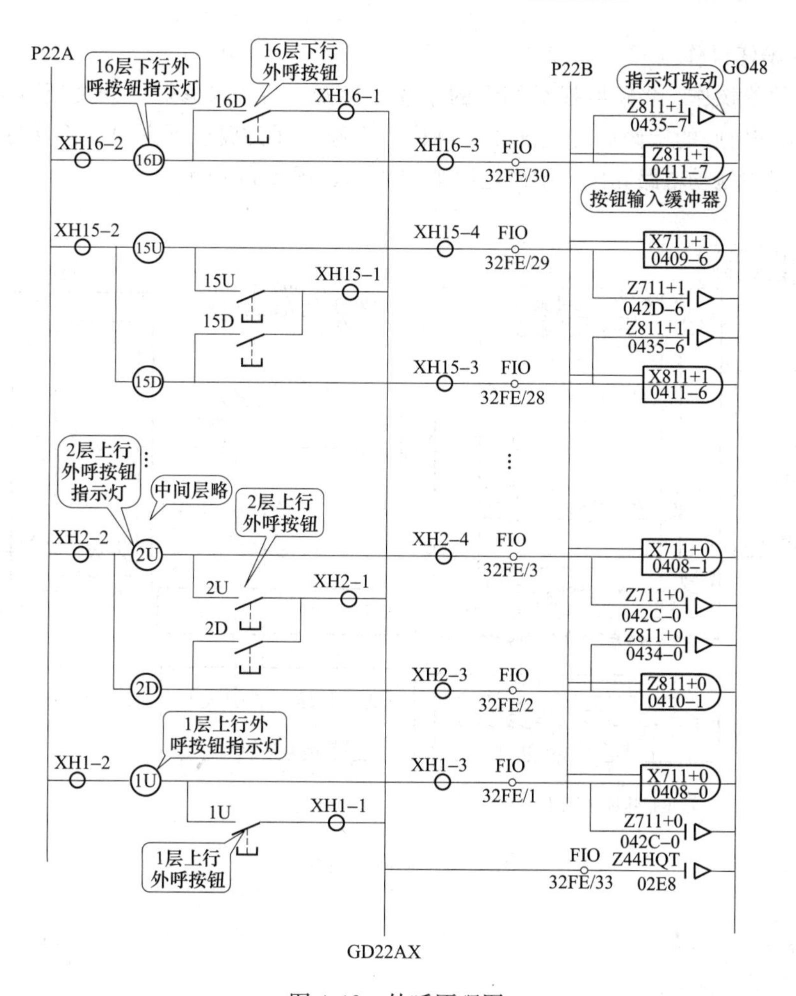

图 4-42 外呼原理图

4. 启动、运行、停车

经电脑检测，电梯有方向指令，厅、轿门电气联锁已闭合时，即发出运行信号。这时副微机发出电流控制指令经载频调制后进行脉冲分配，形成六路基极触发电压。该触发信号驱动逆变器的六只大功率晶体管工作。大功率晶体管经 U、V、W 线端输出调频调压电流，再输入到曳引电动机的绕组，电动机开始启动。其中电抗器是为了改善电源质量而设置的。

在电动机启动的同时直流 110V 电压经安全继电器到抱闸接触器线圈使抱闸继电器 15B 吸合，抱闸打开，曳引机转动，轿厢上升。在启动过程中，由于给定标准电压的变化，载波频率也不断变化，电动机的转速随着频率的不断变化而变化。当启动过程完毕，给定电压稳定在某一数值，频率也相应地稳定在某一数值，电梯即以稳速运行。在运行过程中，与电梯曳引机同轴的旋转编码器不断发出相应的脉冲数作为速度反馈信号反馈到 MPU 板与给定电压比较，用来调整电压的频率，使电梯稳速运行。

在运行过中，电脑不断搜寻电梯运行方向的呼梯信号。当电梯轿厢运行到 4 层时，电脑已搜寻到 5 层停站信号。经一定延时后，MPU 电脑输出减速给定电压，电梯开始减速。当井道中第 5 层的隔磁板进入平层感应器时，电梯进一步减速，并开始计数到预定值时，电梯停车。15B 释放，电梯抱闸。电梯停止以后再抱闸称为零速抱闸。停车以后的电梯开门、关门动作与前相同。

5. 电梯的检修操作

(1) 轿内检修操作。将轿厢操纵箱上的小盒盖打开，将“检修灯”开关板到下方（检修灯位），这时轿顶和轿底的检修灯应该开亮。再将“检修”开关扳至下方向（检修位），电梯即为检修运行状态。主拖动电路和停车抱闸电路如图 4-43、图 4-44 所示。

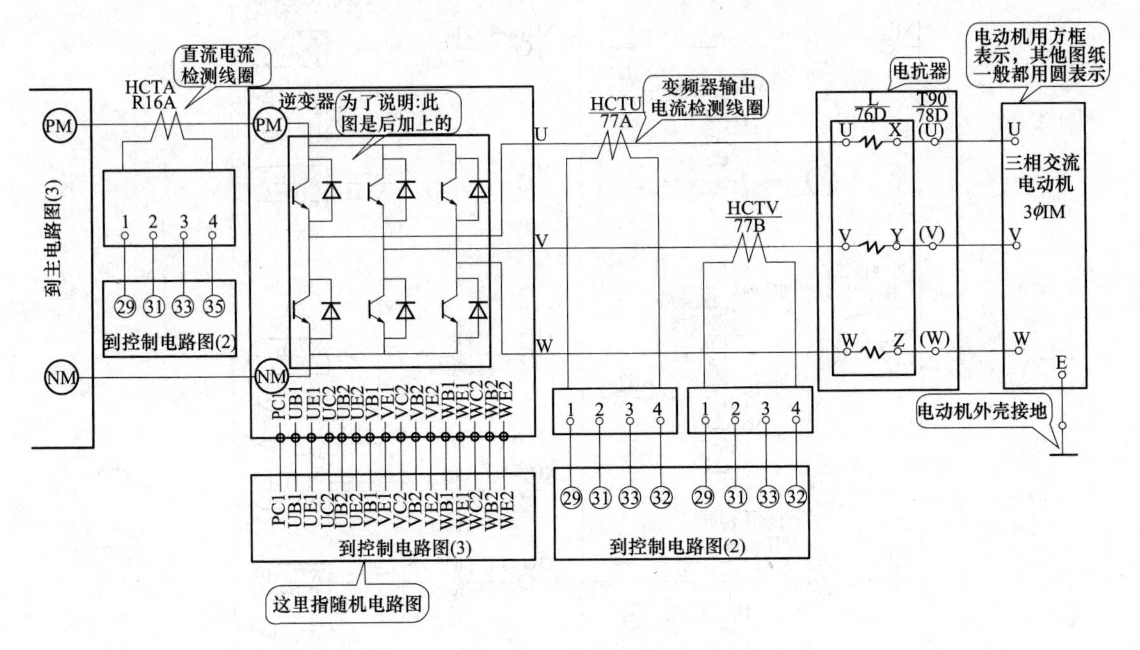

图 4-43　主拖动电路图

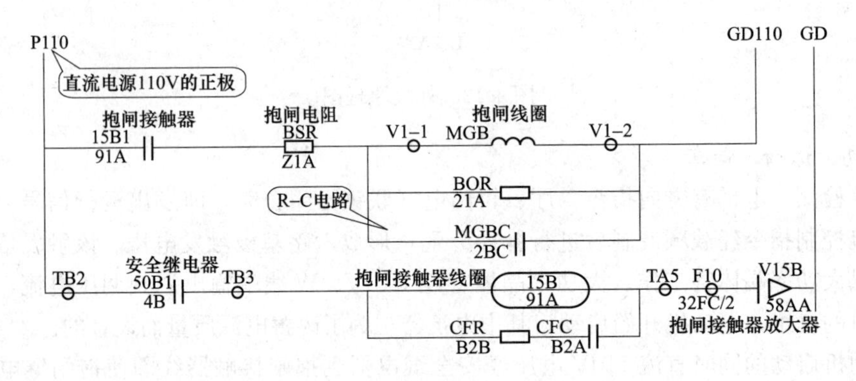

图 4-44　停车抱闸电路图

检修向上运行：按下操纵箱上最高层的选层按钮，电梯将关门后以检修速度上行。当电梯到达平层区时，操纵箱上“OPEN”按钮旁的红灯亮，如果这时松开按钮，电梯平层开门。

检修向下运行：按下操纵箱上最底层的选层按钮，电梯将关门后以检修速度下行。当电梯到达平层区时，操纵箱上“OPEN”按钮旁的红灯亮，如果这时松开按钮，电梯平层开门。

在检修运行中，松开按钮，电梯立即停止。

恢复快车运行状态：在平层区内恢复快车时，将“检修灯”和“检修”开关均板至上方（正常位），电梯即恢复快车状态。如电梯不在平层区而将上述开关扳至上方时，电梯将自动鸣笛以中速运行到下一层平层位置停梯开门，恢复快车运行。

（2）轿顶检修操作。轿顶检修操作须两人配合操作。将轿厢操纵箱上的开关置在检修状态，一人在厅门外，另一人在轿厢操纵电梯以检修速度向下运行。当轿顶与厅门地坎基本平齐后，令轿内人员停止运行。厅外人员用三角钥匙打开厅门，立即将轿顶检修箱上的停止开关扳至“停止”位。或把轿顶操作开关拨至“轿顶操作”位。

厅外人员进入轿顶后，将“轿顶操作”开关置于轿顶操作位，把“停止”开关置于正常位，把“关门机”开关置于正常位。关好厅门后，利用操纵盒上的“UP”或“DOWN”按钮即可在轿顶操作电梯以检修速度上行或下行。当“轿顶操作”开关置于轿顶操作位时，轿内人员操作无效，电梯只能听命于轿顶人员的操作。

在轿顶操作检修时，电梯每运行一次，轿门就要开关一次。如果不需要轿门每次都开关，可把轿门关好后，再把“关门机”开关置于关门机位。则轿门就不再打开了。

工作中，如遇紧急情况可将轿顶操作箱的“停止”开关或操纵盒上的“停止”开关扳下，使电梯停止。

三、YPVF 的数字选层器原理

1. 旋转编码器原理

旋转编码器与电动机同轴连接，随电动机的转动，产生脉冲信号输出，以此可以检测运行距离。输出脉冲送微机的转速检测回路。可以检测运行方向，先行距离及减速距离。旋转编码器结构简图如图 4-45 所示。

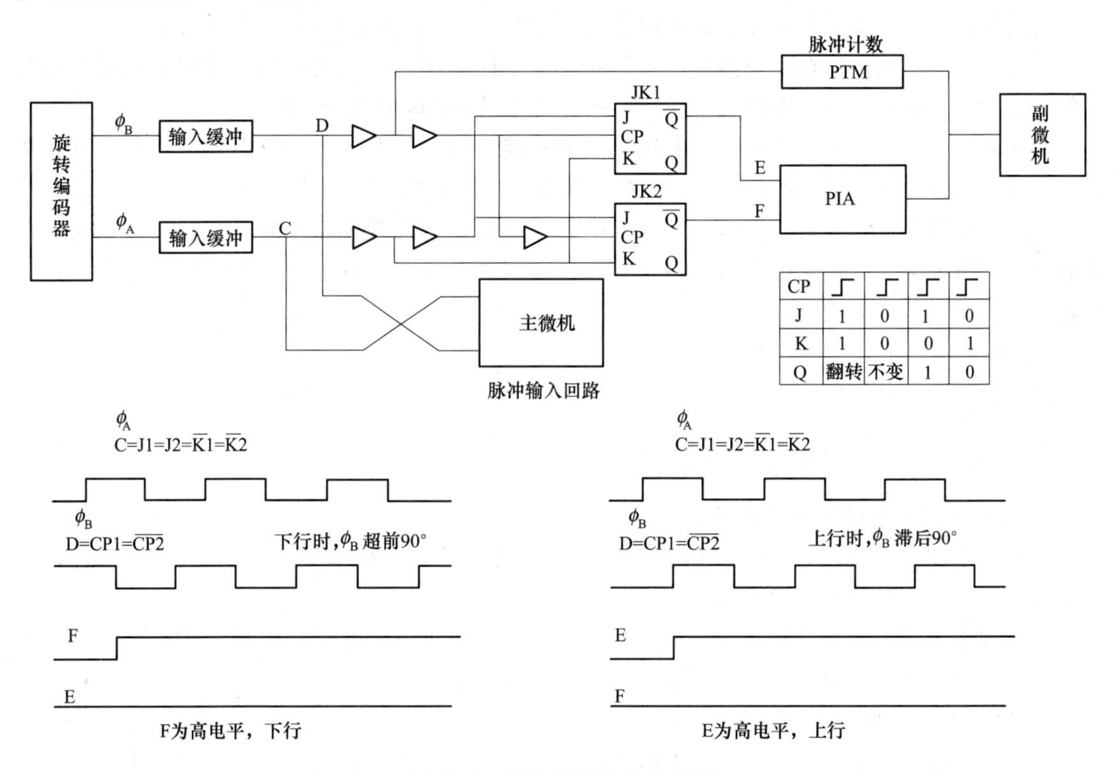

图 4-45　旋转编码器结构简图

2. 利用旋转编码器对运行方向的判断

旋转编码器每一转产生 1024 个脉冲，采用两相检测，两相相差 90°，因此可以判断轿厢是上行还是下行。

由图可见，由两个 JK 触发器及非门构成方向判断，结果送 PIA。由 PTM 进行脉冲计数。电梯下行时，φB 超前 φA90°。上行时，φB 滞后 φA90°。当 F 为高电平时，表示电梯下行。当 E 为高电平时，表示电梯上行。

3. 数字选层器

由旋转编码器就能取得电梯的位置信号，要完成选层的功能，首先说明以下几个概念。

（1）同步位置。反映电梯在井道中的实际位置，用最底层厅门地坎平面作为计算原点。电梯运行时，不断接收旋转编码器发来的脉冲，上行为增计数，下行为减计数。计算数值就是同步位置时的数值。

（2）层高表。电梯安装完成后必须把两层厅门地坎之间测得的编码器脉冲数值存入相应的层高表。以备随时使用。

（3）同步层。电梯运行时微机由同步位置和层高表可计算出同步层。同步层用于层楼显示，已响应的轿内指令和厅外召唤信号的消号，运行方向的选择等。轿厢到达每两层中点时，同步层加 1（上行时）或减 1（下行时），来更新同步层的位置。

（4）先行位置。先行位置由层高表、同步层及先行距离速度码决定。速度指令发生后，加速开始，速度按级递增，V1、V2、V3、…、Vn，由于为加速运行，随速度提高，每级的运行距离不同，为了避免重复计算，将这些距离编成表格存于微机内，对应的运行距离为 S1、S2、S3、…、Sn，以备随时使用。

先行位置＝（同步层）层高表±先行距离（其中“＋”时为上行，“－”时为下行）

（5）先行层。当电梯在某层停止时，先行层等于同步层，但在电梯启动瞬间，电梯上行时即转为上一层，电梯下行时即转为下一层。先行层比同步层顺向超前一层。

电梯从启动运行开始，即检测轿厢和厅站的召唤信号，如发现有一个召唤信号与先行层相同，且先行位置等于先行层时，电梯即发生减速信号，进入减速准备阶段。

但召唤信号有可能是单层运行，这样，电梯一启动就会发现先行位置等于先行层，且先行层有召唤，电梯未完成加速就要进入减速，因此微机内加入了判断程序。先行位置算出后，立即将它与同步位置进行比较：

先行位置－同步位置＞常数（上行）

同步位置－先行位置＜常数（下行）

四、YPVF 控制屏与轿厢的串行通信

1. 轿厢送控制屏的主要信号有：

轿内指令按钮如选向、直驶、启动等；轿顶检修上行、下行信号；安全窗、安全钳开关、轿顶感应器信号；轿厢的超载信号等。

控制屏送轿厢的主要信号有：层楼指示信号；门电动机驱动信号、电梯故障使用的轿内电话、轿内照明、风扇自动控制信号；报站钟及显示信号等。

2. 串行通信的硬件组成

YPVF 电梯控制屏及轿厢是用两块集成电路 SDA 进行串行通信的。

SDA 芯片采用全双工通信方式，收发同时进行，且在无 CPU 介入的情况下也能进行自动地址扫描，收、发信息。SDA 芯片的结构如图 4-46 所示。

控制屏侧的 SDA 的工作由 MPU 控制，用数据总线的低 8 位对 RAM 读出、写入数据。MS1 和 MSO 是片选信号，MS1＝0、MS0＝0 时选中发信 RAM，MS1＝0，MS0＝1 时选中收信 RAM，在选中的情况下可对将串行传送来的数据按顺序放到 RAM 内进行读出或写入。AB6、AB5、AB4、AB3 四条地址总线确定 RAM 的地址单元。

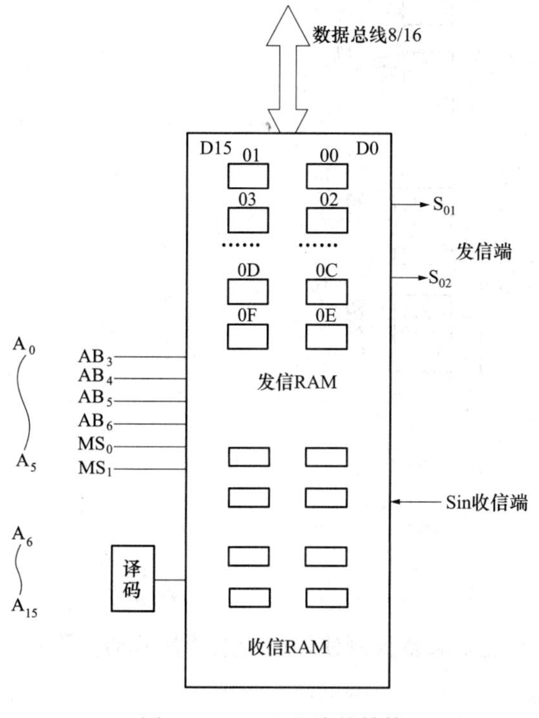

图 4-46 SDA 芯片的结构

发送内容从 S_{01}、S_{02} 送出，为了便于信号不失真的传送，S_{01}、S_{02} 送出的信号选为交变波形，信号传送波形图如图 4-47 所示。

对于交变波形，使用变压器传输是最简单最方便的方法，交流波的形成及传送原理图如图 4-48 所示

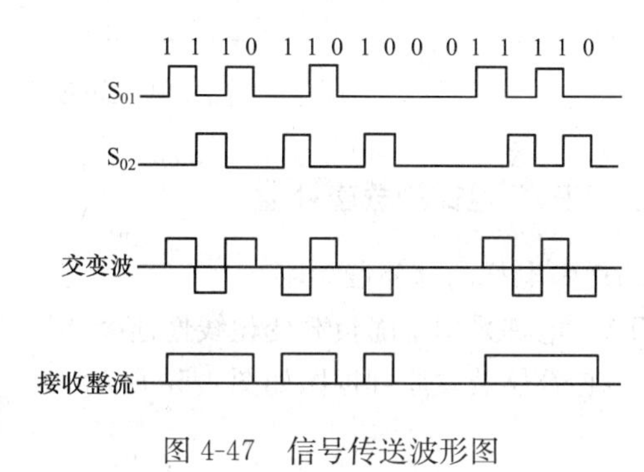

图 4-47 信号传送波形图

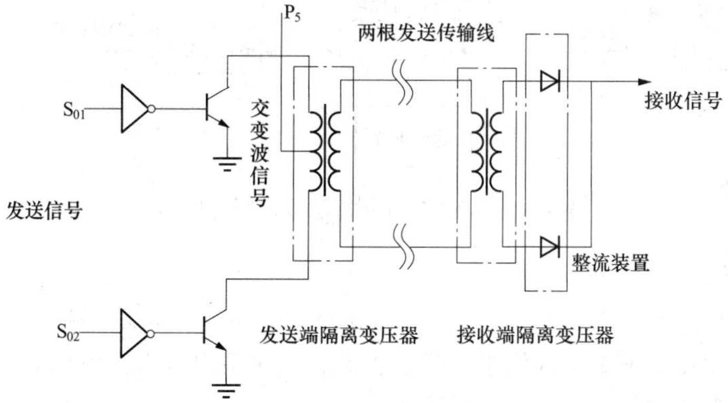

图 4-48 交流波的形成及传送原理图

在接收端同样采用变压器隔离，这样可滤去传送中的噪声。接收到的交变波只需用整流器可以方便的还原信号。轿顶 SDA 工作示意图如图 4-49 所示。

轿顶 SDA 工作于自动地址扫描方式。控制屏送来的串行数据由 S_{in} 输入，SDA 内部进行同步检测、校验。正确数据转为并行数据。地址比较器将扫描地址与接收地址比较，如果一致就将接收数据经接收 RAM 送到 8 位兼容数据锁存器分配到各驱动口。

轿厢送控制屏的数据经过并串转换后，形成完整的串行信息，再转换成交变波，从 S_{01}、S_{02} 输出，经变压器隔离送控制屏。

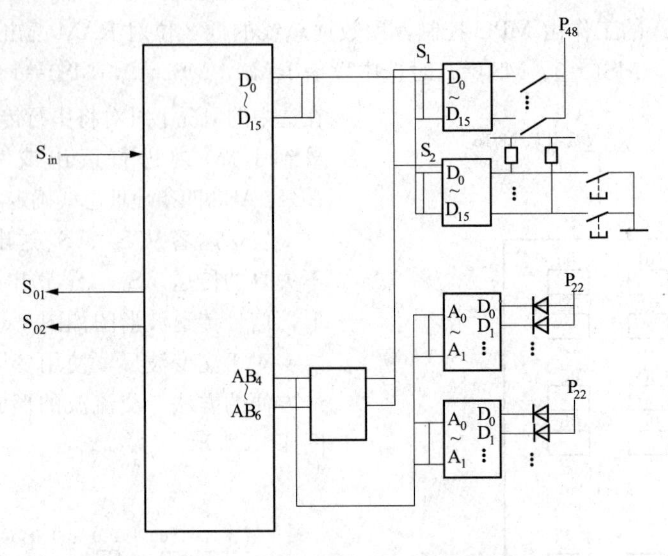

图 4-49 轿顶 SDA 工作示意图

五、YPVF 电梯的载重补偿

1. YPVF 电梯的预补偿功能

YPVF 电梯采用了随负载变化线性连续补偿的功能，载重检测使用的传感器是差动变压器。YPVF 电梯补偿装置原理框图如图 4-50 所示。

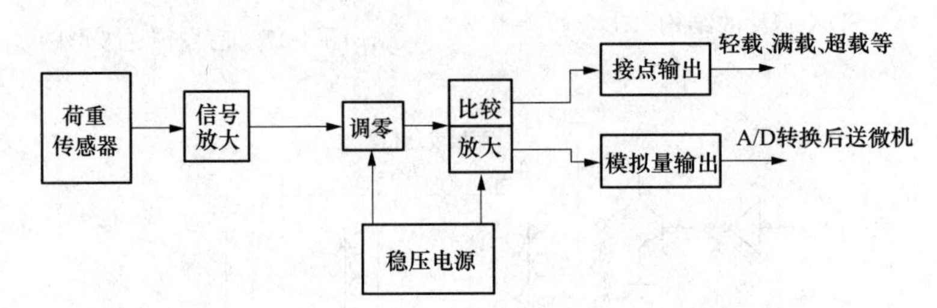

图 4-50 YPVF 电梯补偿装置原理框图

2. 差动变压器的工作原理

YPVF 的载重传感器采用差动变压器，安装在轿厢底部。差动变压器的原理如图 4-51 所示。

变压器由一次绕组、两个二次绕组及铁心组成。一次绕组输入交流电源，二次绕组则输出感应电压，随铁心的深度增大，感应电压升高。

载重补偿装置原理：交流电压经磁饱和变压器稳压后送差动变压器一次侧，二次绕组输出电压经全波整流后反向叠加，随铁心插入深度的增大，其电压升高，调整 R_{G1}、R_{G2} 可调整输出斜率。（因为它可以使铁心在同一位置时输出电压增大或减小，R_{G1} 为粗调，R_{G2} 为精调。）利用开关选择，可以得到不同状态的补偿特性。

六、键盘和显示器的结构和功能

1. 键盘的结构

键盘由 16 个独立键组成。有 0-F 按钮可以输入 16 进制数，其中 F 键需要 SHIFT 键配合

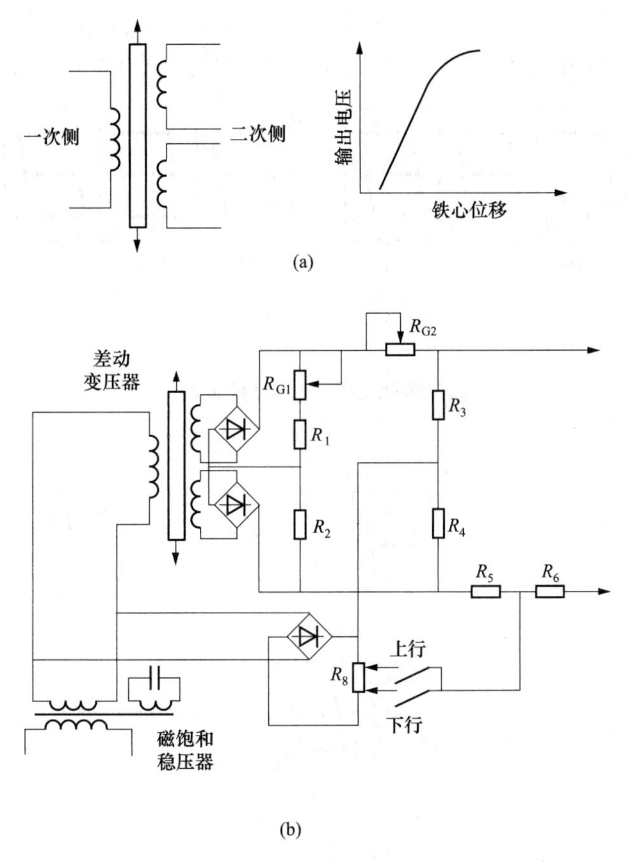

图 4-51　差动变压器工作原理图

使用，当同时按下 SHIFT 键时显示 .F；INC/DEC 用于地址数据的增减，INC 同时用于禁止开关门；START 用于层高测量时的启动；A/D 为地址、数据转换键；SET、RESET 用于各模式的设备和复位；MODE 用于选择各种模式；SHIFT 为转移键。键盘结构图如 4-52 所示。

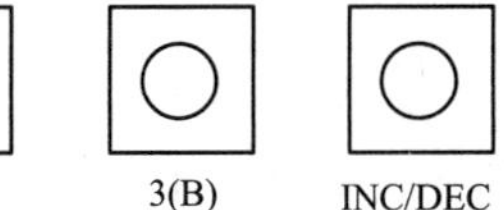

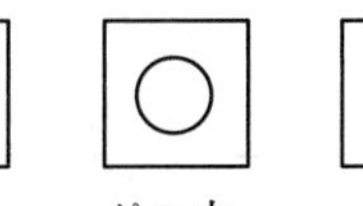
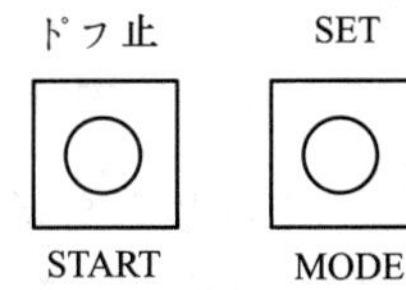
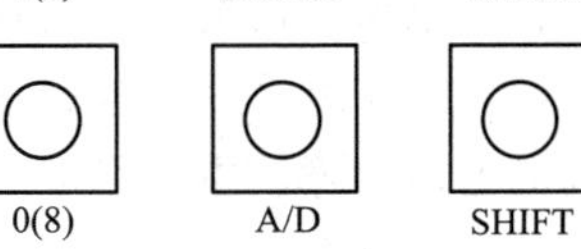

图 4-52　键盘结构图

2. 显示器的结构和功能

显示器由 6 位带小数点的七段 LED 组成，显示器的结构如图 4-53 所示。

启动灯：仅在标准情况下启动指令 Z100 接通时点亮；减速灯：仅在标准情况下电梯减速时点亮；开门区灯：仅在标准情况下电梯停在开门区内点亮；故障灯：仅在标准情况下检测到故障时点亮；慢车灯：仅在标准情况下点亮，以便在机房内区分快车和慢车运行方式；门停止灯：标准情况监控器进行门停止操作时点亮；显示器的 LED 显示功能说明见表 4-2。

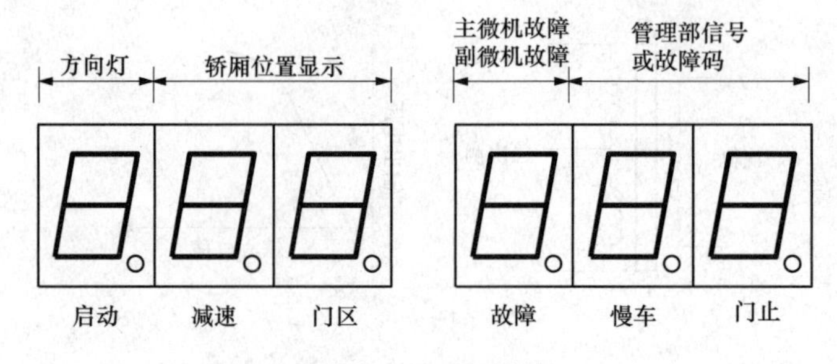

图 4-53　显示器的结构

表 4-2　显示器的 LED 显示功能说明

显示	说　　明
方向灯第 1 位	表示电梯上行　表示电梯下行
轿厢位置显示第 2、3 位	表示电梯在6楼，轿厢位置以十进制数显示
微处理器故障第 4 位	表示主微机故障，以1.5s间隔闪烁　表示副微机故障，以1.5s间隔闪烁
故障数码第 5、6 位	“40”表示旋转编码器故障。主微机和副微机的故障内容以1.5s间隔交替闪烁

七、YPVF 电梯的故障检测功能

1. 电梯故障分类

日立电梯微机按电梯故障的严重程度分为以下五大类。

（1）故障最严重，电梯立即停止，不能再启动。通常这类故障有：安全装置故障、主副微机间的通信故障、主回路过电流、过电压及轿厢与控制屏的串行通信故障。

（2）运行中电梯立即停止，但可重新启动，执行低速自救，使电梯以低速运行到最近层开门放出乘客。这类故障有：减速异常、同步位置错误、微机选层器计数错误、强迫减速开关粘死等。

（3）运行中的电梯立即向最近层站停靠，停止后不能再启动。这类故障有：平层时间过长，变频器过热等。

（4）并联或群控系统故障等。这类故障发生时，电梯会自动脱离并联或群控管理系统而成为独立运行电梯，并进行援助服务等。

(5) 故障带有偶然性，发生后可能自动解除，对安全运行影响不大。这类故障有：启动时超负荷，负荷补偿故障，门机构被异物卡住等。

2. 电梯故障检测

电梯故障检测框图如图 4-54 所示。

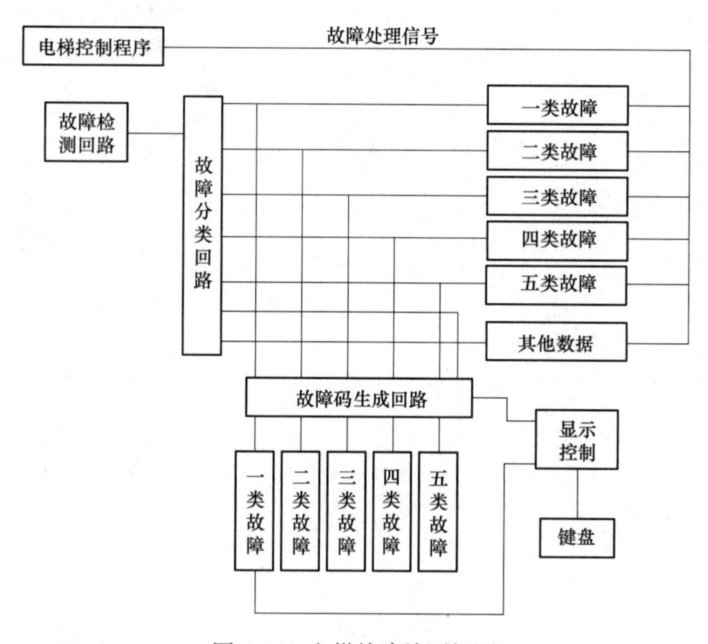

图 4-54　电梯故障检测框图

(1) 重要信号的安全检测。电梯的重要安全信号如安全钳开关是否动作、安全窗开关是否闭合、轿内和轿顶急停开关是否按下，主副微机通信故障等这些信号都会使电梯立即急停并作相应就处理。

(2) 门联锁继电器、主回路接触器、抱闸接触器等强电器件故障检测。继电器及接触器在微机的驱动下吸合或释放，触点容易粘连或不吸合，这就有可能便电梯不能正常运行，甚至发生事故。因此对于重要的器件，其触点信号必须送回微机，来判断该器件的动作是否良好，并判断出故障类型。这类器件如：门联锁继电器、主回路接触器、抱闸接触器等。

(3) 主回路电压电流故障检测。过电流的检测是通过主回路上的电流互感器进行的，将检测电流与存储的数值进行比较来判断是否过电流。

过电压、欠电压的检测是在主回路设置电压检测点，检测数值被送到 CPU 已存储的数值比较如超过，则为过电压；低于设定值则为欠电压。

(4) 微机的通信检查。微机中的通信，无论是轿厢与控制屏的串行通信，还是主、副微机间的并行通信，只要发出的代码与接收代码不同就要作相应处理，一般情况下都会使电梯停止运行。

(5) 电梯运行方向检测。脉冲编码器是随电动机旋转产生两相脉冲，通过方向判别回路可检测电梯的运行方向。如果微机发出的运行方向指令与方向判别回路不同，则电梯立即停止，电梯不能再启动，只能在排除故障后，才能进行正常运行。

(6) 曳引机上的旋转编码器故障检测。在微机系统本身的工作正常情况下，当旋转编码器出现故障时，电梯在起动运行后，超过一定时间仍没收到脉冲输入，则认为旋转编码器故障。

(7) 电梯运行中自救再运行功能。电梯运行中发生故障而急停时，如果是偶然原因如减速异常、同步位置错误等，微机会使电梯以低速运行自救，行驶到最近平层区放出乘客，然后再恢复正常运行。

第五章

电梯变频器系统

第一节　通用变频器的基本结构原理

一、变频器基本结构

通用变频器的基本结构原理图如图 5-1 所示。由图可见，通用变频器由功率主电路和控制电路及操作显示三部分组成，主电路包括整流电路、直流中间电路、逆变电路及检测部分的传感器(图中未画出)。直流中间电路包括限流电路、滤波电路和制动电路，以及电源再生电路等。控制电路主要由主控制电路、信号检测电路、保护电路、控制电源和操作、显示接口电路等组成。

高性能矢量型通用变频器由于采用了矢量控制方式、在进行矢量控制时需要进行大量的运算，其运算电路中往往还有一个以数字信号处理器 DSP 为主的转矩计算用 CPU 及相应的磁通检测和调节电路。应注意不要通过低压断路器来控制变频器的运行和停止，而应采用控制面板上的控制键进行操作。符号 U、V、W 是通用变频器的输出端子，连接至电动机电源输入端，应依据电动机的转向要求连接，若转向不对可调换 U、V、W 中任意两相的接线。输出端不应接电容器和浪涌吸收器，变频器与电动机之间的连线不宜超过产品说明书的规定值。符号 RO、TO 是控制电源辅助输入端子。PI 和 P(＋) 是连接改善功率因数的直流电抗器连接端子，出厂时这两点连接有短路片，连接直机电抗器时应先将其拆除再连接。

P(＋) 和 DB 是外部制动电阻连接端，P(＋) 和 N(－) 是外接功率晶体管控制的制动单元，其他为控制信号输入端。虽然变频器的种类很多，结构各有所长，但多数数通用变频器都具有图 5-1 和图 5-2 给出的基本结构，它们的主要区别是控制软件、控制电路和检测电路实现的方法及控制算法等的不同。

二、通用变频器的控制原理及类型

1. 通用变频器的基本控制原理

众所周知，异步电动机定子磁场的旋转速度被称为异步电动机的同步转速。这是因为当转子的转速达到异步电动机的同步转速时其转子绕组将不再切割定子旋转磁场，因此转子绕组中不再产生感应电流，也不再产生转矩，所以异步电动机的转速总是小于其同步转速，而异步电动机也正是因此而得名。

电压型变频器的特点是将直流电压源转换为交流电源，在电压型变频器中，整流电路产生逆变器所需要的直流电压，并通过直流中间电路的电容进行滤波后输出。整流电路和直流中间电路起直流电压源的作用，而电压源输出的直流电压在逆变器中被转换为具有所需频率的交流电压。

在电压型变频器中，由于能量回馈通路是直流中间电路的电容器，并使直流电压上升，因此需要设置专用直流单元控制电路，以利于能量回馈并防止换流元器件因电压过高而被破坏，有时还需要在电源侧设置交流电抗器抑制输入谐波电流的影响。从通用变频器主回路基本结构来看，多数采用如图 5-3（a）所示的结构，即由二极管整流器、直流中间电路与 PWM 逆变器三部分组成。

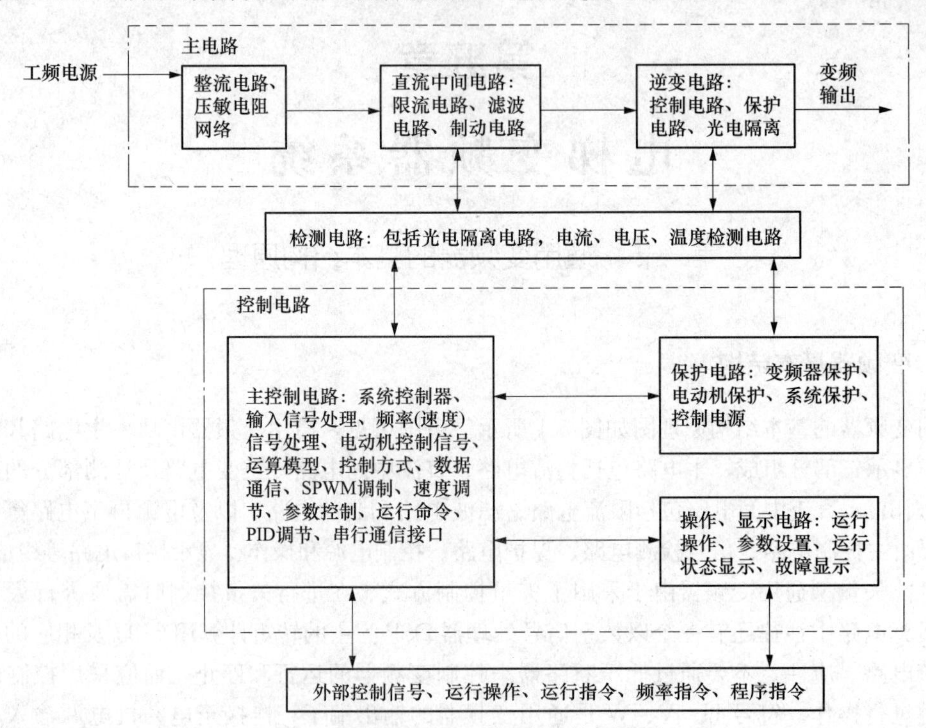

图 5-1　通用变频器的基本结构原理图

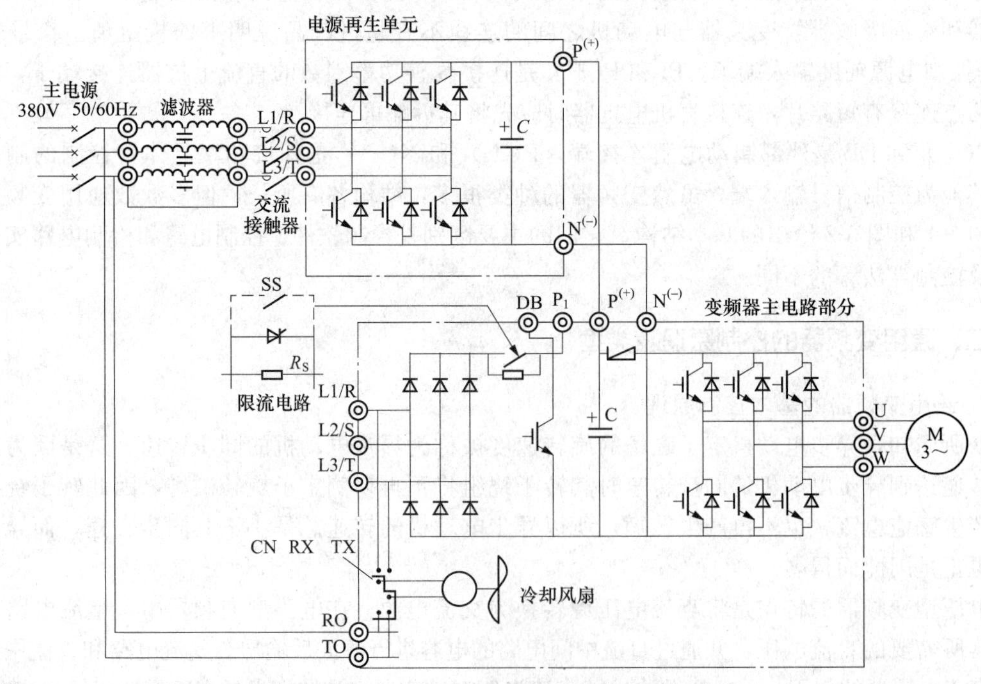

图 5-2　通用变频器的主电路原理

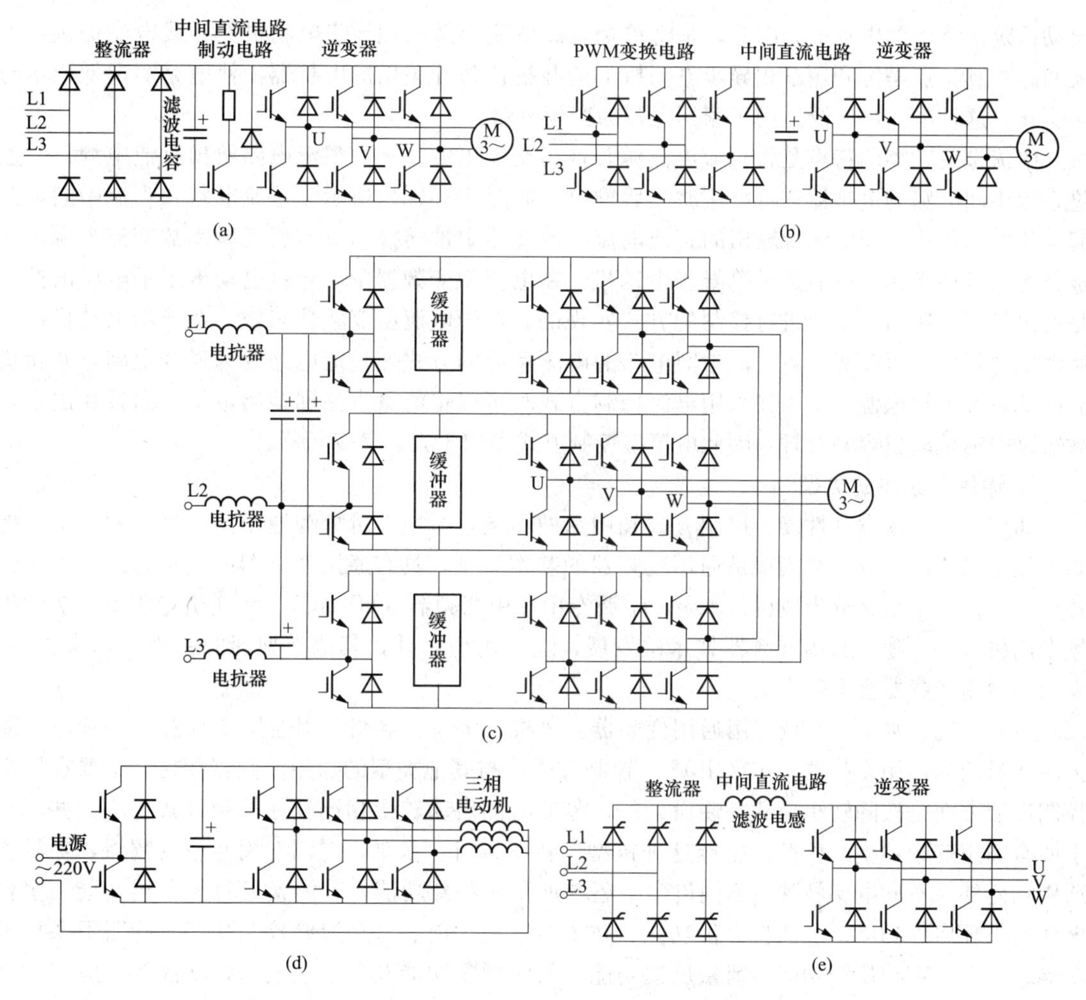

图 5-3　通用变频器主电路的基本结构型式

(a) 常用主电路；(b) 可回馈能量的主回路；(c) 三相-三相环形直流变换主电路；

(d) 单相变频器的主电路；(e) ←电流型←主电路

采用这种电路的通用变频器的成本较低，易于普及应用，但存在再生能量回馈和输入电源产生谐波电流的问题，若需要将制动时的再生能量回馈给电源，并降低输入谐波电流，则采用如图 5-3（b）所示的带 PWM 变换器的主电路，由于用 IGBT 代替二极管整流器组成三相桥式电路，因此，可让输入电流变成正弦波，同时，功率因数也可以保持为 1。

这种 PWM 变换控制变频器不仅可降低谐波电流，而且还要将再生能量高效率地回馈给电源。富士公司最近采用的最新技术是一种称为三相-三相环形直流变换电路，如图 5-3（c）所示。三相-三相环形直流变换电路采用了直流缓冲器（RCD）和 C 缓冲器，使输入电流与输出电压可分开控制，不仅可以解决再生能量回馈和输入电源产生谐波电流的问题，而且还可以提高输入电源的功率因数，减少直流部分的元件，实现轻量化。这种电路是以直流钳位式双向开关回路为基础的，因此可直接控制输入电源的电压、电流并可对输出电压进行控制。

另外，新型单相变频器的主电路如图 5-3（d）所示，此电路与原来的全控桥式 PWM 逆变器的功能相同，电源电流呈现正弦波，并可以进行电源再生回馈，具有高功率因数变换的优点。此电路将单相电源的一端接在变换器上下电桥的中点上，另一端接在被变频器驱动的三相异步电动机定子绕组的中点上，因此，是将单相电源电流当做三相异步电动机的零线电流提供给直流回路；其特点是可利用三相异步电动机上的漏抗代替开关用的电抗器，使电路实现低成本与小型化，这种电路也广泛适用于家用电器的变频电路。

电流型变频器的特点是将直流电流源转换为交流电源。其中整流电路给出直流电源，并通过直流中间电路的电抗器进行电流滤波后输出，如图 5-3（d）所示。整流电路和直流中间电路起电流源的作用，而电流源输出的直流电流在逆变器中被转换为具有所需频率的交流电源，并被分配给各输出相，然后提供给异步电动机。在电流型变频器中，异步电动机定子电压的控制是通过检测电压后对电流进行控制的方式实现的。对于电流型变频器来说，在异步电动机进行制动的过程中，可以通过将直流中间电路的电压反向的方式使整流电路变为逆变电路，并将负载的能量回馈给电源。由于在采用电流控制方式时可以将能量直接回馈给电源，而且在出现负载短路等情况时也容易处理，因此电流型控制方式多用于大容量变频器。

2. 通用变频器的类型

通用变频器依据其性能、控制方式和用途的不同，习惯上可分为通用型、矢量型、多功能高性能型和专用型等。通用型是通用变频器的基本类型，具有通用变频器的基本特征，可用于各种场合；专用型又分为风机、水泵、空调专用通用变频器（HVAC）、注逆机专用型、纺织机械专用机型等。随着通用变频器技术的发展，除专用型以外，其他类型间的差距会越来越小，专用型通用变频器会有较大发展。

（1）风机、水泵、空调专用通用变频器。风机、水泵、空调专用通用变频器是一种以节能为主要目的的通用变频器，多采用 U/f 控制方式，与其他类型的通用变频器相比，主要在转矩控制性能方面是按降转矩负载特性设计的，零速时的启动转矩相比其他控制方式要小一些。几乎所有通用变频器生产厂商均生产这种机型。新型风机、水泵、空调专用通用变频器，除具备通用功能外，不同电梯品牌、不同机型中还增加了一些新功能，若内置 PID 调节器功能、多台电动机循环启停功能、节能自寻优功能、防水锤效应功能、管路泄漏检测功能、管路阻塞检测功能、压力给定与反馈功能、惯量反馈功能、低频预警功能及节电模式选择功能等。应用时可依据实际需要选择具有上述不同功能的电梯品牌、机型，在通用变频器中，此种变频器价格最低。特别需要说明的是，一些电梯品牌的新型风机、水泵、空调专用通用变频器中采用了一些新的节能控制策略使新型节电模式节电效率大幅度提高，如台湾普传 P168F 系列风机、水泵、空调专用通用变频器，比以前产品的节电更高，以 380V/37KW 风机为例，30Hz 时的运行电流只有 9.5A，而使用一般的通用变频器运行电流为 25A，可见新型节电模式的电流降低了不少，因而节电效率有大幅度提高。

（2）高性能矢量控制型通用变频器。高性能矢量控制型通用变频器采矢量控制方式或直接转矩控制方式，并充分考虑了通用变频器应用过程中可能出现的各种需要，特殊功能还可以选件的形式供选择，以满足应用需要，在系统软件和硬件方面都做了相应的功能设置，其中重要的一个功能特性是零速时的启动转矩和过载能力，通常起动转矩在 150%～200%，甚至更高，过载能力可达 150%以上，一般持续时间为 60s。此种通用变频器的特征是具有较硬的机械特性和动态性能，即通常说的挖土机性能。在使用通用变频器时，可以依据负载特性选择需要的功能，并对通用变频器的参数进行设定；某些电梯品牌的新机型依据实际需要，将不同应用场合所需要的常用功能组合起来，以应用宏编码形式提供，用户只要不必对每项参数逐项设定，应用十分方便；若 ABB 系列通用变频器的应用宏、VACON CX 系列通用变频器的“五合一”应用等就充分体现了这一优点。也可以极据系统的需要选择一些选件一满足系统的特殊需要，高性能知量控制型通用变频器广泛应用于各类机械装置，若机床、塑料机械、生产线、传送带、升降机械以及电动车辆等对调速系统和功能有较高要求的场合，性能价格比较高，市场价格略高于风机、水泵、空调专用通用变频器。

（3）单相变频器。单相变频器主要用于输入为单相交流电源的三相电流电动机的场合。所谓的单相通用变频器是单相进、三相出，是单相交流 220V 输入，三相交流 220～230V 输出，与三相通用变频器的工作原理相同，但电路结构不同，即单相交流电源→整流滤波变换成直流电源→经逆变器再变换为三相交流调压调频电源→驱动三相交流异步电动机。目前单相变频器多数是采用智能功率模块（IPM）结构，将整流电路，逆变电路，逻辑控制、驱动和保护或电源电路等集成在一个模块内，使整机的元器件数量和体积大幅度减小，使整机的智能化水平和可靠性进一步提高。

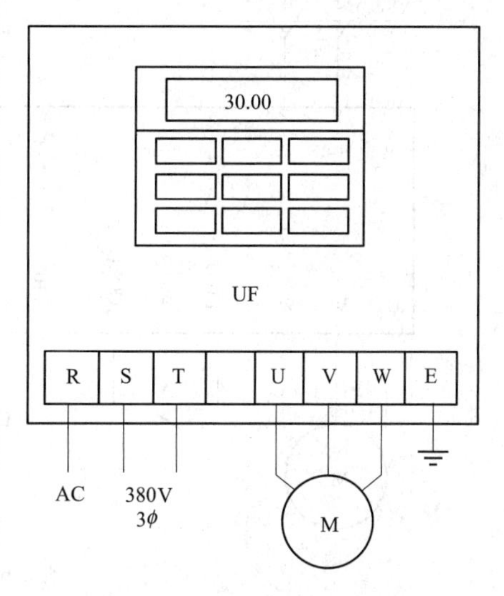

图 5-4 键盘及基本接线电路

三、变频器的基本控制功能与电路

1. 基本操作及控制电路

（1）键盘操作。通过面板上的键盘来进行启动、停止、正转、反转、点动、复位等操作。

若变频器已经通过功能预置，选择了键盘操作方式，则变频器在接通电源后，可以通过操作键盘来控制变频器的运行。键盘及基本接线电路如图 5-4 所示。

（2）外接输入正转控制。若变频器通过功能预置，选择了“外接端子控制”方式，外接控制电路如图 5-5 所示。

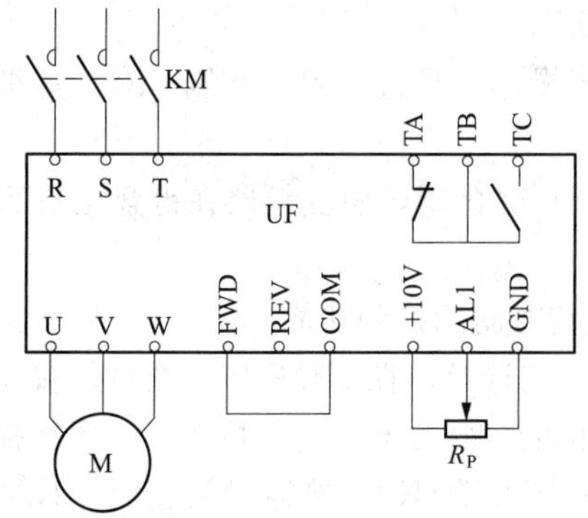

图 5-5 外接控制电路

首先应把正转输入控制端“FWD”和公共端“COM”相连，当变频器通过接触器 KM 接通电源后，变频器便处于运行状态。若这时电位器 RP 并不处于“0”位，则电动机将开始启动升速。

但一般来说，用这种方式来使电动机启动或停止是不适宜的，具体原因如下。

1）容易出现误动作。变频器内，主电路的时间常数较短，故直流电压上升至稳定值也较快。而控制电源的时间常数较长，控制电路在电源未充电至正常电压之前，工作状态有可能出现紊乱。所以，不少变频器在说明书中明确规定禁止用这种方法来启动电动机。

2）电动机不能准确停机。变频器切断电源后，其逆变电路将立即“封锁”，输出电压为 0。因此，电动机将处于自由制动状态，而不能按预置的降速时间进行降速。

3）容易对电源形成干扰。变频器在刚接通电源的瞬间，有较大的充电电流。若经常用这种方式来启动电动机，将使电网经常受到冲击而形成干扰。

正确的控制方法如下。

1）接触器 KM 只起变频器接通电源的作用。

2）电动机的启动和停止通过由继电器 KA 控制的“FWD”和“COM”之间的通、断进行控制。

3）KM和KA之间应该有互锁：一方面，只有在KM动作，使变频器接通电源后，KA才能动作；另一方面，只有在KA断开，电动机减速并停止后，KM才能断开，切断变频器的电源。

正确的外接正转控制如图5-6所示，按钮开关SB1、SB2用于控制接触器KM，从而控制变频器的通电；按钮开关SF和ST用于控制继电器KA，从而控制电动机的启动和停止。

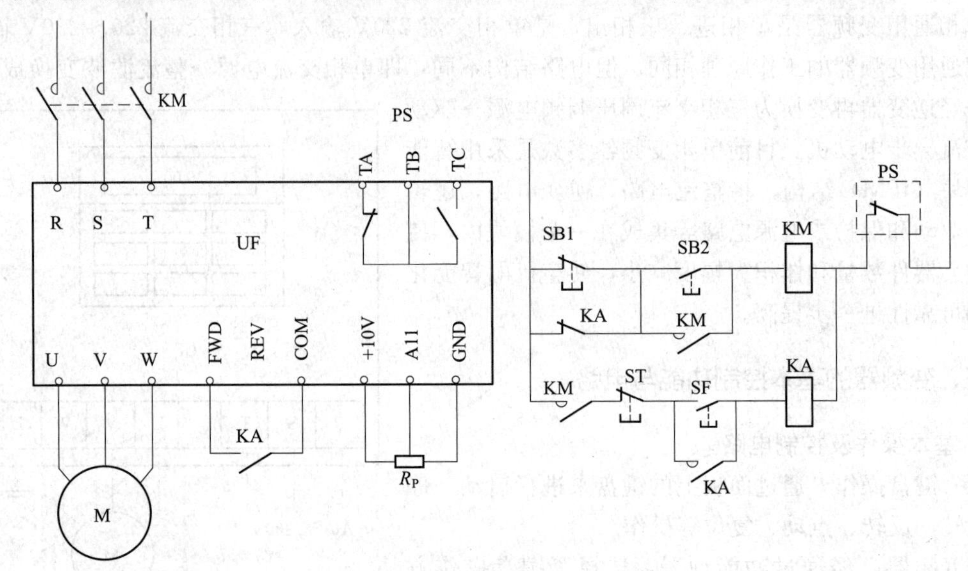

图5-6　正确的外接正转控制

(3) 外部控制时"STOP"键的功能。在进行外部控制时，键盘上的"STOP"键（停止键）是否有效，要依据用户的具体情况来决定。主要有以下几种情况：

1）"STOP"键有效，有利于在紧急情况下的"紧急停机"。

2）某些机械在运行过程中不允许随意停机，只能由现场操作人员进行停机控制。对于这种情况，应预置"STOP"键无效。

3）许多变频器的"STOP"键常常和"RESET"（复位）键合用，而变频器在键盘上进行"复位"操作是比较方便的。

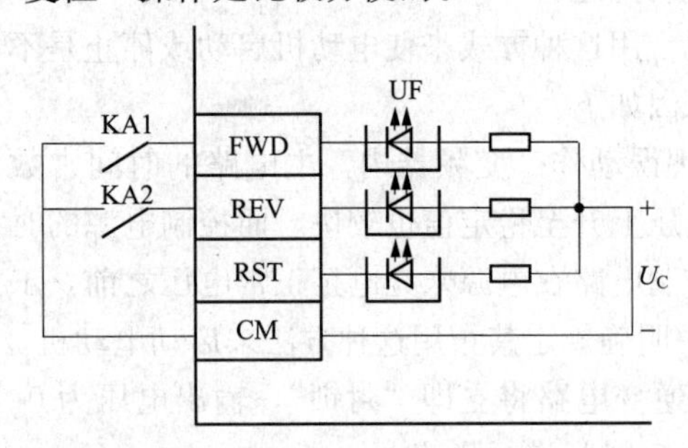

图5-7　电动机的正、反转控制

2. 电动机旋转方向的控制功能

(1) 旋转方向的选择。在变频器中，通过外接端子可以改变电动机的旋转方向，电动机的正、反转控制如图5-7所示；继电器KA1接通时为正转，KA2接通时为反转。此外，通过功能预置，也可以改变电动机的旋转方向。

因此，当KA1闭合时，若电动机的实际旋转方向反了，可以通过功能预置来更正旋转方向。

(2) 控制电路示例。电动机正反转控制电路如图5-8所示。按钮开关SB1、SB2用于控制接触器KM，从而控制变频器接通或切断电源；按钮开关SF用于控制正转继电器KA1，从而控制电动机的正转运行；按钮开关SR用于控制反转继电器KA2，从而控制电动机的反转运行；按钮开关ST用于控制停机。

正转与反转运行只有在接触器KM已经动作、变频器已经通电的状态下才能进行。

与动断按钮开关SB1并联的KA1、KA2触点用于防止电动机在运行状态下通过KM直接停机。

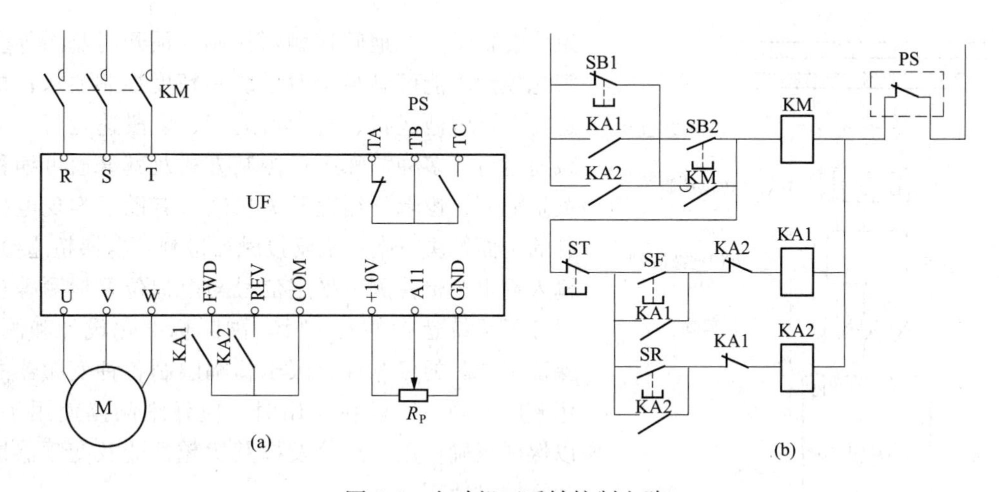

图 5-8　电动机正反转控制电路

(a) 变频器电路；(b) 控制电路

3. 其他控制功能

(1) 运行的自锁功能。和接触器控制电路类似，自锁控制电路如图 5-9 (a) 所示，当按下动合按钮 SF 时，电动机正转启动，由于 EF 端子的保持（自锁）作用，松开 SF 后，电动机的运行状态将能继续下去；当按下动断按钮 ST 时，EF 和 COM 之间的联系被切断，自锁解除，电动机将停止。

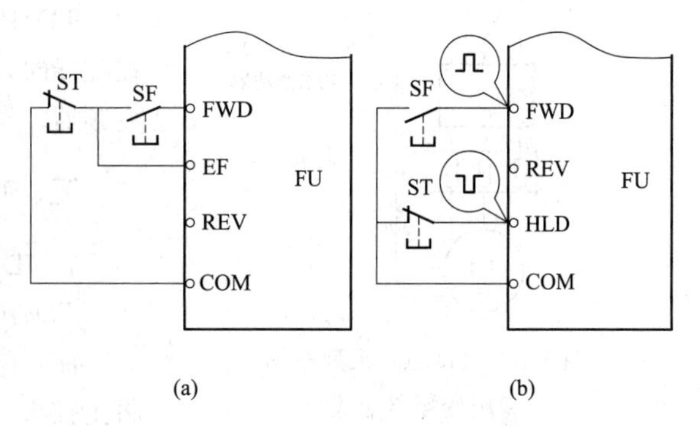

图 5-9　运行的自锁控制电路

(a) 自锁控制电路；(b) 脉冲自锁控制电路

图 5-9 (b) 脉冲自锁控制电路所示是自锁功能的另一种形式，其特点是可以接受脉冲信号进行控制。

由于自锁控制需要将控制线接到三个输入端子，故在变频器说明书中，常称为“三线控制”方式。

(2) 紧急停机功能。在明电 VT230S 系列变频器（日本）的输入端子中，配置了专用的紧急停机端子“EMS”。由功能码 C00-3 预置其工作方式，各数据码的含义如下所示：1—闭合时动作；2—断开时动作。

(3) 操作的切换功能。在安川 G7 系列变频器（日本）中，键盘操作和外接操作可以通过 MENU 键十分方便地进行切换。在功能码 b1-07 中，各数据码的含义如下所示：0—不能切换；1—可以切换。

第二节　TD3100 系列电梯专用变频器

TD3100 系列变频器是艾默生网络能源有限公司自主开发生产的多功能、高品质、低噪声电梯专用矢量控制型变频器，完全可满足用户对各种电梯控制系统的需求。它具有结构紧凑，安装方便的特点，其先进的矢量控制算法、距离控制算法、电动机参数自动调谐、转矩偏置、井

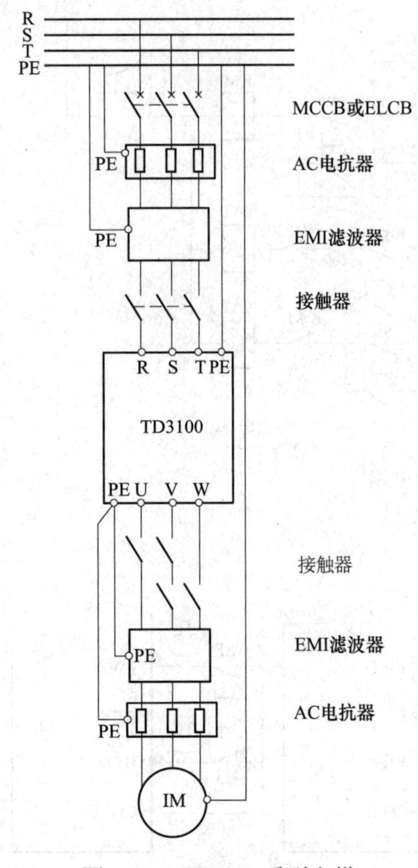

图 5-10 TD3100 系列电梯专用变频器配线

道位置自学习、抱闸接触器控制、预开门监测等多种智能控制功能可满足您对系统高精度控制要求；检修运行、蓄电池运行、自学习运行、多段速运行、强迫减速运行等多种特殊运行控制方式及其普通可编程开关量输入、逻辑可编程开关量输入有助于实现电梯控制的全面解决方案；抱闸接触器检测、电梯超速检测、输入输出逻辑检测、平层信号与电梯位置检测等功能保证了系统运行的安全性；国际标准化设计和测试，保证了产品的可靠性。限于篇幅限制各种变频器的使用有所不同，所以在使用时，应仔细阅读使用手册，以保证正确使用并充分发挥其优越性能及变频器检修和维护时使用。

一、TD3100 系列电梯专用变频器配线

TD3100 系列电梯专用变频器配线如图 5-10 所示，在配线时，应严格按照接线图接线，防止接线，损坏变频器。

二、TD3100 系列电梯专用变频器连接

1. TD3100 系列电梯专用变频器连接

TD3100 系列电梯专用变频器连接如图 5-11 所示。

注：①AI2 可以输入电压或电流信号，此时，应将主控板上 CN10 的跳线选择在 V 侧或 I 侧；②辅助电源引自正负母线（+）和（—）；③内含制动组件，但用户需在 PB，（+）之间外配制动电阻；④图中“○”为主回路端子，“⊙”为控制端子。

2. TD3100-4T0300E 电梯专用变频器连接

TD3100-4T0300E 电梯专用变频器连接如图 5-12 所示。

注：①AI2 可以输入电压或电流信号，此时，应将主控板上 CN10 的跳线选择在 V 侧或 I 侧；②出厂时，辅助电源输入引自 R0、T0，R0、T0 已与三相输入的 R、T 短接，若用户想外引控制电源，须将 R 与 R0、T 与 T0 的短路片拆除后，可以从 R0、T0 外引，严禁不拆短路片而外引控制电源，以免造成短路事故；③需外配制动组件，包括制动单元与制动电阻，连接制动单元时注意正负极性；④图中“○”为主回路端子，“⊙”为控制端子。

三、主回路输入输出和接地端子的连接

在连接主回路输入输出和接地端子时，首先确认变频器接地端子 PE 已接，如未接好可能发生电击或火灾事故。

交流电源不能连接到输出端子（U、V、W），如未接好可能发生事故。直流端子（+）、（—）不能直接连接制动电阻，如未接好可能发生火灾事故。主回路输入输出和接地端子的连接如图 5-13 所示，端子名称及功能见表 5-1所示。

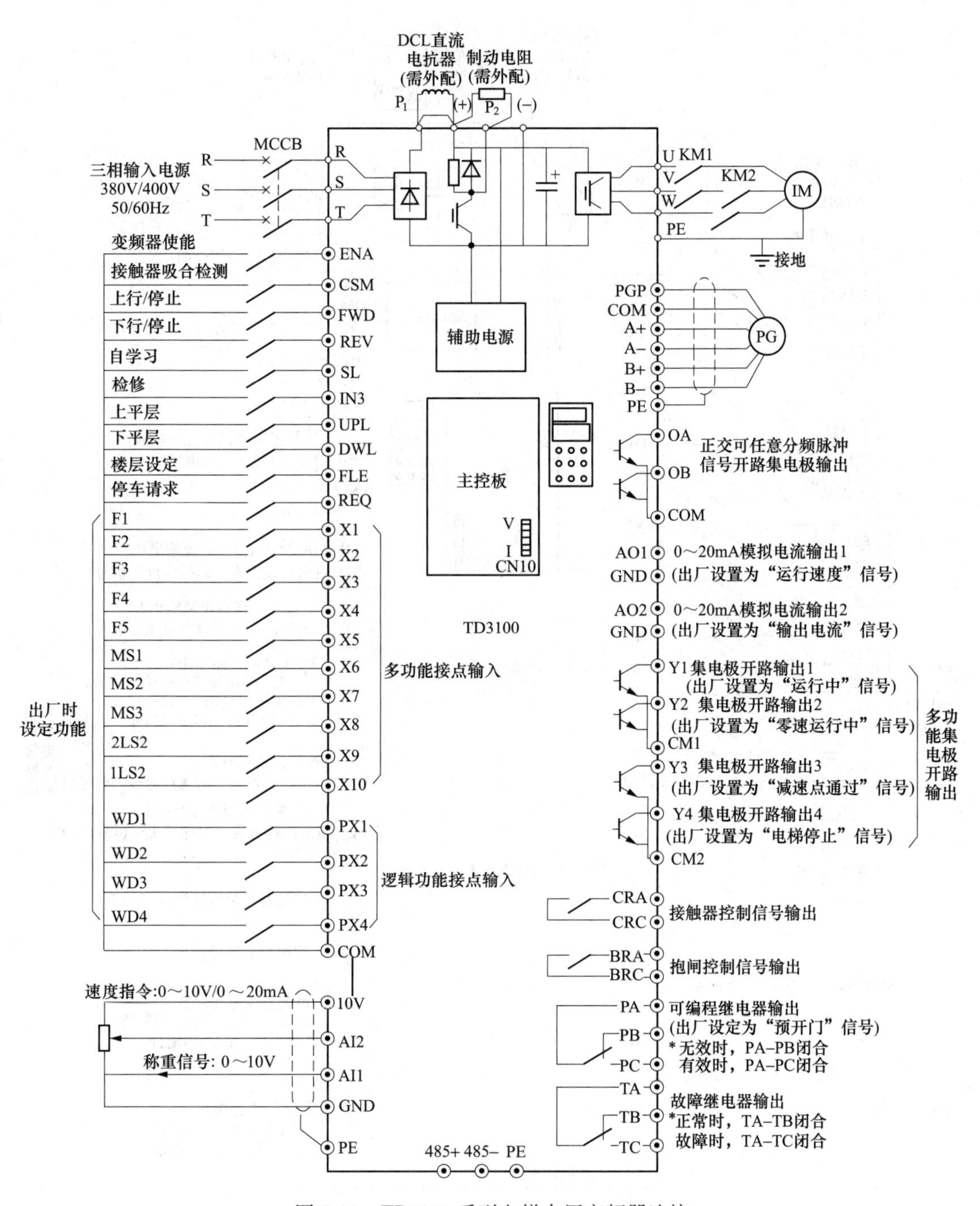

图 5-11　TD3100 系列电梯专用变频器连接

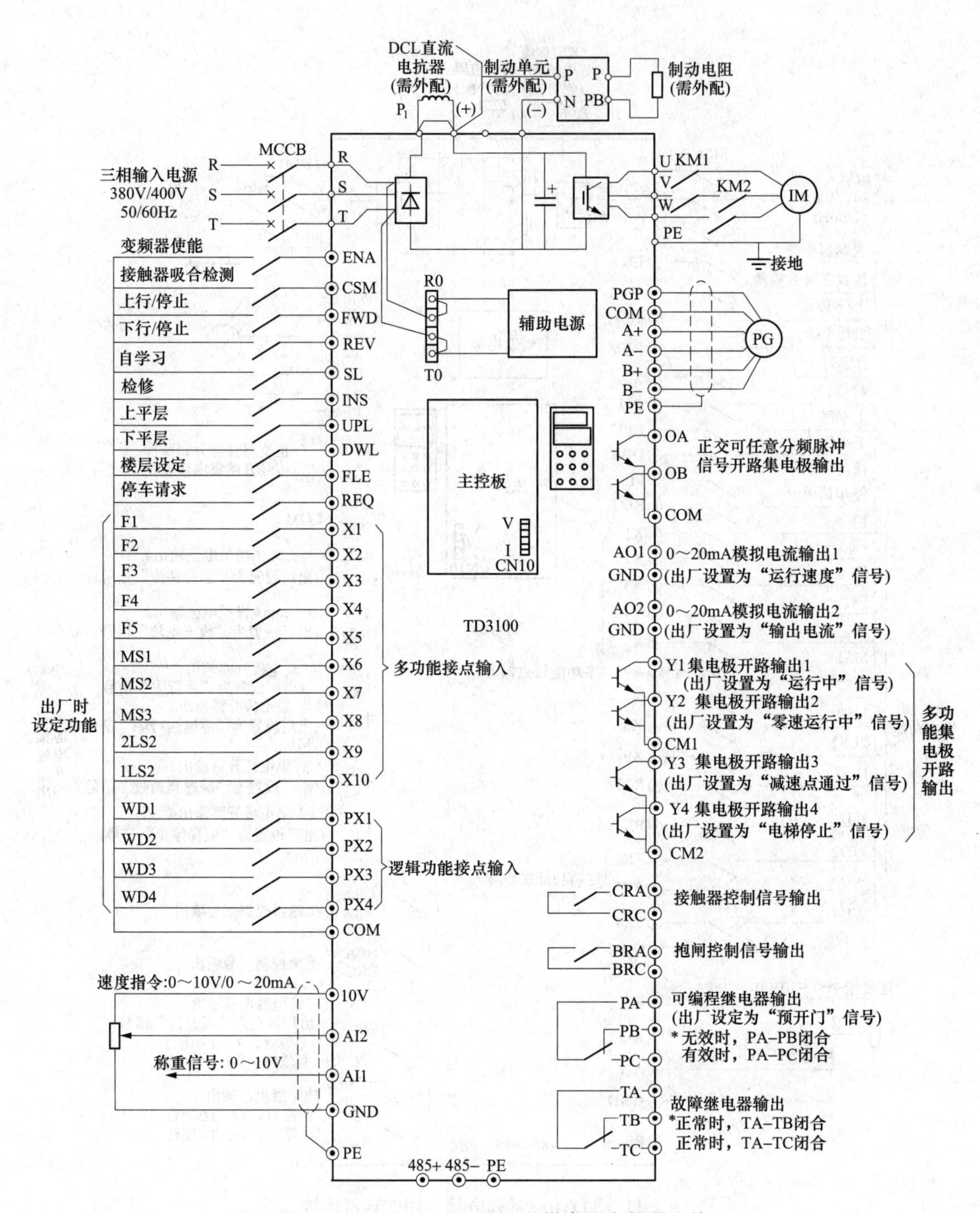

图 5-12　TD3100-4T0300E 电梯专用变频器连接

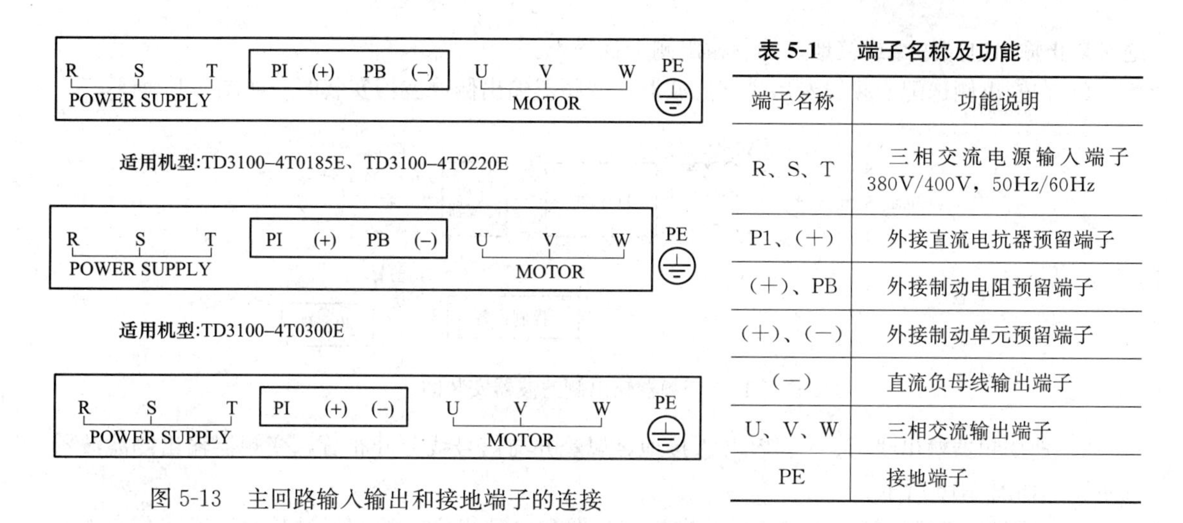

图 5-13　主回路输入输出和接地端子的连接

表 5-1　端子名称及功能

端子名称	功能说明
R、S、T	三相交流电源输入端子 380V/400V，50Hz/60Hz
P1、(+)	外接直流电抗器预留端子
(+)、PB	外接制动电阻预留端子
(+)、(−)	外接制动单元预留端子
(−)	直流负母线输出端子
U、V、W	三相交流输出端子
PE	接地端子

(1) 主电路电源输入端子（R、S、T）。主电路电源输入端子（R、S、T）通过线路保护用断路器（MCCB）或熔断器连接至三相交流电源，不需考虑连接相序，断路器的选择参照表 5-2。

表 5-2　断路开关容量、导线和接触器规格表

型号 TD3100-	断路器（空气开关）A	主回路电缆（mm^2）	控制电缆线（mm^2）		接　触　器		
		输入线/输出线（铜芯电缆）	主控板端子连接电缆线（电压等级 300V）	继电器板连接电缆线（电压等级 600V）	额定工作电流 A（电压 380V/400V）	线包电压/电流（最大值）（V_{AC}mA）	吸合/释放时间（最大值）（ms）
4T0075E	40	6	1	1.0～2.0	25	250/500	150/120
4T0110E	63	6			32		
4T0150E	63	6			50		
4T0185E	100	10			63		
4T0220E	100	16			80		
4T0300E	125	25			95		

为使系统保护功能动作时能有效切除电源并防止故障扩大，应在输入侧安装电磁接触器控制主回路电源的通断，以保证安全。不要连接单相电源，为降低变频器对电源产生的传导干扰，可以在电源侧安装噪声滤波器，接线如图 5-14 所示。

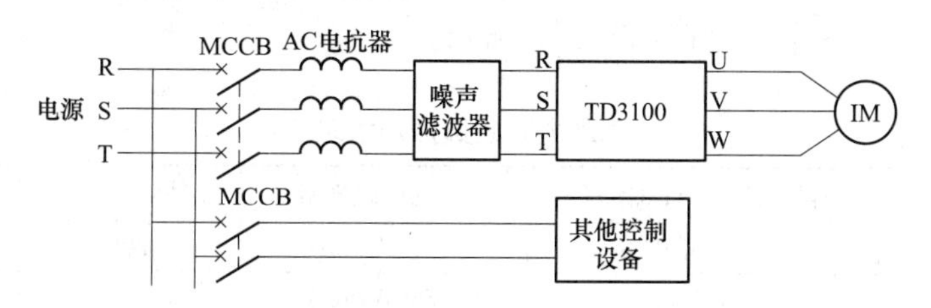

图 5-14　电源侧安装噪声滤波器

(2) 变频器输出端子（U、V、W）。变频器输出端子 U、V、W 按正确相序连接至三相电动机的 U、V、W 端。若电动机旋转方向不对，则交换 U、V、W 中任意两相的接线即可。绝对禁止输入电源和输出端子 U、V、W 相连接。变频器输出侧不能连接电容器和浪涌吸收器。

绝对禁止输出电路短路或接地，抑制输出侧干扰噪声。

1）在输出侧选配变频器专用噪声滤波器，变频器输出侧滤波器安装图一如图 5-15 所示。

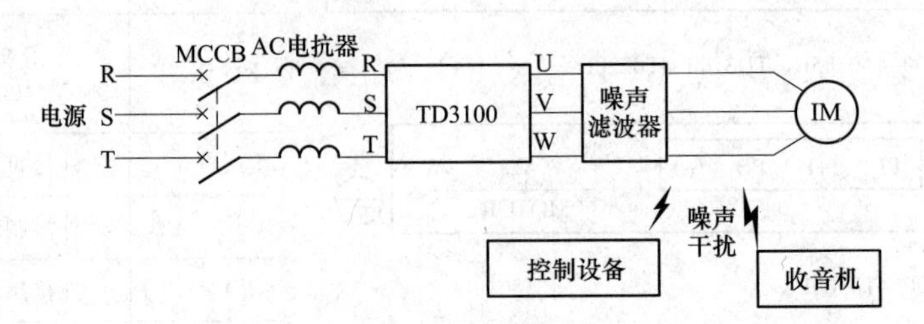

图 5-15　变频器输出侧滤波器安装图一

2）把变频器输出线 U、V、W 穿入接地金属管并与信号线分开布置，变频器输出侧滤波器安装图二如图 5-16 所示。

变频器和电动机之间配线过长时的措施变频器和电动机之间的配线过长时，线间分布电容将产生较大的高频电流，可能造成变频器过电流跳闸保护；同时也会因漏电流增加，导致电流显示精度变差。因此变频器与电动机之间的配线长度最好不要超过 100 米，若配线过长，则需在输出侧选配滤波器、电抗器或降低载频。

（3）直流电抗器连接端子［P1、（＋）］有直流电抗器安装的接线图如图 5-17 示。直流电抗器可改善功率因数，若需使用直流电抗器，则应先取下 P1，（＋）之间的短路块（出厂配置）。

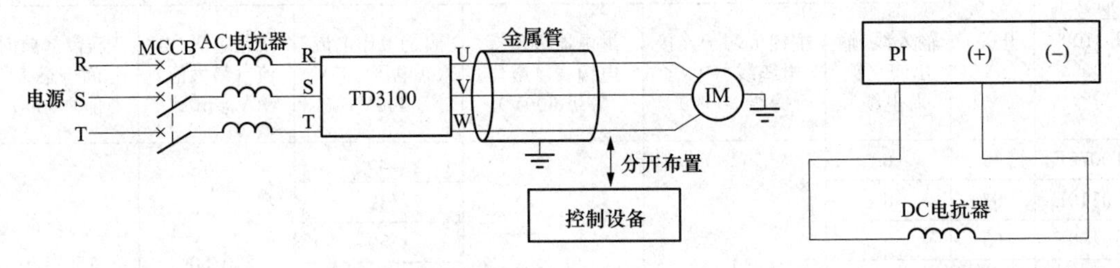

图 5-16　变频器输出侧滤波器安装图二

5-17　有直流电抗器安装

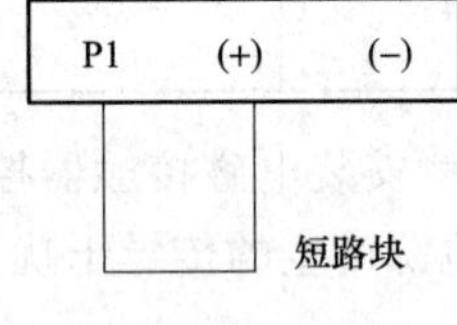

图 5-18　无直流电抗器安装

若不接直流电抗器，则不能取下 P1、（＋）之间的短路块，取下变频器不能正常工作。图 5-18 是无直流电抗器安装的接线图。

（4）外部制动电阻连接端子［（＋）、PB］。TD3100 变频器在 22kW 以下（含 22kW）机型内置有制动单元，为释放制动运行时回馈的能量，必须在（＋），PB 端连接制动电阻，制动电阻的选择规格参见表 5-3 所示，安装图如图 5-19 所示。

表 5-3　　制动电阻的选择规格表

电机额定功率（kW）	变频器型号 TD3100-□	制动电阻规格	制动转矩（%）	制动单元型号
7.5	4T0075E	1600W/50Ω	200	内置
11	4T0110E	4800W/40Ω	200	内置
15	4T0150E	4800W/32Ω	180	内置
18.5	4T0185E	6000W/28Ω	190	内置
22	4T0220E	9600W/20Ω	200	内置
30	4T0300E	9600W/16Ω	180	TDB-4C01-0300

在安装制动电阻时，其制动电阻的配线长度应小于5m。制动电阻温度因释放能量而升高，因此应注意安全防护和散热。

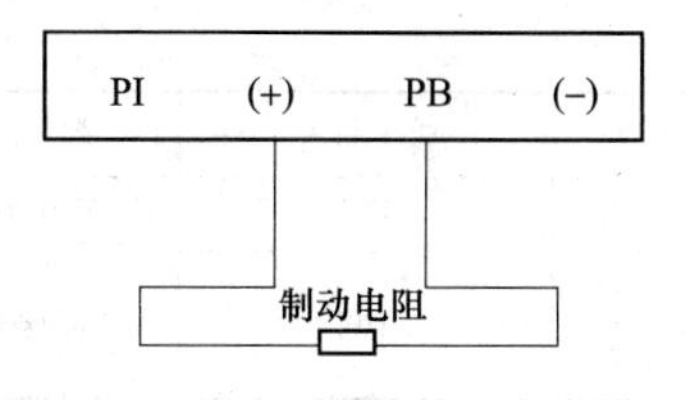

图 5-19 制动电阻安装

(5) 外部制动单元连接端子［（+）、（-）］。制动单元和制动电阻安装图如图5-20所示。为释放制动运行时回馈的能量，TD3100变频器30kW机型需在（+），（-）端外配制动单元，在制动单元的P，PB端连接制动电阻。

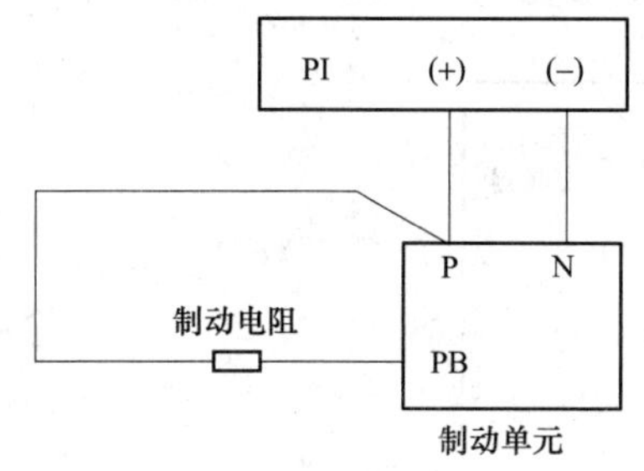

图 5-20 制动单元与制动电阻安装图

变频器（+），（-）端与制动单元P、N端的连线长度应小于5m，制动单元P、PB与制动电阻P、PB端的配线长度应小于10m。

一定要注意（+），（-）端的极性；（+），（-）端不允许直接接制动电阻，否则有损坏变频器或发生火灾的危险。

(6) 接地端子（PE）。为保证安全，防止电击和火灾事故，变频器的接地端子PE必须良好接地，接地电阻小于10Ω。变频器最好有单独的接地端，接地线要粗而短，应使用3.5mm^2以上的多股铜芯线。在多个变频器接地时，不要使用公共地线，避免接地线形成回路。

四、控制及通信接口端子连接

1. DSP控制板控制端子排序图及端子说明

(1) 控制端子排序图如下。

485+	485−	PE	+10V	−10V	GND	AI1	AI2	AI3	GND	AO1	AO2

(2) 控制端子说明表（见表5-4）。

表 5-4　控制端子说明表

类别	端子标号	名称	端子功能说明	规格
通信	485+	数据通信	485差分信号正端	标准RS-485通信接口 使用双绞线或者屏蔽线
	485−		485差分信号负端	
模拟输入	AI1-GND	模拟输入1	模拟电压输入信号。用作称重信号反馈输入通道	输入电压：0～+10V 输入电阻：20KΩ 分辨率：1/1000
	AI2-GND	模拟输入2	用主控板上CN10插座的V/I跳线可选择电压或者电流输入。用作模拟速度给定通道	输入电压：0～10V/0～20mA 输入电阻：112KΩ/500kΩ 分辨率：1/1000
	AI3-GND	模拟输入3	保留	
模拟输出	AO1-GND	模拟输出1	F6组功能码可编程输出功能，共有9种运行状态可供选择输出	输出范围：0～20mA。外接500Ω电阻可转换成0～10V电压信号
	AO2-GND	模拟输出2		
	+10V−GND	+10V电源	设定用+10V参考电源	允许最大电流5mA
	−10V−GND	−10V电源	设定用−10V参考电源	

续表

类别	端子标号	名称	端子功能说明	规　格
电源地	GND	内部电源地	模拟信号和±10V电源的参考地	内部与COM、CM1、CM2隔离
屏蔽	PE	屏蔽接地	屏蔽层接地端。模拟信号线或485通信线的屏蔽层可接在此端子	内部与主接地端子PE相连

（3）模拟输入端子。连接由于微弱的模拟信号特别容易受到外部干扰的影响，配线时必须使用屏蔽电缆，且配线尽可能短，并将屏蔽层靠近变频器一端良好接地，如图5-21所示。

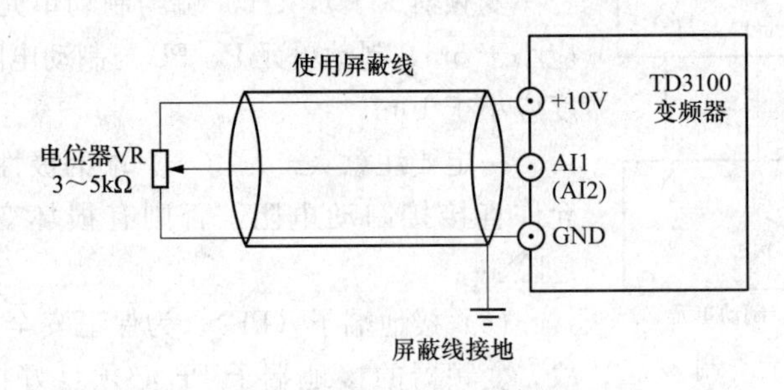

图5-21　模拟输入端子连接

（4）串行通信接口连接。串行通信接口端子的应用接线如图5-22所示。

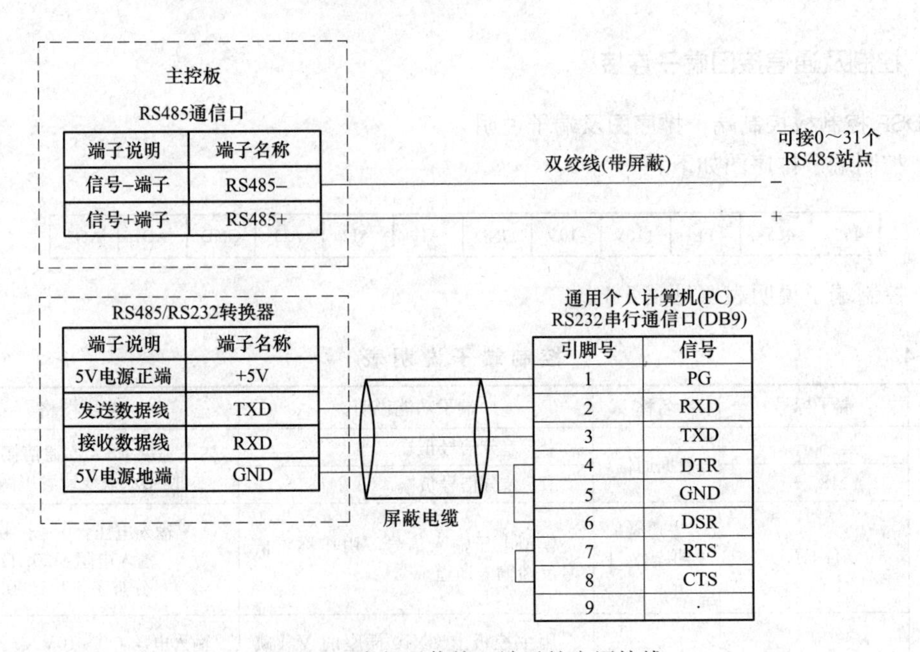

图5-22　串行通信接口端子的应用接线

串行通信接口连接时需注意以下几点：将RS-485通信电缆连接到主控板的RS-485通信接口端子并固定好。选配的RS-485/232转换器可实现用户PC机上位机软件对变频器的监视，还可快速直观的修改功能码等参数。

2. 接口板控制端子排序图及端子说明

（1）控制端子排序图如下。

X1	X2	X3	X4	X5	X6	COM	X7	X8	X9	X10	FLE	REQ	SL	COM	REV	FWD	ENA	Y1	Y2	CM1
PGP	COM	A+	A–	B+	B–	PE	OA	OB	PX1	PX2	PX3	PX4	PLC	INS	DWL	UPL	CSM	Y3	Y4	CM2

（2）控制端子说明。接口板控制端子功能表见表 5-5。

表 5-5　　接口板控制端子功能表

<table>
<tr><th>端子记号</th><th>端子功能说明</th><th>规格</th></tr>
<tr><td>X1-COM</td><td>多功能输入 1</td><td rowspan="14">接点输入，接点闭合时输入信号有效。对应功能可由功能码 F5.00～F5.13 选择。
接点输入电路规格如下：
<table><tr><td colspan="2">项目</td><td>最小</td><td>典型</td><td>最大</td></tr><tr><td rowspan="2">动作电压</td><td>ON</td><td>0V</td><td>—</td><td>2V</td></tr><tr><td>OFF</td><td>22V</td><td>24V</td><td>26V</td></tr></table>
24V
4.7k
X1、X2、
X3…
接点输入
0V
COM</td></tr>
<tr><td>X2-COM</td><td>多功能输入 2</td></tr>
<tr><td>X3-COM</td><td>多功能输入 3</td></tr>
<tr><td>X4-COM</td><td>多功能输入 4</td></tr>
<tr><td>X5-COM</td><td>多功能输入 5</td></tr>
<tr><td>X6-COM</td><td>多功能输入 6</td></tr>
<tr><td>X7-COM</td><td>多功能输入 7</td></tr>
<tr><td>X8-COM</td><td>多功能输入 8</td></tr>
<tr><td>X9-COM</td><td>多功能输入 9</td></tr>
<tr><td>X10-COM</td><td>多功能输入 10</td></tr>
<tr><td>PX1-COM</td><td>逻辑编程输入 1</td></tr>
<tr><td>PX2-COM</td><td>逻辑编程输入 2</td></tr>
<tr><td>PX3-COM</td><td>逻辑编程输入 3</td></tr>
<tr><td>PX4-COM</td><td>逻辑编程输入 4</td></tr>
<tr><td>REV-COM</td><td>下行命令输入端。此信号有效时，电梯下行。如果此时实际运行命令为上行，则可以对调电机线 U、V、W 中任意两相的接线来修正</td><td rowspan="4">接点输入（规格与 X1-COM 相同）</td></tr>
<tr><td>FWD-COM</td><td>上行命令输入端。此信号有效时，电梯上行。如果此时实际运行命令为下行，则可以对调电机线 U、V、W 中任意两相的接线来修正</td></tr>
<tr><td>DWL-COM</td><td>下平层信号输入端。此信号有效时，电梯处于下平层位置。可通过 F7.02 选择动合/动断输入</td></tr>
<tr><td>UPL-COM</td><td>上平层信号输入端。此信号有效时，电梯处于下平层位置。可通过 F7.02 选择动合/动断输入</td></tr>
<tr><td>FLE-COM</td><td>楼层设定输入端。此信号在给定目的楼层的距离控制时才有效。此信号有效时，多功能输入选择的 F1～F6 的二进制编码即为设定的目的楼层（F6 为二进制的最高位）</td><td>接点输入（规格与 X1-COM 相同），楼层设定输入如下图：
[F1]
~
[F6]
FLE
COM
TD3100</td></tr>
</table>

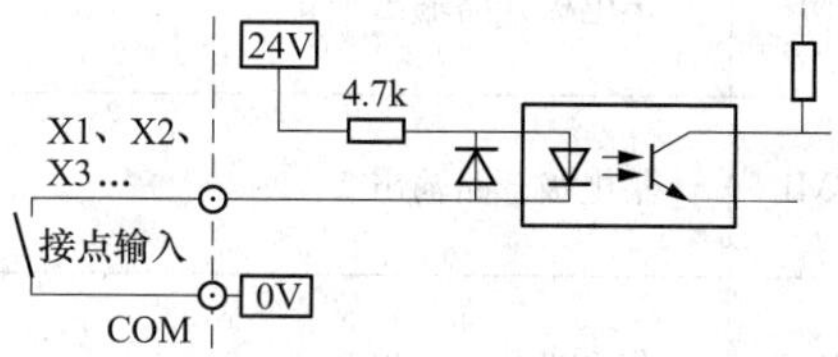

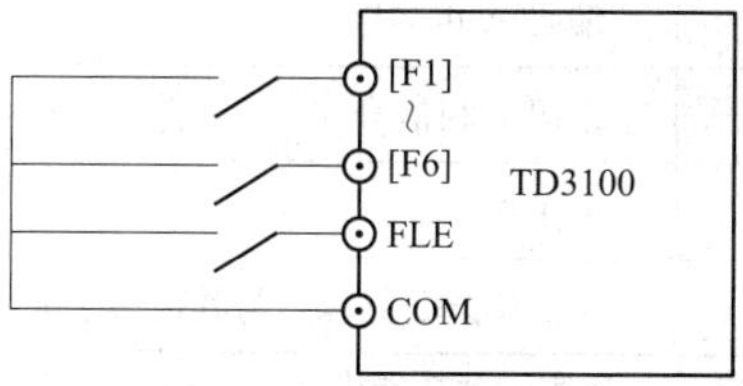

续表

端子记号	端子功能说明	规格
REQ-COM	停车请求信号输入端。此信号在停车请求信号的距离控制时才有效。此信号无效时，距离控制快车运行；此信号有效时，开始按距离减速停车	接点输入（规格与 X1-COM 相同），以停车请求信号的距离控制的接线图如下： 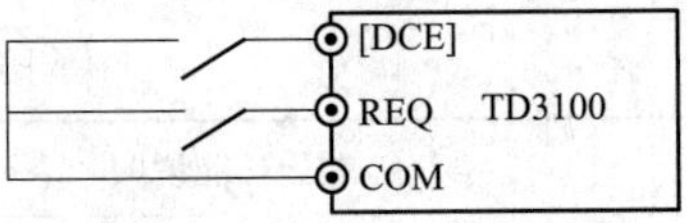 [DCE] REQ COM TD3100
CSM-COM	运行接触器反馈信号输入端。此信号有效表明运行接触器吸合。可通过 F7.02 选择动合/动断输入	接点输入（规格与 X1-COM 相同）
ENA-COM	变频器使能信号输入端。此信号有效时变频器才能运行。可以接电梯的安全回路	
Y1-CM1	集电极开路输出 1	对应功能可由功能码 F5.30～F5.33 选择，动作模式可由功能码 F5.35 选择。 接点输出电路规格如下： 最大 100mA，输出阻抗 30～35Ω 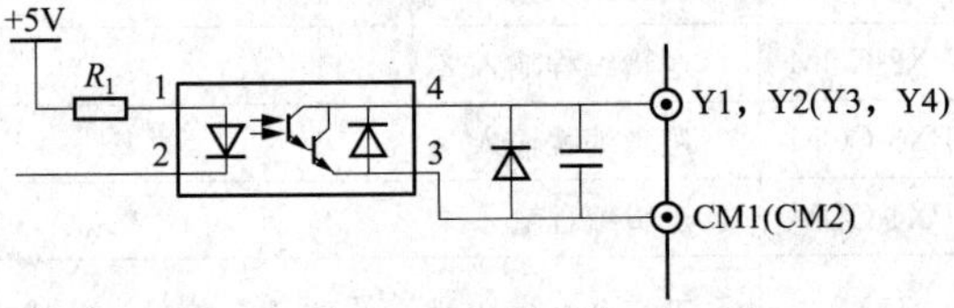 +5V R_1 1 2 4 3 Y1，Y2(Y3，Y4) CM1(CM2)
Y2-CM1	集电极开路输出 2	
Y3-CM2	集电极开路输出 3	
Y4-CM2	集电极开路输出 4	
OA-COM OB-COM	分频信号输出	开路集电极正交信号输出，最快响应速度 120kHz，分频系数可由功能码 F7.03 设定。 接点输出电路规格如下： 最大 100mA，输出电阻抗 30～35Ω 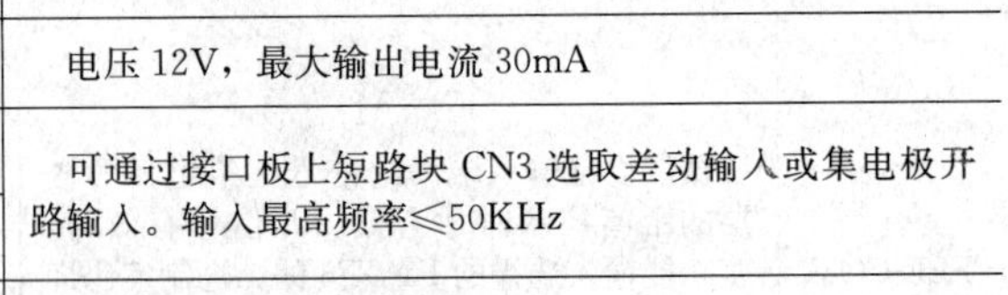 24V +5V R_1 1 2 5 4 3 R_2 R_3 1 3 2 OA,OB COM
PGP-COM	编码器电源	电压 12V，最大输出电流 30mA
A+，A−	编码 A 相信号	可通过接口板上短路块 CN3 选取差动输入或集电极开路输入。输入最高频率≤50KHz
B+，B−	编码 B 相信号	
PE	屏蔽接地	屏蔽线接地端子，内部与主接线端子 PE 相连
COM	接点输入公共端，与其他端子配合使用	COM 与 PE、CM1、CM2、GND 内部隔离

注 带［］者表示此功能由多功能输入选择确定。

（3）控制端子接线注意事项。

1）使用多芯屏蔽电缆或绞合线连接控制端子；靠近变频器的电缆屏蔽层端应接到变频器的接地端子 PE。

2）布线时控制电缆应充分远离主电路和强电电路（包括电源线、电动机线、继电器、接触器连接线等），并且尽量避免与之并行放置，若条件限制，采用垂直布线，避免由于电磁感应干扰造成变频器误动作。

（4）编码器（PG）接线注意事项。编码器的接线方法需参见实际的“接口板上的跳线”部分的说明。

PG 的控制信号线一定要与主电路及其他动力线分开布置，禁止近距离平行走线。PG 的连线应使用屏蔽线，变频器一侧的屏蔽层接 PE 端子。

（5）用户电源端子接线注意事项。触点输入端子使用变频器内部提供的 24V 电源，接线如图 5-23 所示。

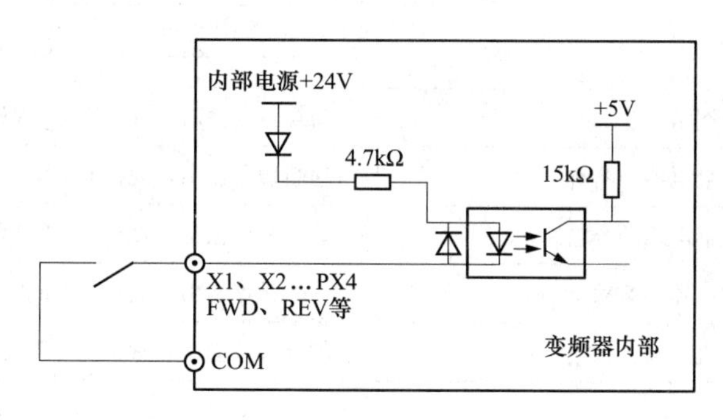

图 5-23 使用变频器内部 24V 电源触点端子连线

（6）开路集电极输出接线方法说明。开路集电极输出可以有两种供电方式：内部供电和外部供电。采用变频器内部电源供电接线图如图 5-24 所示。采用外部电源供电接线图如图 5-25 所示。

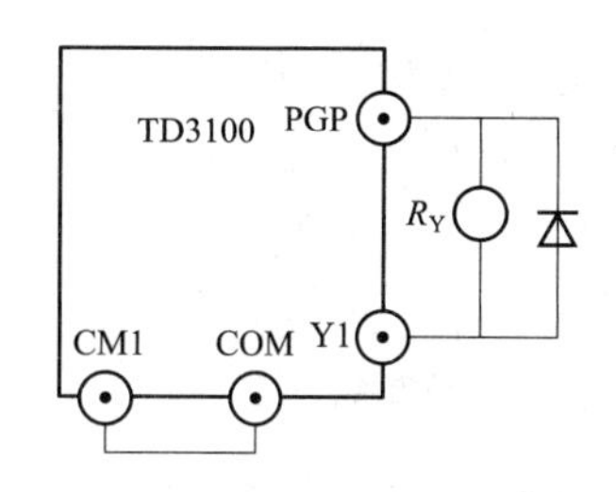

图 5-24 开路集电极输出端子接线图 1

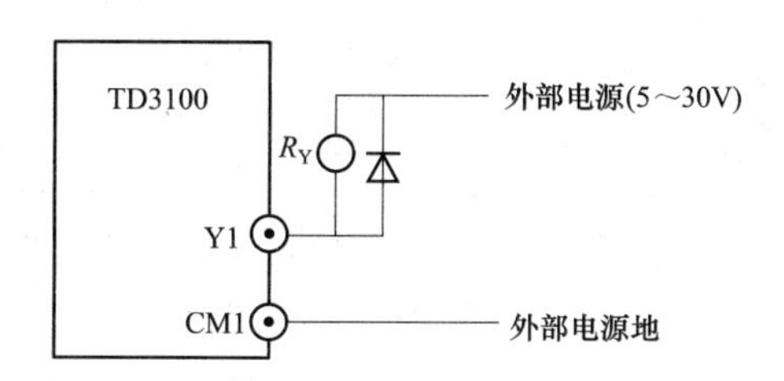

图 5-25 开路集电极输出端子接线图 2

（7）分频信号输出接线方法说明。分频信号输出 OA、OB 的接线方法参照实际电路板标号接线。

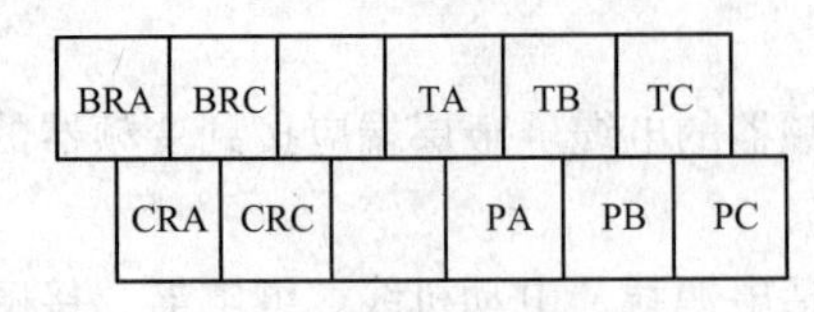

图 5-26　继电器端子排序图

（8）开路集电极输出接线方法参照实际电路板标号接线。

3. 接口板继电器端子排序图及端子说明

（1）继电器端子排序图（见图 5-26）。

（2）继电器端子说明见表 5-6 继电器输出功能表。

表 5-6　　继电器输出功能表

<table>
<tr><th>端子记号</th><th>端子功能说明</th><th>规　　格</th></tr>
<tr><td>CRA-CRC</td><td>运行接触器控制信号</td><td>动合触点输出，请在电源电压 AC250V 以下使用。继电器触点规格如下表：
<table>
<tr><th>项目</th><th>内容</th></tr>
<tr><td>额定容量</td><td>$250V_{AC}3A$，$30V_{DC}1A$</td></tr>
<tr><td>最小开闭能力</td><td>10mA</td></tr>
<tr><td>电气开闭寿命</td><td>10 万次</td></tr>
<tr><td>机械开闭寿命</td><td>1000 万次</td></tr>
<tr><td>动作时间</td><td>15ms 以下</td></tr>
</table></td></tr>
<tr><td>BRA-BRC</td><td>抱闸控制信号</td><td>动合触点输出，规格同 CRA-CRC</td></tr>
<tr><td>PA-PB</td><td>可编程继电器动断输出</td><td>动断触点输出，规格同 CRA-CRC</td></tr>
<tr><td>PA-PC</td><td>可编程继电器动合输出</td><td>动合触点输出，规格同 CRA-CRC</td></tr>
<tr><td>TA-TB</td><td>故障继电器动断输出</td><td>动断触点输出，规格同 CRA-CRC</td></tr>
<tr><td>TA-TC</td><td>故障继电器动合输出</td><td>动合触点输出，规格同 CRA-CRC</td></tr>
</table>

（3）继电器端子接线注意事项。若继电器输出用于带动感性负载（如接触式继电器、接触器），则应加装浪涌电压吸收电路，如 RC 吸收电路（注意：它的漏电流应小于所控接触器或继电器的保持电流）、压敏电阻或二极管（只能用于直流电磁回路，安装时一定要注意极性）等。吸收电路元件应装在继电器或接触器的线圈两端，浪涌电压吸收电路如图 5-27 所示。

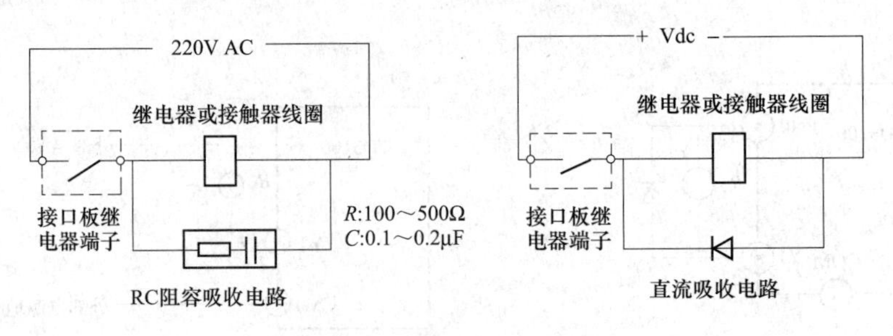

图 5-27　浪涌电压吸收电路

4. DSP 控制板上的跳线

为保障变频器正确运行，须正确设置 DSP 控制板上 S1 和 CN10 的跳线，控制板跳线位置示意图如图 5-28 所示。

DSP 控制板的跳线功能及设置说明参照表 5-7。

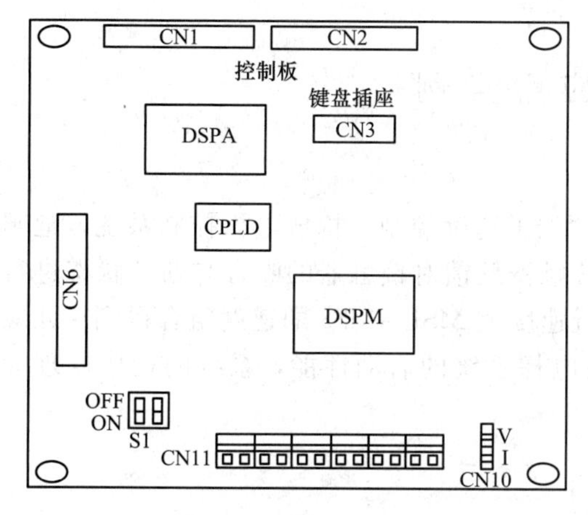

图 5-28　控制板跳线位置示意图

表 5-7　控制板跳线功能及设置说明

跳线号码	功能及设置说明	出厂缺省设置
S1	RS-485 通信口终端器设置选择， ON：采用终端器， OFF：不用终端器。 当通信线路较长或该 RS485 通信端口位于通信网络电缆的末端时，建议使用终端器。	OFF
CN10	AI2 输入方式选择。I：AI2 输入为 0～20mA 电流，V：AI2 输入为 0～10V 电压	V 侧

5. 接口板上的 PG 连接例

（1）PG 输出信号为集电极开路信号，与接口板端子的连接如图 5-29 所示。

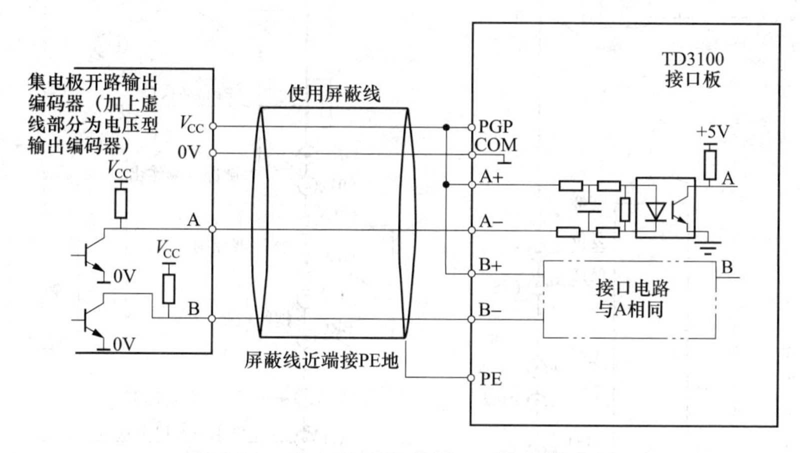

图 5-29　集电极开路信号 PG 接线示意图

（2）PG 输出信号为推挽信号，与接口板端子的连接如图 5-30 所示。

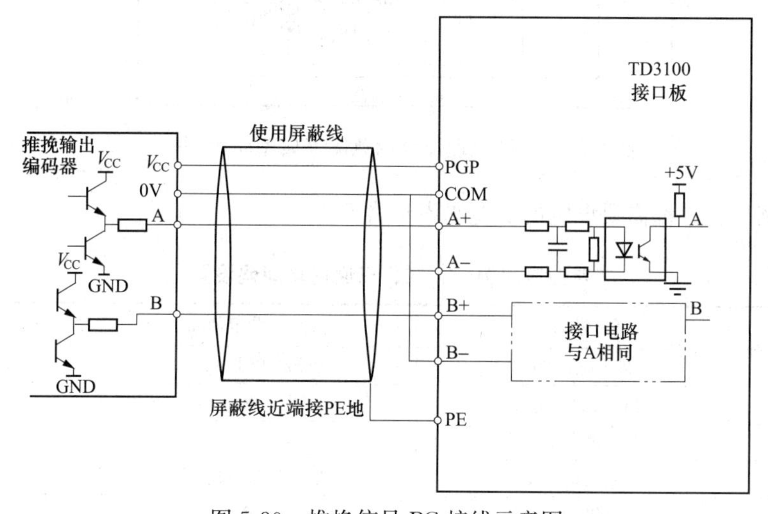

图 5-30　推挽信号 PG 接线示意图

第三节 典型应用实例

1. 典型应用例一

某台电梯额定速度 1.750m/s，采用变频器的“端子速度控制”构成电梯控制系统，抱闸和接触器由变频器的控制信号进行控制，并使用接触器反馈对接触器的吸合与断开状态进行检测。检修运行由变频器的 INS 端控制，其他运行速度由 MS1～MS3 的速度组合得到。此应用中使用了模拟称重装置，这样可以有效地提高电梯系统的启动性能，系统的构成原理如图 5-31所示。

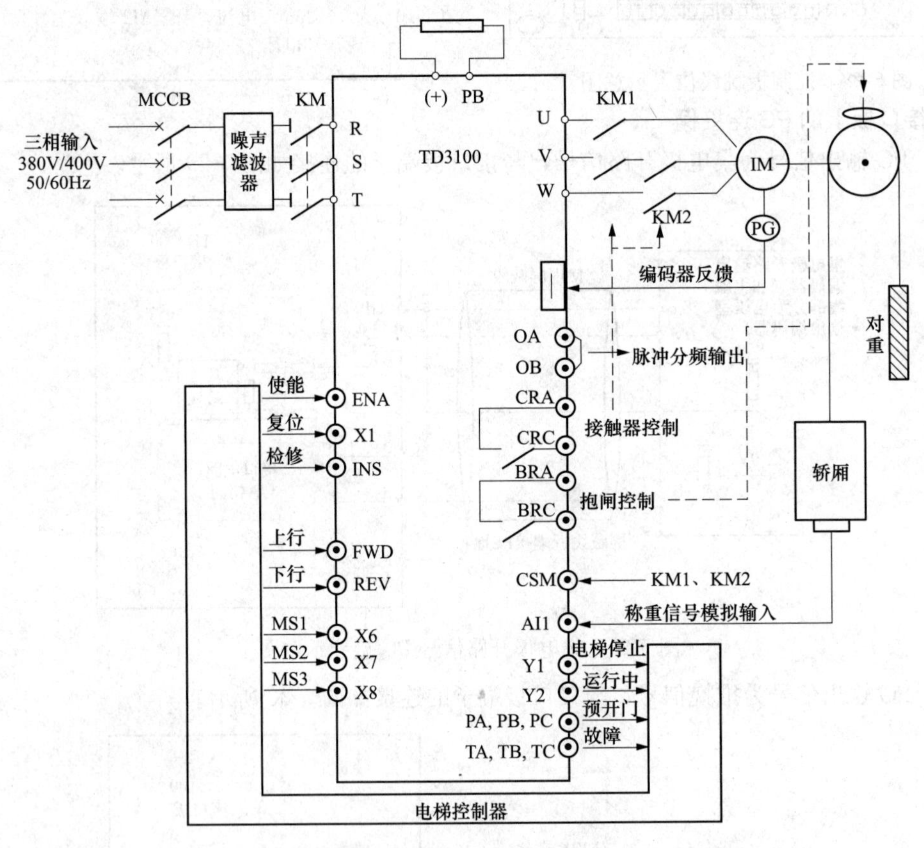

图 5-31 控制原理设计示意图（典型应用例一）

典型应用例一、二都需要设定的功能码参见表 5-8。

表 5-8 典型应用例一、二、三通用功能码设置

功能码	名称	推荐设定值	备注
F0.06	最大输出频率	60.00Hz	
F1.00	PG 脉冲数选择	根据实际设定	
F1.01	电动机类型选择	0	
F1.02	电动机功率	曳引电动机功率	
F1.03	电动机额定电压	380V	曳引电动机额定电压

续表

功能码	名称	推荐设定值	备注
F1.04	电动机额定电流	曳引电动机额定电流	
F1.05	电动机额定频率	50.00Hz	曳引电动机额定频率
F1.06	电动机额定转速	曳引电动机额定转速	
F1.07	曳引机械参数	根据实际计算	
F2.00	ASR 比例增益 1	1	根据运行效果调整
F2.01	ASR 积分时间 1	1s	
F2.02	ASR 比例增益 2	2	
F2.03	ASR 积分时间 2	0.5s	
F2.04	高频切换频率	5Hz	
F2.06	电动转矩限定	180.0%	
F2.07	制动转矩限定	180.0%	
F2.17	低频切换频率	0	

典型应用例一专用功能码设置内容见表 5-9 所示。

表 5-9　　典型应用例一专用功能码设置表

功能码	名称	推荐设定值	备注
F0.02	操作方式选择	2	选择端子速度控制
F0.05	电梯额定速度	1.750m/s	
F2.08	预转矩选择	2	选择模拟转矩偏置
F2.14	预转矩偏移		根据实际调整
F2.15	预转矩增益（驱动侧）		
F2.16	预转矩增益（制动侧）		
F3.00	启动速度	0	
F3.01	启动速度保持时间	0	
F3.02	停车急减速	0.700m/s^3	根据实际调整
F3.03	多段速度 0	0	根据设计确定
F3.04	多段速度 1	再平层速度	
F3.05	多段速度 2	爬行速度	
F3.06	多段速度 3	紧急速度	
F3.07	多段速度 4	保留	根据设计确定
F3.08	多段速度 5	正常低速	
F3.09	多段速度 6	正常中速	
F3.10	多段速度 7	正常高速	
F3.11	加速度	0.700m/s^2	根据效果调整
F3.12	开始段急加速	0.700m/s^3	
F3.13	结束段急加速	0.700m/s^3	
F3.14	减速度	0.700m/s^2	
F3.15	开始段急减速	0.900m/s^3	根据效果调整
F3.16	结束段急减速	0.900m/s^3	
F3.19	检修运行速度	0.630m/s	
F3.20	检修运行减速度	0.900m/s^2	
F5.00	X1 端子功能选择	18	RST
F5.05	X6 端子功能选择	8	MS1
F5.06	X7 端子功能选择	9	MS2

续表

功能码	名称	推荐设定值	备注
F5.07	X8 端子功能选择	10	MS3
F5.30	Y1 端子功能选择	7	电梯停止
F5.31	Y2 端子功能选择	1	运行中
F5.34	PR 端子功能选择	8	预开门
F5.35	Y1～Y4，PR 动作模式选择	0	
F6.00	AI1 滤波时间常数	0.012s	
F6.02 F6.03	AO1 输出端子功能选择 AO2 输出端子功能选择		转矩调试时设定 7、8
F7.00	抱闸打开时间	0.100s	
F7.01	抱闸延迟关闭时间	0.300s	
F7.02	反馈量输入选择	1	选择接触器反馈

2. 典型应用例二

某电梯额定速度 2.000m/s，共 25 层，最大层高 3.5m，采用变频器的“端子距离控制”构成电梯控制系统，抱闸和接触器由变频器的控制信号进行控制，并使用接触器反馈对接触器的吸合与断开进行检测；正常运行采用距离控制，检修运行由 INS 端控制，再平层运行由 MS1 控制，自学习运行由 SL 端控制；为了保证运行安全，同时给变频器提供上下强迫减速信号；此应用中使用了数字开关量称重装置，以有效地提高电梯系统的启动性能，系统的构成原理如图 5-32 所示。

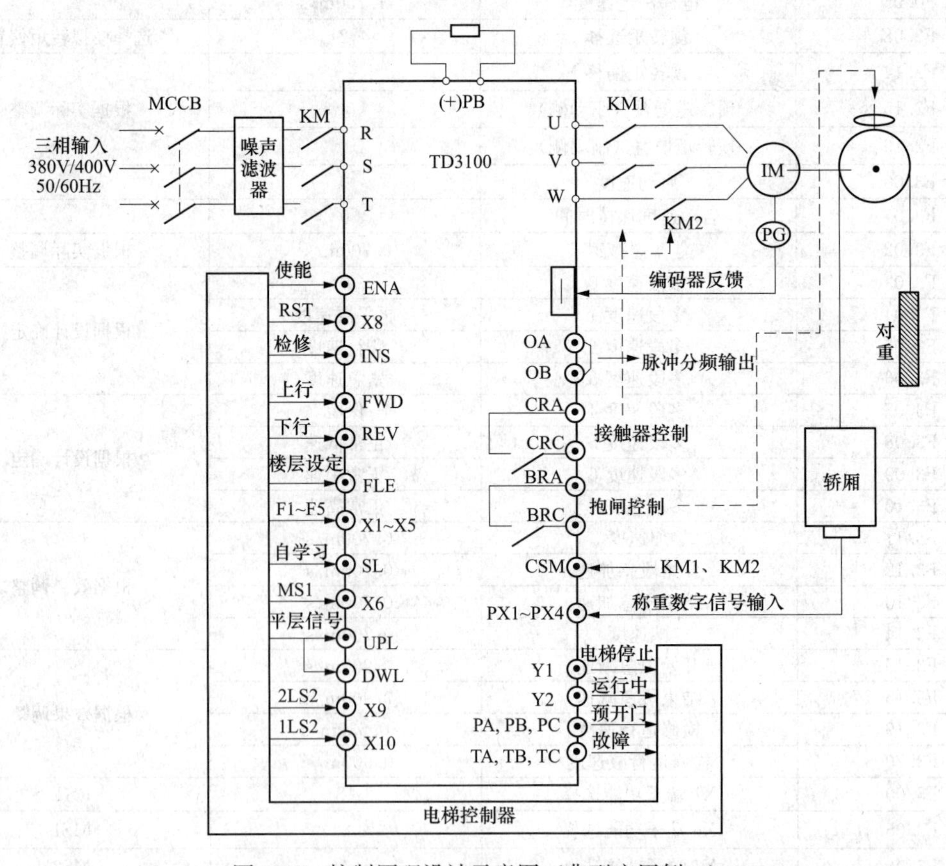

图 5-32　控制原理设计示意图（典型应用例二）

典型应用例二通用功能码设置内容见表 5-8，专用功能码设置内容见表 5-10。

表 5-10　　典型应用例二专用功能码设置表

功能码	名称	推荐设定值	备注
F0.02	操作方式选择	3	选择端子距离控制
F0.05	电梯额定速度	2.000m/s	
F2.08	预转矩选择	1	选择数字量转矩偏置
F2.09	DI 称重信号 1	1	根据各开关动作的载荷设定
F2.10	DI 称重信号 2		
F2.11	DI 称重信号 3		
F2.12	DI 称重信号 4		
F2.14	预转矩偏移		根据实际调整
F2.15	预转矩增益（驱动侧）		
F2.16	预转矩增益（制动侧）		
F3.00	启动速度	0	
F3.01	启动速度保持时间	0	
F3.04	多段速度 1	0.050m/s	再平层速度，根据效果调整
F3.11	加速度	0.700m/s^2	根据效果调整
F3.12	开始段急加速	0.700m/s^3	
F3.13	结束段急加速	0.700m/s^3	
F3.14	减速度	0.700m/s^2	
F3.15	开始段急减速	0.900m/s^3	
F3.16	结束段急减速	0.900m/s^3	
F3.17	自学习运行速度	0.400m/s	
F3.19	检修运行速度	0.630m/s	
F3.20	检修运行减速度	0.900m/s^2	
F3.21	爬行速度	0.050m/s	
F3.22	强迫减速度	0.900m/s^2	根据实际设定
F4.00	总楼层数	25	
F4.01	最大楼层高度	3.5m	
F4.02	曲线 1 最高速	0.800m/s	如果运行时出现 E032 故障，将 0.800m/s 减小
F4.03	曲线 2 最高速	1.000m/s	
F4.04	曲线 3 最高速	1.200m/s	
F4.05	曲线 4 最高速	1.500m/s	
F4.06	曲线 5 最高速	1.750m/s	
F4.07	平层距离调整	根据实际调整	
F5.00	X1 端子功能选择	1	F1
F5.01	X2 端子功能选择	2	F2
F5.02	X3 端子功能选择	3	F3
F5.03	X4 端子功能选择	4	F4
F5.04	X5 端子功能选择	5	F5
F5.05	X6 端子功能选择	8	MS1
F5.07	X8 端子功能选择	18	RST
F5.08	X9 端子功能选择	12	2LS2

续表

功能码	名称	推荐设定值	备注
F5.09	X10 端子功能选择	14	1LS2
F5.10	PX1 端子功能选择	22	开关量称重信号 WD1～WD4
F5.11	PX2 端子功能选择	23	
F5.12	PX3 端子功能选择	24	
F5.13	PX4 端子功能选择	25	
F5.30	Y1 端子功能选择	7	电梯停止
F5.31	Y2 端子功能选择	1	运行中
F5.34	PR 端子功能选择	8	预开门
F5.35	Y1～Y4，PR 动作模式选择	0	
F7.00	抱闸打开时间	0.100s	
F7.01	抱闸延迟关闭时间	0.300s	
F7.02	反馈量输入选择	29（11101B）	选择接触器反馈、平层信号反馈、上下强迫减速反馈

第四节　变频器常见故障

一、故障代码及对策

当变频器发生异常时，保护功能动作，LED 闪烁显示故障代码，LCD 显示故障名称。TD3100 变频器所有可能出现的故障类型，见表 5-11 所示，故障码显示范围为 E001～E035。故障发生时，用户可以先按下表说明进行自查，并详细记录故障现象。若需技术支持，与销售商或厂家联系。表 5-11 中，E001～E029 为通用变频器故障，发生此种故障时，故障继电器动作，变频器封锁 PWM 输出；E030～E035 为电梯专用功能故障。

表 5-11　　报警内容及对策

故障代码	故障类型	可能的故障原因	对　　策
E001	变频器加速运行过电流	（1）加速度太大 （2）电网电压低 （3）变频器功率偏小	（1）减小加速度 （2）检查输入电源 （3）选用功率等级大的变频器
E002	变频器减速运行过电流	（1）减速度太大 （2）负载惯性转矩大 （3）变频器功率偏小	（1）减小减速度 （2）外加合适的能耗制动组件 （3）选用功率等级大的变频器
E003	变频器恒速运行过电流	（1）负载发生突变或异常 （2）电网电压低 （3）变频器功率偏小 （4）闭环矢量高速运行，突然码盘断线或故障	（1）负载检查或减小负载的突变 （2）检查输入电源 （3）选用功率等级大的变频器 （4）检查码盘及其接线

续表

故障代码	故障类型	可能的故障原因	对　　策
E004	变频器加速运行过电压	（1）输入电压异常 （2）瞬停发生时，再启动尚在旋转的电动机	（1）检查输入电源 （2）避免停机再启动
E005	变频器减速运行过电压	（1）减速度太大 （2）负载惯量大 （3）输入电压异常	（1）减小减速度 （2）增大能耗制动组件 （3）检查输入电源
E006	变频器恒速运行过电压	（1）输入电压发生了异常变动 （2）负载惯量大	（1）安装输入电抗器 （2）外加合适的能耗制动组件
E007	变频器控制电源过电压	（1）输入电压异常 （2）变频器机型设置错误	（1）检查输入电源 （2）重新设置机型或寻求服务
E008	输入侧缺相	输入R，S，T有缺相	（1）检查输入电压 （2）检查安装配线
E009	输出侧缺相	U，V，W缺相输出（或负载三相严重不对称）	检查输出配线
E010	功率模块故障	（1）变频器瞬间过流 （2）输出三相有相间或接地短路 （3）风道堵塞或风扇损坏 （4）环境温度过高 （5）控制板连线或插件松动 （6）辅助电源损坏，驱动电压欠压 （7）功率模块桥臂直通 （8）控制板异常	（1）参见过流对策 （2）重新配线 （3）疏通风道或更换风扇 （4）降低环境温度 （5）检查并重新连接 （6）寻求服务 （7）寻求服务 （8）寻求服务
E011	功率模块散热器过热	（1）环境温度过高 （2）风道阻塞 （3）风扇损坏 （4）功率模块异常	（1）降低环境温度 （2）清理风道 （3）更换风扇 （4）寻求服务
E012	厂家保留	—	—
E013	变频器过载	（1）加速太快 （2）瞬停时，再启动尚在旋转的电动机 （3）电网电压过低 （4）负载过大 （5）闭环矢量控制，码盘反向，低速长期运行	（1）减小加速度 （2）避免停机再启动 （3）检查电网电压 （4）选择功率更大的变频器 （5）调整码盘信号方向
E014	电动机过载	（1）电网电压过低 （2）电机额定电流设置不正确 （3）电机堵转或负载突变过大 （4）闭环矢量控制，码盘反向，低速长期运行 （5）大马拉小车	（1）检查电网电压 （2）重新设置电机额定电流 （3）检查负载，调节转矩提升量 （4）调整码盘信号方向 （5）选择合适的电动机
E015	外部设备故障	EXT端子动作	检查外部设备输入
E016	E^2PROM读写故障	（1）控制参数的读写发生错误 （2）E^2PROM损坏	（1）按STOP/RESET键复位，寻求服务 （2）寻求服务

续表

故障代码	故障类型	可能的故障原因	对　　策
E017	RS485 通信错误	（1）波特率设置不当 （2）采用串行通信的通信错误 （3）F0.02=4/5 时，通信长时间中断	（1）降低波特率 （2）按 STOP/RESET 键复位，寻求服务 （3）检查通信接口配线
E018	接触器未吸合	（1）电网电压过低 （2）接触器损坏 （3）上电缓冲电阻损坏 （4）控制回路损坏	（1）检查电网电压 （2）更换主回路接触器或寻求服务 （3）更换缓冲电阻或寻求服务 （4）寻求服务
E019	电流检测电路故障	（1）控制板连接器接触不良 （2）辅助电源损坏 （3）霍尔器件损坏 （4）放大电路异常	（1）检查连接器，重新插线 （2）寻求服务 （3）寻求服务 （4）寻求服务
E020	CPU 错误	（1）干扰严重导致主控板 DSP 读写错误 （2）环境噪声导致控制板双 CPU 通信错误	（1）按 STOP/RESET 键复位或在电源输入侧外加电源滤波器 （2）按 STOP/RESET 键复位，寻求服务
E021	厂家保留	—	—
E022	厂家保留	—	—
E023	键盘 E^2PROM 读写错误	（1）键盘上控制参数的读写发生错误 （2）E^2PROM 损坏	（1）按 STOP/RESET 键复位，寻求服务 （2）寻求服务 【说明】此故障为键盘自身故障，对 TD3100 变频器性能毫无影响，因此不会存入故障记录，并且出现故障后禁止进入菜单状态。
E024	调谐错误	（1）电动机容量与变频器容量不匹配 （2）电动机额定参数设置不当 （3）调谐出的参数与标准参数偏差过大 （4）调谐超时	（1）更换变频器型号 （2）按电动机铭牌设置额定参数 （3）使电动机空载，重新辨识 （4）检查电动机接线，参数设置
E025	厂家保留	—	—
E026	厂家保留	—	—
E027	制动单元故障	（1）制动线路故障或制动管损坏 （2）外接制动电阻阻值偏小	（1）检查制动单元，更换新制动管 （2）增大制动电阻
E028	参数设定出错	（1）电动机额定参数设置错误 （2）电动机容量与变频器容量不匹配	（1）重新设置合理参数 （2）改为匹配电动机
E029	厂家保留	—	—
E030	电梯超速	（1）PG 脉冲数设置错误 （2）变频器转矩不足	（1）检查 PG 脉冲数设置 （2）选择较大容量的变频器

续表

故障代码	故障类型	可能的故障原因	对　　策
E031	输入输出故障	运行中同时有2个运行模式输入	(1) 检查配线 (2) 检查电梯控制板的控制程序
E032	不满中最低层运行条件	距离控制曲线速度设定值太大	减小距离控制曲线速度设定值
E033	自学习出错	(1) 自学习开始时下强迫减速开关不动作 (2) 自学习时运行指令为下行 (3) 自学习过程中层高脉冲溢出 (4) 自学习开始时当前位置不在底层 (5) 自学习运行时有检修指令或蓄电池运行指令输入 (6) 自学习运行时，PG=0	(1) 检查下强迫减速开关状态 (2) 检查电梯控制板程序 (3) 增大最大楼层高度设定 (4) 复位运行或用INI指令初始化当前楼层 (5) 检查电梯控制程序 (6) 根据实际设置PG脉冲数
E034	厂家保留	—	—
E035	接触器抱闸(C/B)故障	(1) 启动时接触器不能闭合 (2) 停机时接触器不能断开 (3) 启动时抱闸不能打开 (4) 停可时抱闸不能闭合	(1) 检查接触器与抱闸 (2) 检查接触器与抱闸反馈开关配线 (3) 接口板损坏，寻求服务

出现上述故障后，变频器可通过与串口连接的外置Modem，拨通预先设置好的用户电话或手机，通知维护人员系统已出现故障。

二、电梯专用功能故障说明

在TD3100电梯变频器的故障处理中，E030～E035是电梯专用功能涉及的相关故障。在运行中出现一种或多种故障时，变频器能依据不同情况给出故障报警，并作出相应的处理。

(1) EO30：电梯超速。如果检测到电梯运行速度大于电梯额定速度的1.2倍时，变频器会故障告警，显示"E030"。以下三种情况下可能出现E030告警：

1) 速度环PI参数设置不当，启动过程超调太大。

2) PG脉冲数设置错误，导致变频器反馈的速度计算出错。

3) 变频器转矩不足，导致电梯失控；这时，选择适配容量的变频器，不能使用小功率代替大功率的变频器。当发生电梯超速故障时，变频器停止输出抱闸控制信号（BRA-BRC)、封锁PWM输出，同时故障继电器动作。

(2) E031：输入输出故障。以某种运行模式运行时，又输入其他运行模式，可能出现故障告警，显示"E031"。以下两种情况下会出现E031告警：

1) 蓄电池运行过程中，有自学习指令或检修指令输入。

2) 检修运行过程中，有自学习指令或蓄电池指令输入。

发生此故障时，变频器将按紧急曲线减速停车，故障继电器不动作。

(3) E032：不能满足最低层运行条件。距离控制时，变频器依据距离运行曲线F4.02～F4.06、F0.05计算的6条运行曲线距离都比最小楼层距离大时，会出现故障告警，显示"E032"。当发生"不能满足最低层运行条件"故障时，若电梯还没启动，则不启动；若电梯正在运行，则按紧急曲线减速停车。发生此故障时，故障继电器不动作。

(4) E033：自学习出错。自学习运行过程中，若控制逻辑和脉冲等方面的出错，变频器会出现故障告警，显示“E033”。以下六种情况下会出现E033告警：

1）当F7.02的BIT4位设置为1时，在自学习开始时，下强迫减速开关不动作。

2）自学习开始时，运行指令为下行。

3）在自学习运行过程中，记录的楼层脉冲数经分频后超过65535。

4）自学习开始时，电梯的当前位置不在底层。

5）自学习运行过程中，有检修指令或蓄电池指令输入。

6）自学习开始时，PG脉冲数设为0。当发生自学习故障时，若电梯还没启动，则不启动；若电梯正在运行，则按紧急运行曲线减速停车。此故障发生时，故障继电器输出不动作。

（5）E035：接触器抱闸故障。当F7.02的BIT0设置为1时，变频器将检测接触器故障；当F7.02的BIT1位设置为1时，变频器将检测抱闸故障。当接触器故障或抱闸故障发生时，变频器会出现故障告警，显示“E035”。以下四种情况下会出现E035告警：

1）变频器发出接触器吸合指令，准备启动时，却检测不到接触器吸合的反馈信号。

2）变频器停机时，发出接触器断开指令，却检测到接触器吸合的反馈信号。

3）变频器发出抱闸打开指令，准备启动时，却检测不到抱闸打开的反馈信号。

4）变频器准备停机时，发出抱闸关闭的指令，却检测到抱闸打开的反馈信号。当发生接触器抱闸故障时，变频器停止输出抱闸控制信号（BRA-BRC）、封锁PWM输出，同时故障继电器动作。

三、故障复位

故障排除后，使用复位功能，清除LED显示的故障代码。F0.02＝0～3时，F5.00～F5.13其中之一设定值为“18”时（RST），端子复位功能绝对有效。键盘复位功能绝对有效；上位机复位功能无效。

F0.02＝4～5时，输入端子功能18（RST）有设置时，端子复位功能绝对有效；键盘复位功能绝对有效；上位机复位功能绝对有效。复位信号均为上升沿有效。

注 意

使用端子控制时，应先撤除端子运行命令，再进行故障复位操作。复位时，应确认运行信号为OFF，防止发生事故。

第五节　变频器保养及维护

一、日常保养及维护

1. 定期检查

变频器的安装、运行环境，必须符合用户手册中的规定。平常使用时，应作好日常保养工作，以保证运行环境良好；并记录日常运行数据、参数设置数据、参数更改记录等，建立、完善设备使用档案。通过日常保养和检查，可以及时发现各种异常情况，及时查明异常原因，并及早解决故障隐患，保证设备正常运行，延长变频器使用寿命。日常检查项目参照表5-12。

表 5-12 日常检查项目

检查对象	检查要领			判别标准
	检查内容	周期	检查手段	
运行环境	(1) 温度、湿度 (2) 尘埃、水汽及滴漏 (3) 气体	随时	(1) 点温计、湿度计 (2) 观察 (3) 观察及鼻嗅	(1) 环境温度低于 40℃，否则降额运行。湿度符合环境要求 (2) 无积尘，无水漏痕迹，无凝露 (3) 无异常颜色，无异味
变频器	(1) 振动 (2) 散热及发热 (3) 噪声	随时	(1) 综合观察 (2) 点温计综合观察 (3) 耳听	(1) 运行平稳，无振动 (2) 风机运转正常，风速、风量正常。无异常发热 (3) 无异常噪声
电动机	(1) 振动 (2) 发热 (3) 噪声	随时	(1) 综合观察耳听 (2) 点温计 (3) 耳听	(1) 无异常振动，无异常声响 (2) 无异常发热 (3) 无异常噪声
运行状态参数	(1) 电源输入电压 (2) 变频器输出电压 (3) 变频器输出电流 (4) 内部温度	随时	(1) 电压表 (2) 整流式电压表 (3) 电流表 (4) 点温计	(1) 符合规格要求 (2) 符合规格要求 (3) 符合规格要求 (4) 温升小于 40℃

2. 定期维护

用户依据使用环境，遵守注意事项，可以短期或 3～6 个月对变频器进行一次定期检查，防止变频器发生故障，确保其长时间高性能稳定运行。

1）只有经过培训并被授权的合格专业人员才可对变频器进行维护。

2）不要将螺钉、垫圈、导线、工具等金属物品遗留在变频器内部，否则有损坏变频器的危险。

3）绝对不可擅自改造变频器内部，否则将会影响变频器正常工作。

4）变频器内部的控制板上有静电敏感 IC 元件，切勿直接触摸控制板上的 IC 元件。

检查内容：

(1) 控制端子螺丝是否松动，用螺丝刀拧紧。

(2) 主回路端子是否有接触不良的情况，铜排连接处是否有过热痕迹。

(3) 电力电缆控制电缆有无损伤，尤其是与金属表面接触的表皮是否有割伤的痕迹。

(4) 电力电缆鼻子的绝缘包扎带是否已脱落。

(5) 对印刷电路板、风道上的粉尘全面清扫，最好使用吸尘器清洁。

(6) 对变频器进行绝缘测试前，必须首先拆除变频器与电源及变频器与电动机之间的所有连线，并将所某些主回路输入、输出端子用导线可靠短接后，再对地进行测试。须使用合格的

500V绝缘电阻表（或绝缘测试仪的相应挡）；不能使用有故障的仪表。严禁仅连接单个主回路端子对地进行绝缘测试，否则将有损坏变频器的危险。切勿对控制端子进行绝缘测试，否则将会损坏变频器。测试完毕后，切记拆除所有短接主回路端子的导线。测试图如图5-33所示。

（7）若对电动机进行绝缘测试，测试可以使用万用表也可以使用绝缘电阻表测试。

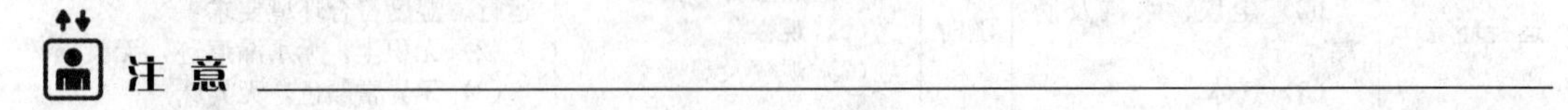

必须在电动机与变频器之间连接的导线完全断开后，再单独对电动机进行测试，否则有损坏变频器的危险。

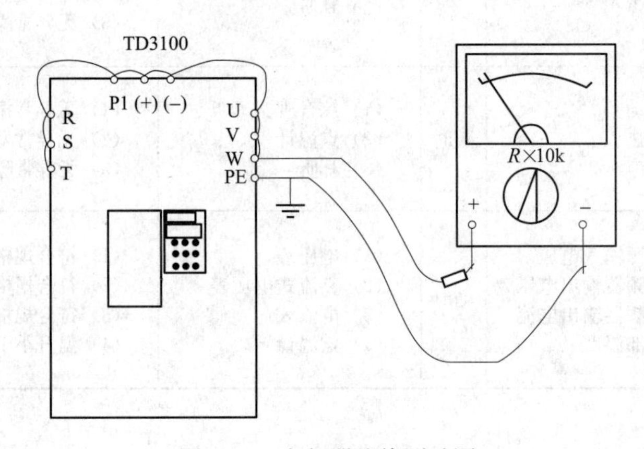

图5-33　变频器绝缘测试图

变频器出厂前已经通过耐压实验，用户不必再进行耐压测试，否则可能会损坏内部器件。

二、变频器易损件

变频器易损件主要有冷却风扇和滤波用电解电容器，其寿命与使用的环境及保养状况密切相关。通常情况下，冷却风扇的寿命为3万～4万h，电解电容的寿命为4万～5万h。

为保证变频器长期、安全、无故障运行，对易损器件要定期更换。更换易损器件时，应确保元件的型号、电气参数完全一致或非常接近。

用型号、电气参数不同的元件更换变频器内原某些元件，可能导致变频器损坏。用户可以参照易损器件的使用寿命，再依据变频器的工作时间，确定正常更换年限。但若检查时发现器件异常，则应立即更换。

1. 冷却风扇

可能损坏原因：轴承磨损、叶片老化。

判别标准：变频器断电时，查看风扇叶片及其他部分是否有裂缝等异常情况；变频器通电时，检查风扇运转的情况是否正常，是否有异常振动等。

2. 电解电容

可能损坏原因：环境温度较高，频繁的负载跳变造成脉动电流增大，电解质老化。

判别方法：变频器带载启动时是否经常出现过流、过压等故障；有无液体漏出，安全阀是否凸出；测定静电电容，测定绝缘电阻。

第六章
电梯故障的排除思路和方法

第一节 电 梯 故 障

电梯的故障可以分为机械故障和电气故障。遇到故障时首先应确定故障属于哪个系统，是机械系统还是电气系统，然后再确定故障是属于哪个系统的哪一部分，接着再判断故障出自于哪个元件或哪个动作部件的触点上。

怎样判断故障出自哪个系统？普遍采用的方法是：首先置电梯于“检修”工作状态，在轿厢平层位置（在机房、轿顶或轿厢操作）点动电梯慢上或慢下来确定。为确保安全，首先要确认所有厅门必须全部关好并在检修运行中不得再打开，因为电梯在检修状态下上行或下行，电气控制电路是最简单的点动电路，按钮按下多长时间，电梯运行多长时间，不按按钮电梯不会动作，需要运行多少距离可随意控制，速度又很慢，轿厢运行速度小于 0.63m/s，所以较安全，便于检修人员操作和查找故障所属部位，电梯在检修运行过程中检修人员可细微观察有无异常声音、异常气味，某些指示信号是否正常等。电梯点动运行只要正常，就可以确认主要机械系统没问题，电气系统中的主拖动回路没有问题，故障就出自电气系统的控制电路中。反之不能点动电梯运行，故障就出自电梯的机械系统或主拖动电路。

一、主拖动系统故障

（1）点动运行中如果确认主拖动电路有故障，可以从构成主回路的各个环节去分析故障所在部位。运用电流流过每一个闭合回路的思想，查找电流在回路中被阻断或分流的部位，容易造成故障，电流被阻断的部位就是故障所在部位，当然应首先确认供电电源本身正常，否则无电流或电流大小不适合电梯运行则电梯就会发生故障。构成任何电梯主回路的基本环节大致相同：从外线供电开始三相电源经空气开关、上行或下行交流接触器、变频器、运行接触器、最后到电动机绕组构成三相交流电流回路。对不同类型电梯调速方法不同，调速器的型式也不同。主回路故障是电梯常见故障。

（2）由于主拖动系统是间断不连续的动作，因而电梯运行几年后，接触器触点会有氧化、弹片疲劳、接触不良、触点脱落、粘连、逆变模块及变频模块击穿或烧断、电动机轴承磨损等故障发生。这是快速找故障的思路之一，另外任何机械动作部件都是有一定寿命的，如继电器、微动开关，行程开关，按钮等元件，这些都是检查的重点，还有经常运行的部件，如轿厢的随行电缆，经常弯曲动作，就存在有断线故障的可能。

二、机械系统故障

1. 连接件松动引起的故障

电梯在长期断续运行过程中，会因为振动等原因而造成紧固件松动或松脱，使机械发生位移、脱落或失去原有精度，从而造成磨损，碰坏电梯机件而造成故障。

2. 自然磨损引起的故障

机械部件在运转过程中，会产生磨损，磨损到一定程度必须更换新的部件，所以我们要注意磨损是造成机械故障的主要原因。平时日常维修中要及时地调整、维护、保养，电梯才会长时间正常运行。

3. 润滑系统引起的故障

润滑的作用是减少摩擦力、减少磨损，延长机械寿命，同时还起到冷却、防锈、减震、缓冲等作用。若润滑油太少，质量差，品种不对号或润滑不当，会造成机械部分的过热、烧伤、抱轴或损坏。

4. 机械疲劳造成的故障

某些机械部件经常不断地长时间受到弯曲、剪切等应力，会产生机械疲劳现象，机械强度塑性减小。如某些零部件受力超过强度极限，产生断裂，造成机械事故或故障。

从上面分析可知，只要日常做好维护保养工作，定期润滑有关部件及检查有关紧固件情况，调整机件的工作间隙，就可以大大减少机械系统的故障。

三、电气控制系统的故障

1. 自动开关门机构及门联锁电路的故障

因为关好所有厅、轿门是电梯运行的首要条件，门联锁系统一旦出现故障电梯就不能运行。这类故障多是由包括自动门锁在内的各种电气元件触点接触不良或调整不当造成的。

2. 电气元件绝缘引起的故障

电子电气元件绝缘在长期运行后总会老化、失效、绝缘击穿等情况发生，很可能造成电气系统的断路或短路引起电梯故障。

3. 继电器、接触器、开关等元件触点断路或短路引起的故障

如触点的断路或短路都会使电梯的控制环节电路失效，使电梯出现故障.

4. 电磁干扰引起的故障

由于微型计算机广泛应用到电梯的控制部分，所以电梯运行中会遇到的各种干扰，如电源电压、电流、频率的波动，变频器自身产生的高频干扰，负载的变化等。在这些干扰的作用下，电梯会产生错误和故障，电梯电磁干扰主要有以下三种形式。

(1) 电源噪声。它主要是从电源和电源进线（包括地线）侵入系统。电源噪声会造成微机丢失信息，产生错误或误动作。

(2) 从输入公共地线线侵入的噪声。当输入线与自身系统或其他系统存在着公共地线时，就会侵入此噪声，此噪声极易使系统产生差错和误动作。

(3) 静电噪声。它是由摩擦所引起的，由于它电压可高达数万伏。会造成电子元器件的损坏。

5. 电气电子元件损坏或位置调整不当引起的故障

电梯的电气系统，特别是控制电路，结构复杂，一旦发生事故，要迅速排除故障，单凭经

验还是不够的，这就要求维修人员必须掌握电气控制电路的工作原理及控制环节的工作过程，明确各个电气电子元器件之间的相互关系及其作用，了解各电气元件的安装位置，只有这样，才能准确地判断故障的发生点，并迅速予以排除。在这个基础上若把别人和自己的实际工作经验加以总结和应用，对迅速排除故障，减少损失有益，因为某些运行中出现的故障是有规律可言的。

四、电气故障查找方法

当电梯控制电路发生故障时，第一就是询问操作者或报告故障的人员故障发生时的现象情况，查询在故障发生前有否作过任何调整或更换元件工作；第二就是观察每一个零件是否正常工作，控制电路的各种信号指示是否正确，电气元件外观颜色是否改变等；第三就是听电路工作时是否有异常声响；第四就是用鼻子闻电路元件是否有异常气味。在完成上述工作后，就可以用我们学习的电梯理论查找电气控制电路的故障。

1. 程序检查法

电梯是按一定程序运行的，由于它每次运行都要经过选层、定向、关门、启动、运行、换速、平层、开门的循环过程，所以必须对每一个过程的控制电路分别进行检查。来确认故障具体出现在哪个控制环节上。

2. 电阻测量法

电阻法就是在断电情况下，用万用表电阻挡测量每一个电路的阻值是否正常，通过测量他们的电阻值大小是否符合规定要求就可以判断好坏。

3. 电压测量法

我们还可在通电情况下进行测量各个电子或电气元器件的两端电位差，看是否符合正常值来确定故障所在。

4. 瞬间短路法

当怀疑某个或某些触点有开路性故障时，可以用导线把该触点短接，来判断该电气元件是否损坏。

5. 断路法

断路法主要用于并联逻辑关系的故障点，可把其中某路断开，如恢复正常则检查该路

6. 代换法

对于电路板的故障，只能采取用相同的板子代换来快速修复故障。

7. 经验排故法

为了能够做到迅速排除故障，要不断总结实践经验，来快速排除故障，减少修复时间。

第二节　电梯电气维修常识介绍

在维修电梯时除了应用上面介绍的方法外，必须学好电梯基础知识，把理论应用到实践中去。

一、安全回路

1. 安全回路的作用

为保证电梯能安全地运行，在电梯上装有许多安全部件。只有每个安全部件都在正常的情

况下，电梯才能运行，否则电梯立即停止运行。

所谓安全回路，就是在电梯各安全部件都装有一个安全开关，把所有的安全开关串联，控制一只安全继电器。只有所有安全开关都在接通的情况下，安全继电器吸合，电梯才能得电运行。

2. 常见的安全回路开关有（各厂家配置不同）以下几种。

（1）机房：配电控制屏急停开关、热继电器、限速器开关。

（2）井道：上极限开关、下极限开关（有的电梯把这两个开关放在安全回路中，有的则用这两个开关直接控制动力电源）。

（3）地坑：断绳保护开关、地坑急停开关、缓冲器开关。

（4）轿内：操纵箱急停开关。

（5）轿顶：安全窗开关、安全钳开关、轿顶检修箱急停开关。

3. 故障状态

当电梯处于停止状态，所有信号均不能使电脑登记，电梯无法运行，首先怀疑是安全回路故障，到机房控制屏察看安全继电器的状态。如果安全继电器处于释放状态，则应判断为安全回路故障。故障可能原因如下。

（1）输入电源有缺相引起相序继电器动作。

（2）电梯热继电器动作。

（3）限速器超速引起限速器开关动作。

（4）电梯冲顶或沉底引起极限开关动作。

（5）地坑断绳开关动作。

（6）安全钳动作。

（7）安全窗被人顶起，引起安全窗开关动作。

（8）可能急停开关被按下。

（9）如果各开关都正常，应检查其触点接触是否良好，接线是否有松动等。

另外，目前较多电梯虽然安全回路正常，安全继电器也吸合，但通常在安全继电器上取一副动合触点再送到微机（或PC机）进行检测，所以微机自身故障也会引起安全回路故障的状态。

二、门锁回路

1. 作用

为保证电梯必须在全部门关闭后才能运行，在每扇厅门及轿门上都装有门电气联锁开关。只有全部门电气联锁开关在全部接通的情况下，控制屏的门锁继电器方能吸合，电梯才能运行。

2. 故障状态

在全部门关闭的状态下，到控制屏察看门锁继电器的状态，如果门锁继电器处于释放状态，则应判断为门锁回路有断开点断开。

3. 维修方法

由于目前大多数电梯在门锁断开时使电梯不能运行，所以门锁故障属于常见故障。

（1）首先应重点怀疑电梯停止层的门锁是否有故障。

（2）确保安全状态下，分别短接各层，厅门锁和轿门锁，分出是哪部分故障。

另外，由于电梯虽然门锁回路正常，门锁继电器也吸合，但通常在门锁继电器上取一副动合触点再送到微机（或 PLC 机）进行检测，如果门锁继电器本身接触不良，也会引起门锁回路故障的状态。

三、安全触板（门光电、门光幕）

1. 作用

为了防止电梯门在关闭过程中夹住乘客，所以一般在电梯轿门上装有安全触板（或光电或光幕）。

安全触板：为机械式防夹人装置，当电梯在关门过程中，人碰到安全触板时，安全触板向内缩进，带动下部的一个微动开关，安全触板开关动作，控制门向开门方向转动。

光电：有的电梯安装了门光电（至少需要两点），一边为发射端，另一边为接收端。当电梯门在关闭时，如果有物体挡住光线，接收端接受不到发射端的光源，立即驱动光电继电器动作，光电继电器控制门向反方向开启。

光幕：与光电的原理相同，主要是增加许多发射点和接收点。

2. 故障状态

(1) 电梯门关不上。

现象：电梯在自动位时不能关闭，或没有关完就反向开启。在检修时却能关上。

原因：安全触板开关坏，或被卡住、或开关调正不当，安全触板稍微动作即引起开关动作。门光电（或光幕）位置偏或被遮挡。或门光电无（光幕）供电电源，或光电（光幕）已坏。

(2) 安全触板不起作用。

原因：安全触板开关坏，或线已断。

四、关门力限开关

1. 作用

在变频门机系统中如果在关门时遇有一定的阻力，通过变频器的计算，门机电流超过一定值时仍不能关上，则向反方向开启。

2. 故障状态

力限开关接触不良或变频器模块发生故障会使门关不上向反方向开启。

五、开关门按钮

1. 作用

电梯自动运行时，如果按住开门按钮，则电梯门会长时间开启，可以方便乘客多时正常进出轿厢。按一下关门按钮，可以使门立即关闭。

2. 故障现象

有时开关门按钮被按后会卡在里面弹不出来，如果开门按钮被卡住可能会引起电梯到站后门一直开着关不上，关门按钮被卡住会引起到站后门不开启。

六、厅外召唤按钮

1. 作用

厅外召唤按钮是用来登记厅外乘客的呼梯需要。同时，它有同方向本层开门的功能。如电梯向上运行时，如按住上召唤不放，则电梯门会长时间开启。

2. 故障现象

有时召唤按钮被卡住时电梯会停在本层不关门。

七、门机系统

1. 直流门机系统

一般直流门机系统的工作原理图如前图 4-11 所示。

2. 直流门机系统中常见的故障

（1）电梯开门无减速，有撞击声。

原因：1）门开启时打不到开门减速限位。

2）开门减速限位已坏，不能接通。

3）开门减速电阻已烧断或中间的抱箍与电阻丝接触不良。

（2）电梯关门无减速，关门速度快有撞击声。

原因：1）门关闭时打不到关门减速限位。

2）关门减速限位已坏，不能接通。

3）关门减速电阻已烧断或中间的抱箍与电阻丝接触不良。

（3）开门或关门时速度太慢。

原因：开门或关门减速限位已坏，处在常接通状态。

（4）门不能关只能开（JKM 与 JGM 动作正常）。

原因：可能是关门终端限位已坏，始终处于断开状态。

（5）门不能开只能关（JKM 与 JGM 动作正常）。

原因：可能是开门终端限位已坏，始终处于断开状态。

3. 变频门机系统

（1）现在生产的电梯大多都采用变频门机系统，一般的变频门机系统中，控制屏提供给门机系统一个电源，一个开门信号，一个关门信号。

变频门机系统也有减速开关和终端开关，大多采用双稳态磁开关。门机系统具有自学习功能。当到门机终端开关动作时，再返回控制屏一个终端信号，用来控制开关门继电器。

一般变频门机可以进行开关门速度、力矩、减速点位置等的设定，具体要参考产方提供的门机系统说明书或电梯调试资料进行调节。有的变频门机在断电扳动轿门后，因为开位置信号丢失，门机将不再受控制屏开关门信号的控制，必须断电后自学习一次方能正常工作。有的变频门机系统除了受控制屏开关门信号控制外，自身有力限计算功能，当在关门过程中力限超过设定值时，即向反方向开启。当到达关门终端开关动作后，这个力限计算才失效。对于这种门系统，关门终端的位置一定要超在轿门锁之前，否则，门锁接通后电梯即可运行，如果这个力限计算还有效的话，可能会引起电梯在运行中有开门现象，应该注意。对于该系统过流检测部分接触不良是其主要故障点。

（2）变频门机系统的故障主要是开关门按钮接触不良，双稳态开关安装位置不当或移位，力限开关电阻变值或接触不良等。

八、井道上下终端限位

1. 作用

上终端限位一般在电梯运行到最高层，且高出平层 5～8cm 处动作。动作后电梯快车和慢车均不能再向上运行。反之，下终端限位一般在电梯运行到最底层，且低于平层 5～8cm 处动作。动作后电梯快车和慢车均不能再向下运行。

2. 故障现象

(1) 电梯快车和慢车均不能向上运行，但可以向下运行。

原因：可能是上终端限位坏，处于断开状态。

(2) 电梯快车和慢车均不能向下运行，但可以向上运行。

原因：可能是下终端限位坏，处于断开状态。

九、井道上下强迫减速限位

1. 作用

低速度的电梯，一般装有一只向上强迫减速限位和一只向下强迫减速限位。安装位置应该等于（或稍小于）电梯的减速距离。中高速度的电梯，一般装有两只向上强迫减速限位和两只向下强迫减速限位。因为快速电梯一般分为单层运行速度和多层运行速度两种，在不同的速度运行下减速距离也不一样，所以要分多层运行减速限位及单层运行减速限位，其作用在电梯运行到端站时强迫电梯进入减速运行。目前许多电梯都用强迫减速限位作为电梯楼层位置的强迫校正点。

2. 故障现象

(1) 电梯快车不能向上运行，但慢车可以。

原因：可能是向上强迫减速限位已坏，处于断开状态。

(2) 电梯快车不能向下运行，但慢车可以。

原因：可能是向上强迫减速限位已坏，处于断开状态。

(3) 电梯处于故障状态，程序起保护。故障代码显示为换速开关故障。

原因：可能是向上或向下强迫减速限位已坏。因为强迫减速限位在电梯安全中显得相当重要，许多电梯程序都被设计成对该限位有检测功能，如果检测到该限位坏，即起程序保护。电梯处于“死机”状态。

十、选层器

1. 作用

计算电梯在运行中目前所处的实际位置。

2. 选层器的类型和故障

(1) 机械选层器。早先的电梯是采用机械式选层器，有的是采用同步钢带，，随同电梯的运行，模拟反映出电梯实际所在的位置，现在已经被淘汰。

(2) 井道楼层感应器。有的电梯，电梯位置的计算是靠在井道中每层都装一只磁感应器，轿厢侧装一块隔磁板，当隔磁板插入感应器时，该感应器动作，控制屏接受到这个感应器的信号后，立即计算出电梯的实际位置。同时控制显示器显示出电梯所在位置的楼层数字。

故障现象：电梯要确定运行的方向，势必要知道电梯目前所在的位置，所以电梯位置的确定非常重要，这部分电路出了故障，可能电梯就不能自动确定运行方向了，而会出现信号登记不上的现象。同样，这部分电路出现故障时，一般也会引起楼层显示数字的不准确等现象。

(3) 轿厢换速感应器。目前有些电梯省掉了楼层感应器，而采用装在轿厢上的换速感应器来计算楼层。

这种电梯在轿厢侧装有一只上换速感应器和一只下换速感应器，在井道中每层停站的向上换速点和向下换速点分别装有一块短的隔磁板。

当电梯上行时，到达换速点时，隔磁板插入感应器，感应器动作，控制屏接收到一个信号，使原来的楼层数自动加1。

当电梯下行时，到达换速点时，隔磁板插入感应器，感应器动作，控制屏接收到一个信号，使原来的楼层数自动减1。

当电梯到达最底层时，下强迫减速限位动作时，能使电梯楼层数字强制转换为最低层数字。

当电梯到达最高层时，上强迫减速限位动作时，能使电梯楼层数字强制转换为最高层数字。

故障现象：这种类型的电梯往往会造成电梯在运行中有乱层现象。如：上换速感应器坏（不能动作）时、电梯向上运行时数字不会翻转，也不能在指定的楼层停靠，而是一直向上快速运行到最高层，楼层数字一下子翻到了最高层。使电梯在最高层减速停靠。下换速感应器坏故障相反。

（4）数字选层器。所谓数字选层器，实际上就是利用旋转编码器得到的脉冲数来计算楼层的装置。这在目前大多数变频电梯中较为常见。

原理：装在电动机尾端（或限速器轴）上的旋转编码器，跟着电动机同步旋转，电动机每转一圈，旋转编码器能发出一定数量的脉冲数（一般为600或1024个）。

在电梯安装完成后，一般要进行一次楼层高度的写入工作，这个步骤就是预先把每个楼层的高度脉冲数和减速距离脉冲数存入电脑内，在以后运行中，旋转编码器的运行脉冲数再与存入的数据进行对比，从而计算出电梯所在的位置。一般地，旋转编码器也能得到一个速度信号，这个信号要反馈给变频器，从而调节变频器的输出数据。

故障现象：

1）旋转编码器坏（无输出）时，变频器不能正常工作，变得运行速度很慢，而且一会儿变频器保护，显示“PG断开”等信息。

2）旋转编码器部分光栅坏时，运行中会丢失脉冲，电梯运行时有振动，舒适感差。

3）对旋转编码器的维修：

a. 旋转编码器的接线要牢靠，走线要离开动力线以防干扰。

b. 有时因为旋转编码器被污染，光栅堵塞等情况，可以拆开外壳进行清洁。

旋转编码器是精密的机电一体设备，拆除时要小心。

十一、轿厢上下平层感应器

1. 作用

1）用来进行轿厢的爬行平层。

2）用来进行反馈门区信号。

2. 故障现象

平层感应器不动作（或者隔磁板插入感应器的位置偏差太大）时，电梯减速后可能不会平层，而是继续慢速行驶。

有些电梯程序能检测平层感应器的动作情况，比如当电梯快速运行时，规定到达一定时间必须要检测到有平层信号，否则认为感应器出错，程序立即反馈电梯故障信号。

十二、称重装置

(1) 作用：用来测定电梯载重量，发出轻载、满载、超载等信号。有的能进行电梯运行中的补偿。配合防捣乱功能等。

(2) 故障现象：主要防止称量装置位置移位，造成误动作。这时要重新做试验调正位置。否则可能引起电梯关不上门的现象发生。

第七章
常见电梯故障维修实例及紧急故障处理方法

第一节　电梯故障维修实例

（1）品牌：日立。

型号：CVF-S。

现象：PLC输入正常，没有输出，电梯无显示，安全回路正常。50B、50X继电器不吸合，检查故障记录为E43及E85。

解决方法：更换变频器电源板后电梯恢复正常。

（2）品牌：德国朗格尔电梯。

现象：电梯偶尔在换速后出现突然停车，多数在下行时出现，后来越来越严重。

解决方法：经查是再生电阻线虚造成的，拧紧后故障排除。

（3）品牌：西奥。

型号：OH5100。

现象：电梯快车不能下行，检修正常运行，服务器看不到故障代码。

解决方法：检查下强减，正常。

LCM2板程序设置正常。

后经查是AMCB板损坏P8—1脚无下行信号输出。更换AMCB板后电梯恢复正常。

（4）品牌：中奥。

型号：bp-302主板

现象：电梯经常出现在平层开门后保护，不间断的出现不定层。

解决方法：检查发现由于开门按钮导致保护，更换开门按钮后恢复正常。

（5）品牌：佳登曼。

型号：GODM. K. 1350/1.0。

现象：电梯高速运行时噪声大，变频器是奥莎，主机是宁波申菱。

解决方法：把B09设为0，把A03设为9然后自动变成10，把检修速度设为40MM/S，运行不少于二圈，把A03设为7，断电2分钟再上电，再运行时主机噪声已经变小。

（6）品牌：日立。

型号：GVF—3。

现象：电梯一上电，10T运行接触器和15B抱闸接触器不停的吸合、释放，响声不绝于耳，快慢车不动。

原因：调阅故障代码为E61。

解决方法：分析故障E61为DC48V，AVR电源故障。从10T和15B不停的吸合、释放。说明有DC48V电源供给了10T和15B（实测45V），查外围电路，一切正常。后询问保养工电梯的一些情况，得知更换了15B接触器后发现15B的压敏二极管接反向了。

（7）品牌：三菱。

现象：每天出现一次左右到站开门后死机。

原因：根据现场观察，而出现一次死机很难碰到，后更换抱闸接触器，故障依旧。

解决方法：最后通过听另台抱闸声音，发现此台有边抱闸开的太小有噪声，调整两边抱闸同步，声音消除，后来没有在出现死机现象。

（8）品牌：蒂森。

型号：蒂森无机房MC2。

现象：调试中，试运行慢、快车正常，但电梯总是到了一楼，就会开门，停止运行。

解决方法：

1）将MC2上X27去掉，故障依然。

2）将MC2上X36去掉，故障依然。

3）检查发现1楼外呼板把ZSE开关插到了Fire，更换后故障排除，运行正常。

（9）品牌：日立。

型号：GVF-Ⅱ。

现象：电梯停在最高层开门后轿厢电源自动切断，开门按钮灯亮，控制柜LED4、LED5（软安全回路）灯灭可检修运行。消防也能迫降，消防复位后电梯自动登记最高层，楼层无法登记，到达最高层后出现上述故障。

原因：程序被修改。

解决方法：进入程序，修改或重新拷贝程序后测一下楼高，电梯恢复正常。

（10）品牌：日立。

型号：HGP。

现象：电梯一启动就急停，停一下，又启动释放，多次重复。

原因：故障代码为E91。

解决方法：检查电源正常，后发现曳引轮防护罩开关接触不好。

（11）品牌：OTIS。

型号：3200。

现象：电梯停在一楼，不运行，TT显示EFS。

原因：10楼厅站外呼显示板工作不正常。

解决方法：测量IC13～IC14电压正常，检查发现RCB-Ⅱ的第一个灯不亮，按图纸去除RCB板子上输出至外围的LINK通信，发现灯恢复正常，逐一去除3个LINK，发现G-LINK有问题，从而干扰了RCB板子正常工作，导致错误的发出消防服务指令，再逐一检查发现10楼厅站外呼板不好更换后即恢复正常。

（12）品牌：西奥。

型号：XO-STAR。

现象：在更换一台西威变频器后，出现电梯能上行但不能下行。

解决方法：参数Speedrefinvsrc＝NULL应改为Speedrefinvsrc＝DoWncontmon，这样电梯就有上下行了。

(13) 品牌：新时达。

型号：SM-01。

现象：不走车，显示正常。

原因：变频器里变压器坏。

解决方法：更换变压器后正常。

(14) 品牌：西奥。

型号：FO。

现象：双通门后门显示为乱码，5层楼其他楼层显示不亮，外召全亮．不关门，检修开不动。

原因：后门显示坏了。

解决方法：换板。

(15) 品牌：韩国东洋电梯。

型号：CL－70。

现象：电压不稳，造成电梯突停，而后电梯无法运行。

原因：变频器内部元件损坏。

解决方法：进口韩国原件换上，电梯运行正常。

(16) 品牌：日立。

型号：NPH。

现象：经常出66（运行中uls，dls动作异常），导致死机、偷停，有时还困人。

解决方法：经观察，上到最顶层才出66，然后上到顶层就在减速中突然急停一下。在轿顶走快车时发现到顶层时，uls动作，后来调整后故障修复。

备注：发现这个问题后发现多台电梯都有这种情况，可以推断是安装遗留的问题。

(17) 品牌：柳州三京。

型号：JXVF。

现象：电梯检修上下行启动就停。

解决方法：更换旋转编码器故障还在，更换米高2003变频器主板后故障消失。

(18) 品牌：日立。

型号：GVF-Ⅱ。

现象：该电梯经常出现死机现象，频繁时每天一次，多出现在平层区，一层出现最多。

检查过程：

1）电梯停在门区距平层100mm左右。

2）机房检查故障码为38（38多为微动平层时出错）。

3）查阅该电梯电气原理图微动平层部分，观察发现微动平层继电器FLMA、FLMB、FLMC动作不正常，FLMC继电器吸合不到位。

4）用万用表测量FLMC继电器线圈上电压不足，不能维持其吸合。

故障分析：FLMC继电器线圈回路上经过了两个插接件，分析是插接件接触不良，导致电压将在插接件上，使FLMC继电器线圈不能维持其吸合。

处理结果：将该插接件的插针挑出来调整后重新插好，故障消除，观察一星期后没有再发生此故障。

(19) 品牌：奥菱达电梯。

型号：TKJ1000，17层/17站。

现象：电梯在1楼正常到17楼（顶层），然后不能走快车，开始慢车能走上、下，还能自动平层，几分钟之后连慢车都不能走动，到机房检查故障代码，为变频器（西威）输出阀值过大。初步确定排除安全回路上的问题，检查各个接触器，没有损坏，熔断器、电阻正常，抱闸也没问题。调换另一台变频器过来试，没有反映，电话询问厂家，厂家说要重新定位编码器才行，按照提议，重新定位编码器后，也没有反映；检查到这，头都发晕啦。断电后重新查检控制柜，发现KMY接触器下端T1线有点松动，拧紧后，送电慢车可走动，试快车也正常运行。

（20）型号：许继富士。

现象：按下某层按钮，上行不停而下行停止，无任何其他的现象。

原因：平层刀出现倾斜。

解决方法：将平层刀恢复成垂直状态，注意检查其他平层刀。

（21）品牌：日立。

型号：GVF-3。

现象：11层/11站，电梯从10层到11层接近平层时突然停止，然后自救运行底层，其他层到11层正常运行，故障（64电梯端站减速曲线异常）。

原因：分析主要和减速开关有关，经检查，更换还是此故障。

解决方法：后把减速开关上调此故障才消失。

（22）品牌：三菱。

型号：三菱GPS。

现象：电梯每次运行到一楼停梯后，自动熄灭轿厢内照明，并且无法对电梯进行召唤，控制柜P1电脑板故障代码显示为"EF"（即"不能启动"），对主电脑板进行复位处理后，电梯又恢复正常运行，但运行到一楼后，又出现上述故障。

解决方法：

1）"EF"是一种非常笼统的故障指示，引起上述故障现象的可能性很多，主要有P1电梯脑板故障、下端站强迫换速距离错误，称重反馈数据错误等。

2）检修运行电梯，在机房检测下强迫换速开关是否正常，结果未发现问题。

3）进入井道及底坑对各下强迫换速开关进行检测，未发现问题。

4）检测强迫换速开关碰铁的垂直度，未发现问题。

5）检测各下强迫换速开关与碰铁的水平距离，该距离属正常范围。

6）进入机房，确认轿厢内无人，并且轿厢门、厅门已经全部关闭后，断开门机开关以防乘客进入轿厢，将P1主电脑板上WGHO拨码开关置"0"位，以取消称重装置（此时P1主电脑板上的数码显示的小数点会左右跳动），在机房对电梯进行召唤，结果电梯恢复正常运行，这说明原来的电梯故障是由称重装置引起的。

7）进入轿顶对称得装置进行检查，发现称重装置歪斜，调正后电梯恢复正常运行。

备注：电梯恢复正常后，应将P1板上的WGHO拨码开关置回原来位置。

经验总结：

1）称重装置反馈回主电脑板的数据如果发生错误或与EEPROM中存储的称重数据有冲突，电梯会停止运行，因此，当电梯更换钢丝绳或轿厢进行重新装修后，应该对称重装置进行调整并且重新进行称量数据写入。

2）本故障虽然不是由于下强迫换速的原因引起的，但如果因为某种原因导致下强迫换速减速距离变化的话，也可能导致与本案例完全相同的故障现象。

（23）品牌：蒂森。

现象：故障代码。

解决方法：

1）变频器检测故障。

2）F2、F3、F5、F9 变频门机参数没调好。

3）抱闸开关检测错误（此特征为电梯运行一段距离就急停然后就出现"— —"）。

4）串行通信 CANBUS 故障

解决措施：

1）变频器（为 CPI 变频器）。故障代码如出现 9500（变频器故障）、5800（电梯急停）故障的话就升级 TMI2 板上的芯片，现在最新版本为 5.7B，这样基本可能解决"— —"现象。

2）对于门机方面通常是对通门的门机做了自学习后没 DF1E（CAN 接口设定），除对通门机外也有部份门机自学习后也需要设定 DF1E。

3）抱闸检测开关。当抱闸打开时为离开开关，调整时需要闭合动作开关，故障代码为（860X）。

4）串行通信。检查是否有插好，调正常电压为 DC3V 上下偏差不超 0.3V。

（24）品牌：三菱。

型号：hope。

现象：电梯快车不行，慢车可以走，但开几次会烧模块，维保员更换所有的模块、p1 板 e1 板、编码器，仍不能解决问题。

解决方法：

到现场了解分析观察后判断是驱动有问题，测量供电电源发现＋5V、＋12V 正常，－12V 只有 8V，不正常，更换电源后，电梯正常。

原因：由于－12V 不正常导致驱动板工作不稳定。

（25）品牌：东莞富士。

型号：5＼5＼5 客梯。

现象：电梯显示下行箭头及楼层，PC 显示正常，不能走梯（检修也不行），检修运行时抱闸及 MC 接触器吸合后即释放，在 PC 上看上下强换及限位等均正常.

解决方法：后来查到 MC 接触器的辅助动合触头接触不良，更换一台新的后正常。

（26）品牌：西奥。

型号：oh5000。

现象：连续十余天上午 8 点半左右两部电梯停梯保护，另一部没事，三部梯子共有一个总电源，故障显示为变频器故障，外部电源错误，进行电源监测，插线都正常，后来查出进压 410V 左右。

解决方法：将控制柜里面的变压器调高一个挡位，问题解决。

（27）品牌：西奥。

型号：XO-STAR。

现象：电梯有时出现不关门，LCB2 板 NOR 无显示，另安川变频器出现 Ground fault 2 故障代码，断电虽可复位、正常，但过段时间还会出现。

解决方法：仔细查出变频器内有根线破损，修复正常。

（28）型号：西奥 OH5000。

现象：内外召指令闪光灯错乱显示，导致电梯自动运行、运行中也会自动开关门。

原因：控制柜消防通信板 RS5 损坏。

解决方法：将该通信板电源插件拔掉，电梯恢复正常。

（29）品牌：西奥改造电梯。

控制系统：4121。

现象：安川变频器显示 PG0 故障，电梯保护。

解决方法：检查了编码器线、编码器电压、制动状态，一切正常，更换编码器，电梯还是不动。后来发现控制柜里面的小变压器输入电源线松动紧固后电梯正常。

（30）品牌：西奥。

型号：STAR 电梯。

配置：LCB-Ⅱ，安川变频器。

现象：电梯无论快慢车，有下行指令时电梯总是上行，然后变频器保护。

解决方法：经查故障原因是由变频器内的 PG（编码器）板松动造成。

（31）品牌：西奥。

型号：OH5000。

配置：LCB-Ⅱ AMCB2 SIEI。

现象：电梯不关门，轿内无显示。

解决方法：在检查过程中发现 RS5 板上插件插错，地址码也被动过。修改后显示正常但还是不关门，TT 显示消防状态，原来是 RS5 板损坏有明显烧痕。更换后正常，但电梯还是不能运行。原来地层的 RS5 板也坏了（锁梯）更换后正常运行。

（32）品牌：西奥 OH-G（观光梯）。

现象：室外钢结构井道，光幕门保护，电梯运行到 1 层后无法正常关门，检查一切正常。阴天或晚上正常，晴天时经常出现。

原因：光幕受阳光影响无法正常工作（1 层双通门，后门正对阳光）。

解决方法：一楼后门撑个遮阳伞。

（33）品牌：日立扶梯。

型号：EX-H。

现象：只能上行，不能下行，下行的时候启动 2s 就停止，启动 2s 就停止，如此反复。有时启动后运行半天无故障，有时运行一个小时就自动停止，没有规律的乱停。

原因：电梯安装的不够好，下行时偏一边走，刚好磨到了中线厢的一条电缆，这条电缆也是安装时不注意外露出来的。电梯一走动，梯级滚轮就与这条电缆摩擦，日久这条电缆就自然对地了（接地），所以就引起了安全回路瞬间落地，安全继电器 KC0 失电，电梯停止。

解决方法：找到中线厢被磨破皮的电缆重新接好，固定。

（34）品牌：三菱。

型号：SPVF。

现象：20min 死一次机。

原因及解决方法：根据现场观察，抱闸没打开，拿万用表量抱闸接触器，正常，重新调整抱闸后正常。

（35）品牌：三菱 HOPE。

现象：E8、电梯急停。

原因：E8-LB#接触器故障。

解决方法：检查LB接触器触点不太好，经处理调换触点，运行观察故障还有，于是更换新的LB#接触器，故障还是时有发生，因此排除了LB#接触器本身问题。观察发现电梯启动LB#接触器吸合，但抱闸没有动作，进一步测量抱闸线圈两端电压正常，分析可能是抱闸弹簧太紧，松了两圈后，运行观察电梯恢复正常。

（36）品牌：日立（NPH-GVF3）。

现象：刚调试的时候大多数梯子启动就停止，有时候无法启动，有时候运行一段时间突然不能运行（在为调快车之前，走慢车出现的问题）。

原因：双制动微动开关不同步。

解决方法：调整双制动微动开关距离，直到调整到良好状态紧固螺丝，防止运行一段时间再出现此故障。

（37）品牌：日立。

型号：NPH。

现象：电梯关门后保护，厅外有显示，不出故障报告，厅外呼不到梯，门锁、安全回路正常。

原因：电梯关门按钮内部接触不好。

解决方法：更换按钮后正常。

（38）品牌：日立。

型号：NPH。

现象：电梯不停运行，每层都停开门、关门继续运行，从上行到下，又从下行到上不停的这样，内外召唤都不起作用，内外数显一直显示1楼。

原因：在故障之前当地下雨打过雷，怀疑雷电打击程序保护。

解决方法：停送电复位正常。

（39）品牌：日立。

型号：YP-15-CO90。

现象：经常向下运行至1楼，在减速过程中出现偷停。

解决方法：在现场观察，向上运行均欠平层40mm，向下运行一楼，当电梯减速切换到91J继电器时，91J、91K、91L继电器同时断开，偷停的时候，92L也断开。检查这四个继电器及相关的控制线路没有发现异常。当隔兹板插入，RS11断开，经11X2动断触头、91N2、91J1触头后使91J断开，若91J断开的时间与91K、91L继电器配合不上就会引起92L断开，造成偷停，根据电梯上行出现欠平层的现象，可以肯定是感应器回路有问题，因为在电梯上行时，减速至91B时，是由RS11切换的，若切换时间出现问题就会造成平层不准确或偷停。检查RS11感应器没有问题，在检查RS11线路，发现RS11感应器中间接线箱接线端11-28锈蚀严重，存在接触不好，直接将线连接，试运行后，向上欠平层现象消失，向下运行到一楼，减速过程91J、91K、91L同时断开现象正常。

原因：

1）减速回路引起92L继电器动作。

2）RS11感应器中间接线箱接线端子生锈导致接触不良。

（40）品牌：奥安达。

现象：电梯有11层，有时候在一楼不平层又反平层正常，有时候自动从11楼慢车到一楼后正常，电梯在11楼、8楼、6楼不开门，变频器保护有时候一天才出一次，有时候两天才出一次。

原因：把主板、CPO板、变频器、编码器全都调换过都是正常的，再把控制柜所有的螺丝全部拧紧后正常运行。

(41) 品牌：富士。

现象：冲顶。

原因：下强减速开关不会复位，错层。

解决方法：开始怀疑是上升减速开关，或是限位开关问题，经万用表检查后发现正常。抱闸也正常．后来检查发现一楼井道下降减速开关不会复位，更换下降减速开关后，电梯恢复正常运行。

(42) 品牌：西奥。

型号：5100。

现象：电梯运行2～3天死机变频器显示过压保护停电过几秒送电后，运行正常，过2～3天又死机，反反复复。(电源电压测量395V)

原因：①变频器电容储存电压无法自动释放，导致电压越来越高。②IGBT对地放电电流过大。使电梯死机。

解决方法：更换变频器重新调试后电梯运行正常。

(43) 品牌：爱登堡。

现象：电梯经常不定时的错层，关人。

解决方法：更换减速开关的线后电梯正常运行1个月，之后又开始罢工。更换电源盒后问题得到解决。

(44) 品牌：三菱。

型号：SP-VF。

现象：轿内登记几个指令，当到最近的楼层开门后其他楼层的内选指令突然全部销号。

解决方法：刚开始怀疑串行通信，601、503、422、全部拆下检测未发现问题，检查P1板正常，后来因每次销号都在平层开门后，故怀疑是开门的到位信号为进到板子上去，反馈信号不正确软件保护。后经查为门机板损坏，造成到位信号传输不到引起的。

(45) 品牌：奥利达。

现象：到站不平层。

原因：这家生产化纤材料的工厂货梯使用频繁，一天的总载货量为一百几十吨，抱闸刹车磨损至半，停车时间变长导致不平层。

解决方法：更换刹车，故障解决。

第二节 紧急故障处理方法

一、电梯、液压电梯非开门区停电、困人应急救援方法

1. 注意事项

(1) 应急救援小组成员应持有特种设备主管部门颁发的《特种设备作业人员证》。

(2) 救援人员2人以上。

(3) 应急救援设备、工具：层门开锁钥匙、盘车轮或盘车装置、松闸装置、常用五金工具、

照明器材、通信设备、单位内部应急组织通讯录、安全防护用具、警示牌等。

（4）在救援的同时还要保证自身安全。

2. 救援过程

（1）首先断开电梯主开关，以避免在救援过程中突然恢复供电而导致意外的发生。

（2）通过电梯紧急报警装置或其他通信方式与被困乘客保持通话（见图 7-1），安抚被困乘客，可以采用以下安抚语言："乘客们，你们好！很抱歉，电梯暂时发生了故障，请大家保持冷静，安心地在轿厢内等候救援，专业救援人员已经开始工作，请听从我们的安排。谢谢您的配合。"

（3）若确认有乘客受伤或有可能有乘客会受伤等情况，则应立即同时通报 120 急救中心，以使急救中心做出相应行动。

3. 电梯非开门区"停电"困人

（1）通过与轿厢内被困乘客的通话，以及通过与现场其他相关人员的询问或与监控中心的信息沟通等渠道，初步确定轿厢的大致位置。

（2）在保证安全的情况下，用电梯专用层门开锁钥匙打开所初步确认的轿厢所在层楼的上一层层门（若初步确认轿厢在顶层，则打开顶层的层门）。

（3）打开层门后，若在开门区，则直接开门放人。若在非门区，则仔细确认电梯轿厢确切位置（若确认电梯轿厢地板在顶层门区地平面以上较大距离，被困乘客无法从轿厢到达顶层地面，即冲顶情况，请参照图 7-2 处理；若确认电梯轿厢地板在底层门区地平面以下较大距离，被困乘客无法从轿厢到达底层地面，即蹲底情况，请参照图 7-3 处理），根据不同类型电梯进行下一步操作。

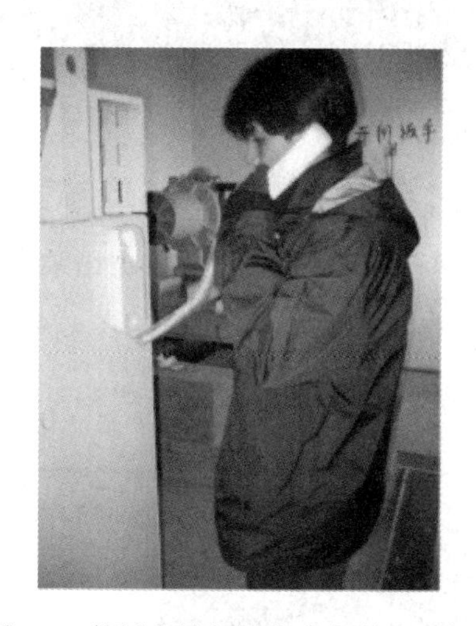

图 7-1　救援人员与轿内乘客联系示意图

图 7-2　专用层门开锁钥匙

二、有机房电梯、液压电梯非开门区停电、困人应急救援方法

（1）救援人员在机房通过紧急报警装置或其他通信方式与被困乘客保持通话，告知被困乘客将缓慢移动轿厢。

（2）仔细阅读有机房电梯松闸盘车作业指导或紧急电动运行作业指导，严格按照相关的作业指导进行救援操作。手动盘车示意图如图 7-4 所示。

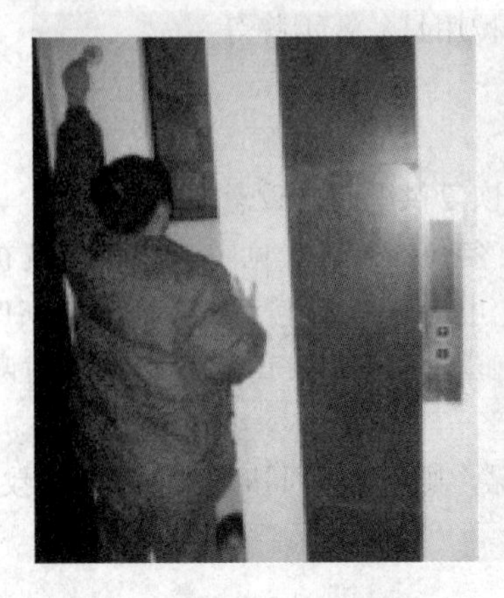

图 7-3　不能救援位置示意图

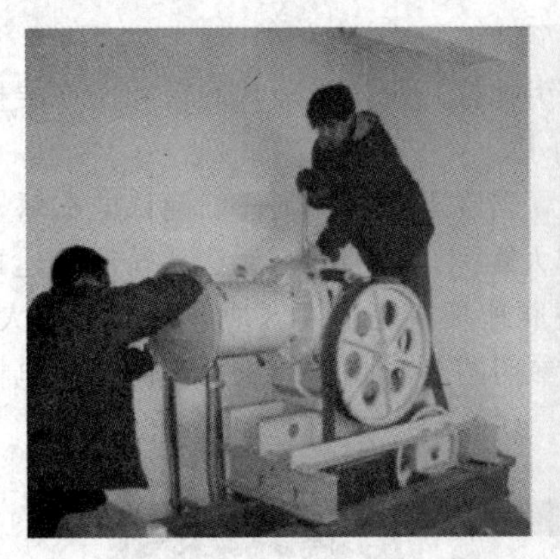

图 7-4　手动盘车示意图

（3）根据电梯轿厢移动距离，判断电梯轿厢进入平层区后，停止盘车作业或紧急电动运行。

（4）根据轿厢实际所在层楼，用层门开锁钥匙打开相应层门，救出被困乘客，如图 7-5、图 7-6 所示。

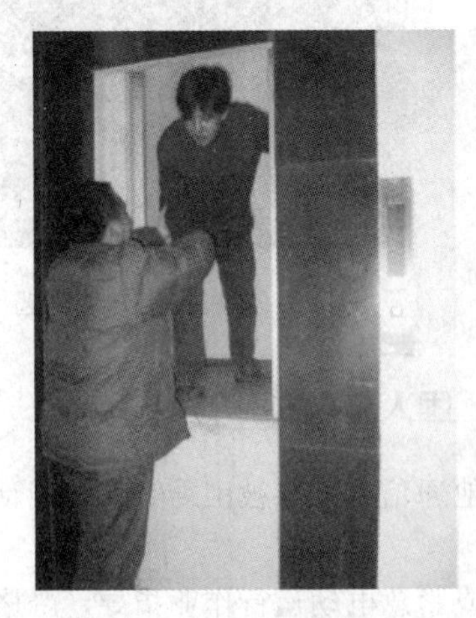
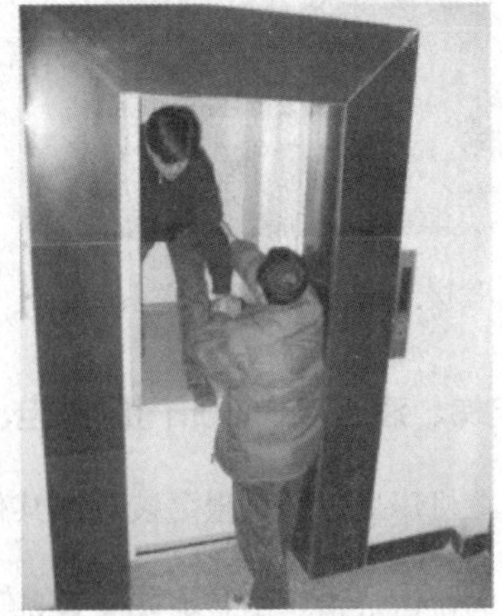

图 7-5　救援乘客示意图（轿厢在层站上部）

图 7-6　救援乘客示意图（轿厢在层站下部）

三、无机房电梯、液压电梯非开门区停电、困人应急救援方法

（1）救援人员通过紧急报警装置或其他通信方式与被困乘客保持通话，告知被困乘客将缓慢移动轿厢。

（2）仔细阅读无机房电梯紧急松闸救援作业指导（根据轿厢与对重是否平衡，进行相关的操作）或紧急电动运行作业指导，严格按照相关的作业指导进行救援操作。

（3）根据电梯轿厢移动距离，判断电梯轿厢进入平层区后，停止盘车作业或紧急电动运行。

（4）根据轿厢实际所在层楼，用层门开锁钥匙打开相应层门，救出被困乘客。

四、电梯非开门区“冲顶”困人应急救援方法

首先按照前述的注意事项及措施进行操作，然后按照下列步骤进行救援。打开层门后，确认电梯轿厢地板在顶层门区地平面以上较大距离，即冲顶情况，则根据不同类型电梯进行下一步操作。

（1）有机房电梯的操作。

1）救援人员在机房通过电梯紧急报警装置或其他通信方式与被困乘客保持通话，告知被困乘客将缓慢移动轿厢。

2）观察电梯曳引机上的钢丝绳，如果发现没有紧绷，则可能是轿厢在冲顶后，对重压上缓冲器，然后轿厢向下坠落，引起了安全钳动作。此时，必须先释放安全钳，然后进行以下操作。

3）仔细阅读有机房电梯松闸盘车（向轿厢下行方向盘车）作业指导或紧急电动运行（向轿厢下行方向）作业指导，严格按照相关的作业指导进行救援操作。

4）根据电梯轿厢移动距离，判断电梯轿厢进入顶层平层区后，停止盘车作业或紧急电动运行。

5）在顶层用层门开锁钥匙打开相应层门，救出被困乘客。

（2）无机房电梯的操作。

1）救援人员通过电梯紧急报警装置或其他通信方式与被困乘客保持通话，告知被困乘客将缓慢移动轿厢。

2）仔细阅读无机房电梯紧急电动运行作业指导，严格按照相关的作业指导进行救援操作。

注 意

一般在冲顶情况下，应该是轿厢较轻，不适宜进行手动松闸救援；另外由于各种原因，也不适宜进行增加轿厢重量进行救援，向轿厢下行方向。

3）根据电梯轿厢移动距离，判断电梯轿厢进入平层区后，停止盘车作业或紧急电动运行。

4）在顶层用层门开锁钥匙打开相应层门，救出被困乘客。

五、电梯非开门区“蹲底”困人应急救援方法

首先按照前述的注意事项及措施进行操作然后按照下列步骤进行救援。打开层门后，确认电梯轿厢地板在底层门区地平面以下较大距离，即蹲底情况，则根据不同类型电梯进行下一步操作。

（1）有机房电梯的操作。

1）救援人员在机房通过电梯紧急报警装置或其他通信方式与被困乘客保持通话，告知被困乘客将缓慢移动轿厢。

2）仔细阅读有机房电梯松闸盘车（向轿厢上行方向盘车）作业指导或紧急电动运行（向轿厢上行方向）作业指导，严格按照相关的作业指导进行救援操作。

3）根据电梯轿厢移动距离，判断电梯轿厢进入底层平层区后，停止盘车作业或紧急电动运行。

4）在底层用层门开锁钥匙打开相应层门，救出被困乘客。

（2）无机房电梯的操作。

1）救援人员通过电梯紧急报警装置或其他通信方式与被困乘客保持通话，告知被困乘客将缓慢移动轿厢。

2）仔细阅读无机房电梯紧急松闸救援或紧急电动运行（向轿厢上行方向）作业指导，严格按照相关的作业指导进行救援操作。

3）根据电梯轿厢移动距离，判断电梯轿厢进入平层区后，停止盘车作业或紧急电动运行。

4）在底层用层门开锁钥匙打开相应层门，救出被困乘客。

六、电梯非开门区“门触点故障”困人

救援流程与二、三、四相同。

七、液压电梯非开门区“停电”伤人或困人解救方法

（1）应急救援人员赶赴现场后，若判定是停电困人。

（2）一名应急救援人员到现场后，实施“应急救援救援过程”第6条（即：与轿厢内人员对话了解情况和安抚被困人员）。

（3）一名应急救援人员赶赴机房，拉下总电源防止在救援过程中送电造成另外事故。

（4）一名应急救援人员拿电梯专用层门开锁钥匙打开层门，打开应急照明观察轿厢停止位置，确定运动方向。

（5）若确定“向下”就近平层，即通过对讲机向机房应急救援人员传达指令。若确定“向上”就近平层，即通过对讲机向机房应急救援人员传达指令。

（6）“向下”就近平层时，机房应急救援人员可“点动”按压泵站“泄压按钮”，观察压力表变化，并通过对讲机与层门处应急救援人员联络。“向上”就近平层时，机房应急救援人员可用“加压杆”通过手动泵加压，观察压力表变化，并通过对讲机与层门处应急救援人员联络。

（7）“向下”就近平层时，轿厢应缓慢下降至平层区，释放被困人员；“向上”就近平层时，轿厢应缓慢上升至平层区，释放被困人员。

（8）被困人员中若有伤者或身体不适者，应急救援人员应及时联系医疗救护，送医院救治。

（9）应急救援人员应告知“电梯使用方”通电后，应在电梯专业人员检查后方可使用。

八、液压电梯非开门区“冲顶”伤人或困人解救方法

（1）应急救援人员赶赴现场后，若判定非停电，一名应急救援人员应到机房打开控制柜观察、分析故障点，若确定“冲顶”困人，应通过对讲机告知其他应急救援人员故障点及相关情况。

（2）一名应急救援人员到现场后，实施“救援过程”第6条（即：与轿厢内人员对话了解情况和安抚被困人员）。

（3）机房应急救援人员确定故障后，断开总电源防止在救援过程中造成意外事故。

（4）一名应急救援人员用电梯专用层门开锁钥匙打开层门，直接与被困人员对话安抚。同时通过对讲机通知机房应急救援人员工作。

（5）机房应急救援人员可“点动”按压泵站“泄压按钮”，观察压力表变化，并通过对讲机与层门处应急救援人员联络。

（6）轿厢缓慢下降至顶层平层区，释放被困人员。

（7）被困人员中若有伤者或身体不适者，应急救援人员应及时联系医疗救护，送医院救治。

（8）应急救援人员检查“上极限开关”、“油缸极限开关”等，查明故障原因后复位。

（9）应急救援人员全行程运行电梯（反复多次）并确定无异常后，告知使用方。

（10）应急救援人员通过救援和检查应查明事故点，并作现场记录。

（11）应急救援指挥中心办公室应对事故作出纠正预防措施报告。

九、液压电梯非开门区“蹲底”伤人或困人解救方法

（1）应急救援人员赶赴现场后，若判定非停电，一名应急救援人员应到机房打开控制柜观察分析故障点，若确定“蹲底”困人，应通过对讲机告知其他应急救援人员故障点及相关情况。

（2）一名应急救援人员到现场后，实施“救援过程”第6条（即：与轿厢内人员对话了解情况和安抚被困人员）。

（3）机房应急救援人员确定故障后，拉下总电源防止在救援过程中造成意外事故。

（4）一名应急救援人员用电梯专用层门开锁钥匙打开层门，直接与被困人员对话安抚。同时通过对讲机通知机房应急救援人员工作。

（5）机房应急救援人员可用“加压杆”通过手动泵加压，观察压力表变化，并通过对讲机与层门处应急救援人员联络。

（6）轿厢缓慢上升至平层区，释放被困人员。

（7）被困人员中若有伤者或身体不适者，应急救援人员应及时联系医疗救护，送医院救治。

（8）应急救援人员检查“下极限开关”“底坑安全开关”等，查明故障点后复位。

（9）应急救援人员全行程运行电梯（反复多次）并确定无异常后，告知使用方。

（10）应急救援人员通过救援和检查，应查明事故点，并作现场记录。

（11）应急救援指挥中心办公室应对事故作出纠正预防措施报告。

十、液压电梯非开门区“门触点故障”伤人或困人解救方法

（1）应急救援人员赶赴现场后，若判定非停电，一名应急救援人员应到机房打开控制柜观察故障点，若确定“门触点故障”困人，应通过对讲机告知其他应急救援人员故障点。

（2）一名应急救援人员到现场后，实施“救援过程”第6条（即：与轿厢内人员对话了解情况和安抚被困人员）。

（3）机房应急救援人员确定故障后，拉下总电源防止在救援过程中造成意外事故。

（4）一名应急救援人员用电梯专用层门开锁钥匙打开层门，直接与被困人员对话安抚。确定运动方向，同时通过对讲机通知机房应急救援人员工作。

（5）“向下”就近平层时，机房应急救援人员可“点动”按压泵站“泄压按钮”，观察压力表变化，并通过对讲机与层门处应急救援人员联络。“向上”就近平层时，机房应急救援人员可用“加压杆”通过手动泵加压，观察压力表变化，并通过对讲机与层门处应急救援人员联络。

（6）“向下”就近平层时，轿厢应缓慢下降至平层区，释放被困人员；“向上”就近平层时，轿厢应缓慢上升至平层区，释放被困人员。

（7）被困人员中若有伤者或身体不适者，应急救援人员应及时联系医疗救护，送医院救治。

（8）应急救援人员检查“门触点开关”、“门系统其他安全部件”等，更换或调整开关或部件。

（9）应急救援人员查明、排除故障点后复位，并作现场记录。

（10）应急救援人员全行程运行电梯（反复多次）并确定无异常后，告知使用方。

（11）应急救援指挥中心办公室应对事故做出纠正预防措施报告。

十一、曳引式电梯非正常开门运行发生剪切事故应急救援流程

（1）适用范围：曳引式垂直升降电梯、液压电梯。

注 意

1）应急救援小组成员应持有特种设备主管部门颁发的《特种设备作业人员证》。

2）救援人员2人以上。

3）应急救援设备、工具：紧急开门用层门开锁钥匙、盘车轮或盘车装置、松闸装置、手动葫芦、常用五金工具、撬杠、千斤顶、钢丝绳套、钢丝绳卡绳板、照明器材、通信设备、单位内部应急组织通讯录、安全防护用具、警示牌等。

4）在救援的同时要保证自身安全。

（2）救援过程。

1）首先断开电梯主开关，以避免在救援过程中突然恢复供电而导致意外的发生。

2）应立即同时通报120急救中心，以使急救中心做出相应行动。

3）在符合以下条件下，可在120专业急救人员到来之前进行救援，否则按照以下步骤进行处理：

a. 先行救援不会导致受伤人员的进一步伤害。

b. 有足够的救援人员。

4）如果是轿厢内人员或层站乘客在出入轿厢时被剪切，则：

a. 如果可以通过用直接打开电梯门即可救出乘客，则在保证安全的前提下，用层门开锁钥匙打开相应层门，救出被困乘客。

b. 如果不可以通过用层门开锁钥匙打开电梯门即可救出乘客，则相应人员在受伤乘客所在楼层留守，相应人员进行盘车救援操作或紧急电动运行，并且保持与留守在受伤乘客所在楼层的人员通信，一旦可以进行受伤乘客救出工作，则停止盘车救援操作或紧急电动运行。

c. 在保证安全的前提下，用层门开锁钥匙打开相应层门，救出被困乘客。

d. 救出乘客后，根据120急救人员的指示进行下一步救援工作。

5）如果是乘客或其他人员在非出入轿厢时被剪切，即发生轿底或轿顶剪切，则：

a. 发生轿底剪切时，相应人员在受伤乘客所在楼层留守，相应人员进行盘车救援操作或紧急电动运行（使轿厢向上移动），并且保持与留守在受伤乘客所在楼层的人员通信，一旦可以进行受伤乘客救出工作，则停止盘车救援操作或紧急电动运行。

b. 救出乘客后，根据120急救人员的指示进行下一步救援工作。

c. 发生轿顶剪切时，相应人员在受伤乘客所在楼层留守，相应人员进行盘车救援操作或紧急电动运行（使轿厢向下移动），并且保持与留守在受伤乘客所在楼层的人员通信，一旦可以进行受伤乘客救出工作，则停止盘车救援操作或紧急电动运行。

d. 救出乘客后，根据120急救人员的指示进行下一步救援工作。

6）如果120专业急救人员到来之前不宜进行救援，则：

a. 根据120急救人员的指示，进行前期救援准备工作。

b. 在120急救人员到来后，配合救援工作。

十二、曳引式电梯非正常运行溜车发生剪切事故应急救援流程

（1）在符合以下条件下，可在120专业急救人员到来之前进行救援：

1）行救援不会导致受伤人员的进一步伤害。

2）有足够的救援人员。

（2）按前述过程操作。

十三、液压电梯非正常开门运行发生“开门走车”伤人或困人解救方法

（1）应急救援人员赶赴现场后，若判定非停电，一名应急救援人员应到机房打开控制柜观察故障点，将观察情况通过对讲机告知其他应急救援人员。

（2）一名应急救援人员到现场后，实施“救援过程”第6条（即：与轿厢内人员对话了解情况和安抚被困人员）。

(3) 机房应急救援人员将机房控制柜观察情况通话告知毕后，拉下总电源防止在救援过程中造成意外事故。

(4) 门区应急救援人员用电梯专用层门开锁钥匙打开层门，直接与被困人员对话安抚。确定轿厢运动方向，同时通过对讲机通知机房应急救援人员工作。

(5)“向下”就近平层时，机房应急救援人员可“点动”按压泵站“泄压按钮”，观察压力表变化，并通过对讲机与层门处应急救援人员联络。“向上”就近平层时，机房应急救援人员可用“加压杆”通过手动泵加压，观察压力表变化，并通过对讲机与层门处应急救援人员联络。

(6)“向下”就近平层时，轿厢应缓慢下降至平层区，释放被困人员；“向上”就近平层时，轿厢应缓慢上升至平层区，释放被困人员。

(7) 被困人员中若有伤者或身体不适者，应急救援人员应及时联系医疗救护，送医院救治。

(8) 应急救援人员检查“PLC 或微机板门锁输出点”、“主接触器是否粘连”、“泵站电磁阀”、“PLC 或微机板下行触点”；“平衡管或油管破裂”等，更换或调整部件。

(9) 应急救援人员查明、排除故障点后复位，并作现场记录。

(10) 应急救援人员全行程运行电梯（反复多次）并确定无异常后，告知使用方。

(11) 应急救援指挥中心办公室应对事故做出纠正预防措施报告。

十四、曳引式垂直升降电梯制动器失效应急救援方法

1. 注意事项

(1) 应急救援小组成员应持有特种设备主管部门颁发的《特种设备作业人员证》。

(2) 救援人员 2 人以上。

(3) 应急救援设备、工具：紧急开门用层门开锁钥匙、盘车轮或盘车装置、开闸扳手、常用五金工具、照明器材、通信设备、单位内部应急组织通讯录、安全防护用具、手砂轮/切割设备、撬杠、警示牌等。

(4) 在救援的同时要保证自身安全。

2. 过程

(1) 首先断开电梯主开关，以避免在救援过程中突然恢复供电而导致意外的发生。

(2) 通过电梯紧急报警装置或其他通信方式与被困乘客保持通话，安抚被困乘客，可以采用以下安抚语言：“乘客们，你们好！很抱歉，电梯暂时发生了故障，请大家保持冷静，安心地在轿厢内等候救援，专业救援人员已经开始工作，请听从我们的安排。谢谢您的配合。”同时了解轿厢内乘客的情况，若确认有乘客受伤或有可能有乘客会受伤等情况，则应立即同时通报 120 急救中心，以使急救中心做出相应行动。

(3) 由于制动器失效，无法制动电梯轿厢，所以在保证可靠制停轿厢前，除非是无机房电梯等特殊情况，禁止进入井道实施救援。

(4) 制动器失效造成的轿厢停留位置有以下几种可能性：

1) 电梯下行超速保护装置动作，电梯在中间楼层。

2) 电梯上行超速保护装置动作，电梯在中间楼层。

3) 电梯“蹲底”。

4) 电梯“冲顶”。

5) 电梯的超速保护装置未动作，电梯在中间楼层。

3. 有机房电梯时

（1）首先通过盘车装置等，使电梯轿厢可靠制停。

（2）排除制动器故障。

（3）若超速保护装置动作，则释放超速保护装置。

4. 无机房电梯时

（1）打开层门后，若确认电梯轿厢地板在顶层门区附近或以上，则关上层门（不允许直接救援），在保证安全的情况下进入底坑，用千斤顶等将对重逐渐向上顶，轿厢进入门区后，用层门开锁钥匙打开相应层门，救出被困乘客。

（2）对于其他情况，维修人员进入轿厢顶，应用电葫芦等将轿厢向上吊，轿厢进入门区后，用层门开锁钥匙打开相应层门，救出被困乘客。

5. 轿厢冲顶时的处理

（1）拍照电梯制动器故障状态，保持原始记录以备分析、调查、检查使用。

（2）轿厢停止位置高于层门地坎在500mm以内时，使用开锁钥匙，打开层门，救出乘客。

（3）轿厢停止位置与层门地坎大于500mm时，应至少2人进行，其中一人手动盘车，将轿厢移动至平层区内，并用力保持轿厢不能移动，另一人在电梯顶层，打开层门，救出乘客。

（4）关闭层门，缓慢将轿厢移动至最上端，使电梯保持稳定状态。

（5）检修制动器。

6. 轿厢蹲底时的处理

（1）轿厢蹲底时，不采取任何措施进行救出，因乘客走出电梯产生的负荷变化，会使轿厢移动，所以，先采以下的措施后，再利用最下层的开锁装置进行救出。

（2）曳引轮带孔时，利用曳引轮孔在配重一侧，用钢丝绳扣（ϕ10mm以上）将曳引轮和曳引绳缚紧，钢丝绳扣要用三个以上U型卡子固定。

（3）曳引轮上不带孔时，利用导向轮按上述要领将导向轮和钢丝绳固定。

（4）使用开锁钥匙，打开层门，救出乘客。

（5）检修制动器。

十五、安全钳意外动作应急救援方法

安全钳意外动作应急救援方法适用于安装了安全钳的垂直升降电梯、由于安全钳意外动作造成的电梯困人事件。

1. 救援操作程序

注意事项：

（1）应急救援小组成员应持有特种设备主管部门颁发的《特种设备作业人员证》。

（2）救援人员2人以上。

（3）应急救援设备、工具：紧急开门用层门开锁钥匙、盘车轮或盘车装置、开闸扳手、常用五金工具、照明器材、通信设备、单位内部应急组织通讯录、安全防护用具、手砂轮/切割设备、撬杠、警示牌等。

（4）在救援的同时要保证自身安全。

2. 过程

（1）首先断开电梯主开关，以避免在救援过程中突然恢复供电而导致意外的发生。

（2）通过电梯紧急报警装置或其他通信方式与被困乘客保持通话，安抚被困乘客，可以采用以下安抚语言：“乘客们，你们好！很抱歉，电梯暂时发生了故障，请大家保持冷静，安心地在轿厢内等候救援，专业救援人员已经开始工作，请听从我们的安排。谢谢您的配合。”

（3）若确认有乘客受伤或有可能有乘客会受伤等情况，则应立即同时通报120急救中心，以使急救中心做出相应行动。

3. 操作过程

（1）告知电梯轿厢内的受困人员：救援活动已经开始，提示电梯轿厢内的人员配合救援活动，不要扒门，不要试图离开轿厢。

（2）在机房内切断电梯主电源，查看钢丝绳和传动轮是否正常，满足盘车运行的要求。

（3）确认电梯轿厢、对重所在的位置，选择电梯准备停靠的层站。

（4）救援方案。

1）救援人员到达电梯轿顶。

2）将电梯轿顶检修开关设置在检修位置，使电梯处在检修控制状。

3）接通电梯主电源，恢复限速器、安全钳上的安全开关，使安全回路恢复正常，层门锁安全回路正常。

4）电梯轿顶救援人员可通过下列操作方式释放安全钳。

a. 如果是轿厢下行安全钳动作，点动方式操作电梯向上运行，释放安全钳。

b. 如果是轿厢上行安全钳动作，点动方式操作电梯向下运行，释放安全钳。

c. 如果是对重超速安全钳动作，点动方式操作电梯轿厢向下运行，使对重安全钳释放。

5）当安全钳楔块脱开导轨道后，电梯轿顶的救援人员用点动方式操作电梯运行，使电梯在选择的层站停靠，确认平层后，通知其他救援人员在机房切断电梯主电源。

6）在确认电梯轿厢平层后，电梯轿顶的救援人员盘动开门机构开启电梯层门/轿门，救出受困人员。

（5）请求支援。当上述救援方法不能完成救援活动时：应急救援小组负责人向本单位应急指挥部报告，请求应急指挥部支援。

十六、上行超速保护装置动作应急救援方法

行超速保护装置动作应急救援方法适用于安装了上行超速保护装置的有机房曳引式垂直升降电梯、由于上行超速保护装置动作造成的电梯困人事件。

1. 电梯轿厢上行安全钳动作

（1）注意事项。

1）应急救援小组成员应持有特种设备主管部门颁发的《特种设备作业人员证》。

2）救援人员2人以上。

3）应急救援设备、工具：紧急开门用层门开锁钥匙、盘车轮或盘车装置、开闸扳手、常用五金工具、照明器材、通信设备、单位内部应急组织通讯录、安全防护用具、手砂轮/切割设备、撬杠、警示牌等。

4）在救援的同时要保证自身安全。

（2）过程。

1）首先断开电梯主开关，以避免在救援过程中突然恢复供电而导致意外发生。

2）告知电梯轿厢内的人员：救援活动已经开始，提示电梯轿厢内的人员配合救援活动，不要扒门，不要试图离开轿厢。

3）在机房内切断电梯主电源，查看钢丝绳和传动轮是否正常，满足盘车运行的救援要求。

4）确认电梯轿厢、对重所在的位置，选择电梯准备停靠的层站。

5）常用的电梯上行超速保护装置有四种型式及救援方法。

6）电梯轿厢上行安全钳动作，救援方法见下面的救援方案。

7）对重安全钳动作，救援方法见下面的救援方案。

8）曳引钢丝绳系统夹绳器动作，救援方法见下面的救援方案。

9）无齿轮电梯轿厢上行抱闸动作，救援方法见下面的救援方案。

（3）救援方案。

1）救援人员到达电梯轿顶。

2）将电梯轿顶检修开关设置在检修位置，使电梯处在检修控制状。

3）接通机房内电梯主电源，恢复限速器、安全钳上的安全开关，使安全回路恢复正常，层门锁安全回路正常。

4）点动方式操作电梯向下运行，释放安全钳。

5）当安全钳释放并复位后，电梯轿顶的救援人员用点动方式操作电梯运行，使电梯轿厢在选择的层站停靠，确认平层后，通知其他救援人员在机房切断电梯主电源。

6）在确认电梯轿厢平层后，电梯轿顶的救援人员盘动开门机构开启电梯层门/轿门，救出受困人员。

（4）请求支援。当上述救援方法不能完成救援活动时：应急救援小组负责人向本单位应急指挥部报告，请求应急指挥部支援。

2. 对重安全钳动作

（1）救援方案。

1）救援人员到达电梯轿顶。

2）将电梯轿顶检修开关设置在检修位置，使电梯处在检修控制状。

3）接通机房内电梯主电源，恢复限速器、安全钳上的安全开关，使安全回路恢复正常，层门锁安全回路正常。

4）点动方式操作电梯轿厢向下运行，使对重安全钳楔块脱开导轨。

5）当安全钳脱开导轨后，电梯轿顶的救援人员用点动方式操作电梯运行，使电梯轿厢在选择的层站停靠，确认平层后，通知其他救援人员在机房切断电梯主电源。

6）在确认电梯轿厢平层后，电梯轿顶的救援人员盘动开门机构开启电梯层门/轿门，救出受困人员。

（2）请求支援。当上述救援方法不能完成救援活动时：应急救援小组负责人向本单位应急指挥部报告，请求应急指挥部支援。

3. 曳引钢丝绳系统夹绳器动作

（1）将电梯处于检修状态。

（2）参照电梯生产厂家的说明，将作用在曳引钢丝绳上的夹绳器释放，如图 7-7 所示，并查

图 7-7　释放夹绳器

看钢丝绳等，确认正常后。

（3）将电梯限速器上行超速保护装置恢复正常（包括限速器和夹绳器的安全开关）。

（4）接通电梯主电源。

（5）救援方法应为点动运行，确认电梯正常后，用检修方式运行将电梯就近平层，平层后打开电梯层门/轿门，将被困人员救出。

（6）请求支援。当上述救援方法不能完成救援活动时：应急救援小组负责人向本单位应急指挥部报告，请求应急指挥部支援。

4. 无齿轮电梯轿厢上行抱闸动作

（1）参照电梯生产厂家的说明，将电梯限速器上行保护装置恢复正常。

（2）对抱闸系统进行检查，确认抱闸系统正常。

（3）接通电梯主电源。

（4）用检修方式运行将电梯就近平层，平层后打开电梯层门/轿门，将被困人员救出。

（5）请求支援。当上述救援方法不能完成救援活动时：应急救援小组负责人向本单位应急指挥部报告，请求应急指挥部支援。

十七、自动扶梯、自动人行道发生夹持应急救援方法

自动扶梯、自动人行道发生夹持应急救援方法适用于自动扶梯、自动人行道发生夹持事件时（梯级与裙板、扶手带、梳齿板）。

1. 梯级与围裙板发生夹持

（1）如果围裙板开关（安全装置）起作用：可通过反方向盘车方法救援。

（2）如果围裙板开关（安全装置）不起作用：应以最快的速度对内侧盖板、围裙板进行拆除或切割，救出受困人员。

（3）请求支援。当上述救援方法不能完成救援活动时：应急救援小组负责人向本单位应急指挥部报告，请求应急指挥部支援。

2. 扶手带发生夹持

（1）扶手带入口处夹持乘客，可拆掉扶手带入口保护装置，即可放出夹持乘客。

（2）扶手带夹伤乘客，可用工具撬开扶手带放出受伤乘客。

（3）对夹持乘客的部件进行拆除或切割，救出受困人员。

（4）请求支援。当上述救援方法不能完成救援活动时，应急救援小组负责人向本单位应急指挥部报告，请求应急指挥部支援。

3. 梳齿板发生夹持

（1）拆除梳齿板或通过反方向盘车方法救援。

（2）对梳齿板、楼层板进行拆除或切割，完成救援工作。

（3）请求支援。当上述救援方法不能完成救援活动时：应急救援小组负责人向本单位应急指挥部报告，请求应急指挥部支援。

十八、自动扶梯/自动人行道部件故障应急救援方法

自动扶梯/自动人行道部件故障应急救援方法适用于自动扶梯/自动人行道梯级断裂、梯级链断裂、制动器失灵。应急救援设备、工具有盘车轮或盘车装置、开闸扳手、常用五金工具、照明器材、通信设备、单位内部应急组织通讯录、安全防护用具、手砂轮/切割设备、撬杠、警

示牌等。在救援的同时要保证自身安全。

1. 梯级发生断裂

（1）确定盘车方向，在确保盘车过程中不会加重或增加伤害的情况下，可通过反方向盘车方法救援，否则应参照下列方法进行救援。

（2）可对梯级和桁架进行拆除或切割作业，完成救援活动。

（3）请求支援。当上述救援方法不能完成救援活动时：应急救援小组负责人向本单位应急指挥部报告，请求应急指挥部支援。

2. 驱动链断链

（1）确定盘车方向，在确保盘车过程中不会加重或增加伤害的情况下，可通过反方向盘车方法救援，否则应参照下列方法进行救援。

（2）可对梯级和桁架进行拆除或切割作业，完成救援活动。

（3）请求支援。当上述救援方法不能完成救援活动时：应急救援小组负责人向本单位应急指挥部报告，请求应急指挥部支援。

3. 制动器失灵

在正常运行时不会发生人员伤亡事故，如在正常运行时出现停电、急停回路断开等情况时可能会造成制动器失灵扶梯及人行道向下滑车的现象，人多时会发生人员挤压事故，此时应立即封锁上端站，防止人员再次进入自动扶梯或自动人行道，并立即疏导底端站的乘梯人员。

十九、有、无机房曳引式电梯紧急操作方法

有、无机房曳引式电梯紧急操作方法适用于有机房曳引电梯的紧急操作。应急救援设备、工具：盘车轮、抱闸扳手、电梯层门钥匙、常用五金工具、撬杠、警示牌等。

（1）切断电梯主电源。

（2）检查确认电梯机械传动系统（钢丝绳、传动轮）正常。

（3）检查限速器。如限速器已经动作，应先复位限速器。

（4）确认电梯层/轿门处于关闭状态。

（5）确认电梯轿厢、对重所在的位置，选择电梯准备停靠的层站。

（6）参考电梯生产厂家的盘车说明，一名维修人员用抱闸板手打开机械抱闸；同时，另一名维修人员双手抓住电梯盘车轮，根据机房内确定轿厢位置的标志（如钢丝绳层站标示）和盘车力矩，盘动电梯盘车轮，将电梯停靠在准备停靠的层站。

（7）维修人员释放抱闸扳手，关闭抱闸装置，防止电梯轿厢移动。

（8）维修人员应到电梯轿厢停靠层站确认电梯平层后，用电梯层门钥匙打开电梯层门/轿门。

（9）如层门钥匙无法打开层门，维修人员可到上一层站打开层门，在确认安全的情况下上到轿顶，手动盘开层门/轿门。

二十、无机房无齿轮曳引式电梯紧急操作方法

无机房无齿轮曳引式电梯紧急操作方法适用于无机房无齿轮曳引电梯的紧急操作。应急救援设备、工具：电梯层门钥匙、常用五金工具、曳引钢丝绳夹板、手动葫芦、钢丝绳套及钢丝绳卡子、扳手、铁锤、撬杠等。救援过程应做到：

（1）切断电梯主电源。

（2）确认电梯轿厢门处于关闭状态。

（3）检查确认电梯机械传动系统（钢丝绳、传动轮）正常。

（4）准备好松开抱闸的机械或电气装置。

（5）确认电梯轿厢、对重所在的位置，选择电梯准备停靠的层站。

（6）电梯故障状态及手动操作电梯运行方法如下。

1）当电梯轿厢上行安全钳楔块动作或对重安全钳楔块动作，救援方法见下面的1。

2）当电梯轿厢下行安全钳楔块动作，救援方法见下面的2。

3）安全钳楔块没有闸车，救援方法见下面的3。

1. 当电梯轿厢上行安全钳楔块动作或对重安全钳楔块动作

（1）两名维修人员可根据电梯轿厢的位置，选择进入电梯井道底坑或电梯轿顶。

（2）将钢丝绳夹板夹在对重侧钢丝绳上，用电梯生产厂家配带的轿厢提升装置（或用钢丝绳套和钢丝绳卡子将手动葫芦挂在对重侧导轨上，将手动葫芦吊钩与钢丝绳夹板挂牢）。

（3）维修人员拉动手动葫芦拉链，使对重上移；维修人员打开抱闸，轿厢向下移动，安全钳释放并复位，此时继续拉动手动葫芦拉链，轿厢向就近楼层移动，确认平层后停止拉动手动葫芦拉链，关闭抱闸装置，通知层门外的维修人员开启电梯层门/轿门。

（4）电梯层门外的维修人员在确认平层后，在轿厢停靠的楼层，用电梯层门钥匙开启电梯层门/轿门。

（5）如层门钥匙无法打开层门，维修人员可到上一层站打开层门，在确认安全的情况下上到轿顶，手动打开层门/轿门。

2. 当电梯轿厢下行安全钳动作

（1）两名维修人员可根据电梯轿厢的位置，进入电梯轿顶。

（2）将钢丝绳夹板夹在轿厢侧钢丝绳上，用电梯生产厂家配带的轿厢提升装置（或用钢丝绳套和钢丝绳卡子将手动葫芦挂在轿厢侧导轨上，将手动葫芦吊钩与钢丝绳夹板挂牢）。

（3）维修人员拉动手动葫芦拉链，维修人员打开抱闸，轿厢向上移动，安全钳释放并复位，此时继续拉动手动葫芦拉链，轿厢向就近楼层移动，确认平层后停止拉动手动葫芦拉链，关闭抱闸装置，通知层门外的维修人员开启电梯层门/轿门。

（4）电梯层门外的维修人员在确认平层后，在轿厢停靠的楼层，用电梯层门钥匙开启电梯层门/轿门。

（5）如层门钥匙无法打开层门，维修人员可到上一层站打开层门，在确认安全的情况下上到轿顶，手动盘开层门/轿门。

3. 全钳楔块没有动作

（1）维修人员采用“点动”方式反复松开抱闸装置，利用轿厢重量与对重的不平衡，使电梯轿厢缓慢滑行，直至电梯轿厢停在平层位置，关闭抱闸装置。

（2）电梯层门外的维修人员在确认平层后，在轿厢停靠的楼层，用电梯层门钥匙开启电梯层门/轿门。

（3）如层门钥匙无法打开层门，维修人员可到上一层站打开层门，在确认安全的情况下上到轿顶，手动打开层门/轿门。

二十一、液压式升降电梯手动紧急操作方法

（1）适用范围：液压电梯的紧急操作。

（2）注意事项：

1）应急救援小组成员应持有特种设备主管部门颁发的《特种设备作业人员证》。

2）救援人员 2 人以上。

3）应急救援设备、工具：电梯层门钥匙、常用五金工具、曳引钢丝绳夹板、手动葫芦、钢丝绳套及钢丝绳卡子、扳手、铁锤、撬杠等。

4）在救援的同时要保证自身安全。

（3）操作程序：

1）切断电梯主电源。

2）确认电梯轿厢门处于关闭状态。

3）确认电梯轿厢、对重所在的位置，选择电梯准备停靠的层站。

4）当确认轿厢距平层位置小于±30cm 时，维修人员在轿厢停靠的层站，用层门开锁钥匙开启电梯层门/轿门。

5）当液压梯采用了限速器和安全钳，如果安全钳动作，按照泵站上阀的标识，手动操作上行控制阀，电梯上行、直到安全钳楔块释放并复位，然后复位限速器。

6）当轿厢低于平层 30cm 时，按照泵站上阀的标识，手动操作上行控制阀，直到电梯轿厢平层后关闭球形阀；维修人员在确认平层后，在轿厢停靠的楼层，用电梯层门层门开锁钥匙开启电梯层门/轿门。

7）当轿厢高于平层 30cm 时，按照泵站上阀的标识，手动操作下行控制阀，直到电梯轿厢平层后关闭球形阀；维修人员在确认平层后，在轿厢停靠的楼层，用电梯层门层门开锁钥匙开启电梯层门/轿门。

二十二 、自动扶梯和自动人行道手动紧急操作方法

动扶梯和自动人行道手动紧急操作方法适用于自动扶梯和自动人行道的紧急操作应急救援设备、工具：电梯层门钥匙、常用五金工具、曳引钢丝绳夹板、手动葫芦、钢丝绳套及钢丝绳卡子、扳手、铁锤、撬杠等，操作程序如下。

（1）切断自动扶梯或自动人行道主电源。

（2）确认自动扶梯全行程之内没有无关人员或其他杂物。

（3）确认在扶梯上（下）入口处已有维修人员进行监护，并设置了安全警示牌。严禁其他人员上（下）自动扶梯或自动人行道。

（4）确认救援行动需要自动扶梯或自动人行道运行的方向。

（5）打开上（下）机房盖板，放到安全处。

（6）装好盘车手轮（固定盘车轮除外）。

（7）一名维修人员将抱闸打开，另外一人将扶梯盘车轮上的盘车运动方向标志与救援行动需要电梯运行的方向进行对照，缓慢转动盘车手轮，使扶梯向救援行动需要的方向运行，直到满足救援需要或决定放弃手动操作扶梯运行方法。

（8）关闭抱闸装置。

二十三、应急救援记录表（见表 7-1）

表 7-1　　　　应急救援记录

电梯管理单位			
电梯安装地址			
事件（事故）时间	××××年××月××日××时××分接到报警至 ××××年××月××日××时××分救援结束		
事件（事故） 原因及现象			
事件（事故）时间内人员伤亡	1. 无人员伤亡　　2. 轻伤________人 3. 重伤________人　　4. 死亡________人		
应急救援结束后的防护措施	1. 层门封堵□　　2. 封闭通道□ 3. 设置警戒线□　　4. 封闭现场□ 5. 其他措施：		
应急救援实施单位			
应急救援小组成员			
应急救援小组负责人 （组长）签字		日期	
电梯管理单位负责人 （代表）签字		日期	

附录A

常见电梯故障代码

一、三菱GPS-Ⅲ故障代码

（一）MON1旋转到0位置

三菱GPS-3电梯在机房P1电子板上有两个开关MON1和MON0，只要旋转这两个开关到不同位置，通过显示出来的字母，在对照相应的中文说明，就可以弄清楚电梯的故障部位和发生故障的时间和次数了。

（1）将MON1旋转转到0位置，再将MON0开关旋转到0位置，显示结果如下：

——E0没有故障

——E1速度异常过低时检出SW-TGBL

——E2速度过大时检出SW-TGBH

——E3逆转时检出SW-TGBR

——E4AST异常时检出SW-AST

——E5逆变器过电流时检出SS-LOCFO

——E6整流器过电流时检出SS-COVH

——E7整流器电压不足时检出SS-LVLT

——E8LB线圈故障断电时检出SW-CFLB

——E95线圈故障断电时检出SW-CFU

——EA迫力接点ON/OFF故障时检出SW-CFBK

——EB轿箱直接信号传输异常ST-STSCE

——EC厅外和指令直接信号传输异常ST-STSHE

——ED系统异常ST-SYER

——EE驱动在不能启动SD-DNRS

——EF控制在不能启动SW-NRS

（2）将MON1不变，把MON0旋转到1位置：显示轿箱与平衡驼的位置，平衡是0-0之间，显示1等于256MM，那么显示2等于512MM。

（3）将MON1不变，把MON0旋转到2位置：数据输入安装时间用，和SW1同时使用。

（4）将MON1不变，把MON0旋转到3位置：显示楼层。

（5）将MON1不变，把MON0旋转到4位置：显示楼层。

（6）将MON1不变，把MON0旋转到5位置：称重数据输入，保养时使用。

（7）将MON1不变，把MON0旋转到6位置：手动优先模式。

(8) 将 MON1 不变，把 MON0 旋转到 7 位置：显示楼层。
(9) 将 MON1 不变，把 MON0 旋转到 8 位置：显示楼层。
(10) 将 MON1 不变，把 MON0 旋转到 9 位置：显示楼层。
(11) 将 MON1 不变，把 MON0 旋转到 A 位置：DLD 智能门楼层显示。
(12) 将 MON1 不变，把 MON0 旋转到 B 位置：迫力力矩确认。
(13) 将 MON1 不变，把 MON0 旋转到 C 位置：称重值百分比检查。
(14) 将 MON1 不变，把 MON0 旋转到 D 位置：称重值表示。
(15) 将 MON1 不变，把 MON0 旋转到 E 位置：TSD 偏差数据检查。
(16) 将 MON1 不变，把 MON0 旋转到 F 位置：TSD 动作点检查。

(二) 将 MON1 旋转到 1 位置

(1) 将 MON1 旋转到 1 位置，将 MON0 旋转到 0 位置时的显示结果如下：
——E00 没有异常
——E01 温度异常 SW-THMFT
——E02 紧急停止运行记录一次 SW-EST1
——E03CC-WDT3 次检出 SS-SLCWC4
——E04SLC-WDT4 次检出 SS-SLCWC4
——E05 过电流检出 SW-SOCR
——E06 再生电阻负载过大 SW-SOLR
——E0741DG 门锁电路异常 SW-E41
——E08 终端限位开关异常 SW-TSCK
——E09PAD 异常检出 SW-PAD
——E0A 称重数值异常检出 SW-WGER
——E0B 停止中 PAD 异常检出 SW-PAE
——E0C 充电异常 SW-CHRGD
——E0D 在平层时异常检出 SW-PRLE
(2) 将 MON1 旋转到 1 位置，将 MON0 旋转到 1 位置时的显示结果如下：
——E10 没有异常
——E11 复位后重试不能 SW-RSRTC
——E12 士力驼 16 次异常检出 ST-SELD
——E13 直接传输 CPU 传送异常 ST-STER
——E14 电容器异常检出 ST-CAPC
——E15 手动按钮异常 ST-HDOK
——E16 模式与测速数据偏差异常 SD-OVJP
——E17LB 线圈连续 4 次异常断电检出 ST-DFLR
——E185 线圈连续 4 次异常断电检出 ST-DF5
——E19 迫力连接回路连接 4 次异常检出 ST-BFDK
——E1A 整流器电压连续 8 次电压不足检出 ST-DFLV
——E1BRL 异常时检出 ST-CFRL
——E1CTSD 动作时异常检出 SW-TSLDE

——E1DESP 动作时异常检出 SW-ESPE

(3) 将 MON1 旋转到 1 位置，将 MON0 旋转到 2 位置时的显示结果如下：

——E20 没有异常

——E2189 回路异常检出 SW-E89

——E22 紧急停止运行记录 2 次 SW-EST2

——E23 系统异常 ST-SYER

——E24 回复后在尝试检出 ST-RSRQH

——E25 集极驱动板异常 SS-GDFH

——E26DC-CT 异常 SD-CTER

——E27 油压迫力压力过低时检出 SW-OPFER

——E28 油压迫力油温，油量异常检出 SW-OTLER

——E29 温度异常 SW-THMME

——E2A 与最终速度偏差异常 ST-UMCH

——E2B 异常紧急停车后不能在启动 SW-ETST

——E2C 迫力异常动作 2 次 SW-REBK2

——E2D 整理器充电异常 SW-VCHGT

——E2E MELD 制板充电异常 SD-MCHG

(4) 将 MON1 旋转到 1 位置，将 MON0 旋转到 3 位置时的显示结果如下：

——E30 没有异常

——E31 MELD 负荷过大 SD-SLTT

——E32 异常低速 SW-TGBL

——E33 速度异常过高 SW-TGBH

——E34 AST 异常动作 SW-ASTW 低速梯使用

——E35 逆转运行 SW-TGBR

——E36 AST 异常动作 SW-ASTW

——E37 AST 异常动作 SW-ASTWV

——E38 整流器电流过大时检出 SS-COVF

——E39 整流器电压过低时检出 SSLVLT

——E3A CC-WDT4 次异常检出 SS-CCWC4

——E3B SLC-WDT4 次异常检出 SS-SLCWC5

——E3C 逆边器电流过大时检出 SS-LOCFO

——E3D SLC-CPU 紧急停止时动作检出 SS-DEST

——E3E 整流器充电异常 SW-CVER

(5) 由将 MON1 旋转到 1 位置，将 MON0 旋转到 1 位置时的显示结果如下：

——E40 没有异常

——E41 紧急停止运行记录 2 次 SW-EST2

——E42 整流器电流过低时检出 SS-LVLTT

——E43 紧急停止回复 SW-ESTR

——E44 LB 线圈故障断电时检出

——E45 5 线圈故障断电时检出
——E46 迫力连接点异常检出
——E47 89 线圈故障断电时检出
——E48 89 故障时检出
(6) 将 MON1 旋转到 1 位置，将 MON0 旋转到 5 位置时的显示结果如下：
——E50 没有异常
——E51 29 安全回路时检出 SN-29
——E52 29 安全回路动作时检出 SN-29LT 记忆锁存
——E53 欠相或者电压过低时检出 SS-PWFH
——E54 整流器电压不足时检出 SS-LVLT
——E55 12V 电源异常 SS-12VFL
——E56 模式与测速比有偏差 SD-PTC
——E57 手动模式时电流负荷过大 SD-HRT
——E58 驱动发出时紧急停止指令 SD-32GQ
——E59 紧急停止指令 SC-S29
——E5A 迫力基板异常 SS-BKE
——E5B 模式与测速比有偏差
——E5C EST 异常而引起不能再启动 SW-ETSES
(7) 将 MON1 旋转到 1 位置，将 MON0 旋转到 6 位置时的显示结果如下：
——E60 没有异常
——E61 整流器电压不足
——E62 集极驱动板异常 SS-GDFH
——E63 逆变器保护回路动作 SS-LFO
——E64 29 安全回路动作时检出 SS-29LT 锁存记忆
——E65 12V 电源异常
——E66 逆变器温度异常检出
——E67 锁相环检出 SS-PLLFH
——E68 整流器电流过大
——E69 逆变器电流过大
——E6A 整流器电流过大时检出
——E6B 欠相或电压过低时检出
(8) 将 MON1 旋转到 1 位置，将 MON0 旋转到 7 位置时的显示结果如下：
——E70 没有异常
——E71 CC-WDT5 次异常检出
——E72 CC-WDT4 次异常检出
——E73 CC-WDT3 次异常检出
——E74 SLC-WDT5 次异常检出 SS-SLCWC5
——E75 SLC-WDT4 次异常检出
——E76 SLC-WDT3 次异常检出

（9）将 MON1 旋转到 1 位置，将 MON0 旋转到 9 位置时的显示结果如下：
——E90 没有异常
——E92 电流负荷过大 SD-OCR
——E93 不能再启动 SD-DNRS
——E94 MELD 负荷过大时检出 SD-SLTI
——E95 TSD 不正常时检出 SD-TSDP
——E96 行走时称重异常检出 SD-WGHDF2
——E97 DC-CT 异常检出 SD-CTER
——E98 TSD 异常动作检出 SD-TSA
——E99 摩打解码器 Z 相异常检出 SD-AZER
——E9A 摩打解码器 F 相异常检出 SD-AEER
——E9B PM 摩打限电流过大 SD-TOCR
（10）将 MON1 旋转到 1 位置，将 MON0 旋转到 A 位置时的显示结果如下：
——EA0 没有异常
——EA1 模式与测速偏差异常 SD-PVJP
——EA2 模式与测速偏差异常 SD-OVJP
——EA3 驱动发出之紧急停止指令
——EA4 再生电阻负荷过大
——EA5 本机模式与测速比较有偏差 SD-PTC
——EA6 手动模式时电流过大
——EA7 逆变器电流过大时检出
——EA8 TSD-PAD 故障检出 SD-PADE
——EA9 MCP 检出整流器电流过大 SD-COCF
——EAA MCP 初期设定异常 SD-INITF
——EAB RAM 异常检出 SD-RAMER
——EAC 卷上机设定数据异常 SD-DTER
——EAD MCP 重新启动异常 SD-RBOTNG
——EAE MCP-WDT4 次异常检出 SD-MCPWDE
（11）将 MON1 旋转到 1 位置，将 MON0 旋转到 B 位置时的显示结果如下：
——EBO 没有异常
——EB1 停机 10min 不能在启动 SW-32DT10
——EB2 停机 16min 后不能再启动
——EB3 再不能启动超过 10min SW-DSTR10
——EB4 再不能启动超过 10min SW-57EBT
——EB5 门不能开启超过 2min SW-CONE
——EB6 FUSE 断路超过 2min SW-EFSOF
——EB7 60 异常检出 SW-60CFK
——EB8 门不能开启
——EB9 主控制板异常检出 SQMBCIJH

——EBB 困人警报 SZ-EMBH

——EBC 警报不能使用 SZ-EMBH

——EBD 群控管理异常 SZ-GCIJO

（12）将 MON1 旋转到 1 位置，将 MON0 旋转到 C 位置时的显示结果如下：

——EC0 没有异常

——EC1 SLC 传输异常 SS-TRER

——EC2 SLC 紧急停止动作

——EC3 SLC 内速度过高

——EC4 SLC 的 AST 动作 SS-AST

——EC5 SLC 内 KC 动作 SS-DKC

——EC6 SLC 的 RAM 异常检出 SS-RAMER

（13）将 MON1 旋转到 1 位置，将 MON0 旋转到 D 位置时的显示结果如下：

——EDO 没有异常

——ED1 轿箱正门 BC-CPU1 异常检出 SF-FBCIIJH

——ED2 轿箱正门 BC-CPU2 异常检出

——ED3 轿箱正门 BC-CPU3 异常检出

——ED4 轿箱正门 BC-CPU4 异常检出

——ED5 正门 CAR-STATION 的 CPU 异常检出 SF-FCSJJH

——ED6 正门控制 CPU 异常检出 SF-FDCIJH

——ED7 正门轿箱显示灯的 CPU 异常检出 SF-FICIJH

——ED8 正门轿箱的 OPTION-CPU 异常检出 SF-FCZIJH

——ED9 SC-CPU 严重故障 SC-SCER8

——EDA SH-CPU 严重故障

——EDB SC-CPU 轻微故障

——EDC SH-CPU 轻微故障

——EDD HS-CPU 故障 SC-HSAIJ

（14）将 MON1 旋转到 1 位置，将 MON0 旋转到 E 位置时的显示结果如下：

——EE0 没有异常

——EE1 轿箱后门 BC-CPU5 异常检出 SF-RBC5IJH

——EE2 轿箱后门 BC-CPU6 异常检出

——EE3 轿箱后门 BC-CPU7 异常检出

——EE4 轿箱后门 BC-CPU8 异常检出 SF-RBC8IJH

——EE5 后门 CAR-ASTTION 的 CPU 异常检出 SF-RCSIJH

——EE6 后门控制 CPU 异常检出

——EE7 后门轿箱显示灯的 CPU 异常检出 SF-RICIJH

——EE8 后门轿箱的 OPTION-CPU 异常检出 SF-RCZIJH＞

1. Stuage empty 无故障：在无故障发生时进入故障显示时就显示它。

2. A-NEG＜A-MAX DECELERATING：A-NEG 确定的范围比 INSTALLATION/A-MAX 给定的范围小。

3. PHASE FAILURE 电梯启动或停止时错相。

4. PHASE FAILURE 电梯运行时错相。3 和 4 的比较：如果 INTERFACES/QUIT 设置为 AUTOMAT，相位调整好电梯能自动开始运行。

5. TEMP MOTOR 动机温度监控（由 P1. P2 接入）在停机时过热。

6. TEMP MOTOR 电动机温度监控在运行时过热。5 和 6 比较：如果 INTERFACE/QUIT 设置为 AUTOMAT，在电动机冷却后能自动恢复运行状态。

7. V1…V3 V1 速度比 V2 小或 V2 速度比 V1 小。

8. WRONG DIRECTION 轿厢在错误方向运行了一定距离。

9. NO STARTING 在监控 ZA-INTER/T-GUE 的反控信号之间，控制屏没有接受到任何反馈信号。

10. NO STOPING 尽管制动器已经关闭了机械制动接触器“MB”电梯并没有停下来。

11. RV1 OR RV2 同时发生两个方向上的运行信号。

12. RV1/RV2 MISSING 没有设定方向就发出信。

13. tacho drop out 电梯启动或运行没有速度反馈信号。

15～19. 已达到允许范围的最小值，应增加相应选项内容的值。

20. EEPROM ERROR 控制器内容有错，与 ZIEHL-ABEGG 公司联系。

21. EEPROM cleard 控制器中的全部内容被擦掉了，要由厂家重新写入。这条信息中有在控制屏软件被不同的新数码代替时才显示。

22～25. 已达到允许范围的最大值，应减小相应选项内容的值。

26. V3〈1.5v-nen travel/V3 的值可能没有超过 INSTALLATION/V-NEN 值的 1.5 倍。

27. ！SWITCH OFF！控制屏必需关掉短时间。

28. SHORT TRAVEL OFF？指出短程运行没能实现．在输入" V-ZE3" 之前输入已擦掉的“V1”值。

29. POWER STAGE 电动机和 POWER STAGE（IDV 接口）的连接还处于试验时的未关闭状态。

30. V-Z〈V-3 TRAVELING/V-Z 选项值比 TRAVELING/V-3 的值小。

31. V-Z TOO SMALL 达到限制界线。

32. STOP INPUT！尽管正在改变某选项的内容时，接收到运行指令。

33. TEMP CONTROLLER IDV 上的 POWER STAGE 温度监控过热。

34. DRIVE WITH BREAK 停机（机械制动闸已合上“MB”动作）后，电梯还在运行，即带抱闸运行。

35. N-PROG＞＞N-REAL 电梯未能按照给定的速度运行。

36. N-PROG＜＜N-REAL 实际速度比设定速度高得多。

37. MTR STILL TURNS 电动机还在转动，尽管已经机械抱闸（由继电器“MB”控制）。

38. FALSE ROT FIELD 电源线没有接对相位，控制板上和电源上相应的两个相线要对换一下．请注意要两块硬板上的同相连接。

39. PARA-CHANGE 选项内容在运行中被改变了。

40. MOTOR-CHANGE 在运行中，第二台电动机换掉。

二、蒂森 SM-01 故障代码

SM-01 主板故障代码，见附表 A1。

附表 A1　　SM-01 主板故障代码

故障代码显示	内容	原因	对策
02	运行中厅门锁脱开（急停）	(1) 运行中门刀擦门球 (2) 门锁线头松动	(1) 调门刀与门球的间隙 (2) 压紧线头
03	错位（超过 45cm），撞到上强停时修正（急停）	(1) 上限位开关误动作 (2) 限位开关移动后未进行井道教入 (3) 编码器损坏	(1) 查限位开关 (2) 重新进行井道教入 (3) 更换编码器
04	错位（超过 45cm），撞到下强停时修正（急停）	(1) 下限位开关误动作 (2) 限位开关移动后未进行井道教入 (3) 编码器损坏	(1) 限位开关 (2) 重新进行井道教入 (3) 换编码器
05	电梯到站无法开门	(1) 门锁短接 (2) 门电动机打滑 (3) 门机不工作	(1) 停止短接 (2) 检查皮带 (3) 检查门机控制器
06	关门受阻时间超过 120 秒	(1) 关门时门锁无法合上 (2) 安全触板动作 (3) 外呼按钮卡死 (4) 门电动机打滑 (5) 门机不工作	
08	SM-0. B 和 SM-03A 轿厢控制器通信中断（不接收指令）	(1) 通信受到干扰 (2) 通信中断 (3) 终端电阻未短接	(1) 检查通信线是否远离强电 (2) 连接通信线 (3) 短接终端电阻
09	调速器出错	变频器故障	对应变频器故障代码表检修方法
10	错位（超过 45cm），撞到上多层强慢时修正	(1) 上行多层减速开关误动作 (2) 多层减速开关移动后未进行井道教入 (3) 编码器损坏	(1) 检查多层减速开关 (2) 重新井道教入 (3) 更换编码器
11	错位（超过 45cm），撞到下多层强慢时修正	(1) 下行多层减速开关误动作 (2) 多层减速开关移动后未进行井道教入编码器损坏	(1) 检查多层减速开关 (2) 重新井道教入 (3) 更换编码器
12	错位（超过 45cm），撞到上单层强慢时修正	(1) 上行单层减速开关误动作 (2) 单层减速开关移动后未进行井道教入 (3) 编码器损坏	(1) 检查单层减速开关 (2) 重新井道教入 (3) 更换编码器
13	错位（超过 45cm），撞到下单层强慢时修正	(1) 下行单层减速开关误动作 (2) 单层减速开关移动后未进行井道教入编码器损坏	(1) 检查单层减速开关 (2) 重新井道教入 (3) 更换编码器

续表

故障代码显示	内容	原因	对策
14	平层干簧错误		
15	SM-0. A 多次重开门后门锁仍旧无法关门 SM-0. B 方向指令给出后超过2s变频器无运行信号反馈		
16	SM-0. B 在制动器信号给出的状态下发现变频器无运行信号反馈		
17	SM-01 主板上电时进行参数校验发现参数错误	主控制器的设置参数超出本身的默认值	修改到允许范围以内
18	井道自学习楼层与预设置楼层（指所有安装平层插板的楼层总数）不符合	（1）设定参数与实际层楼不符 （2）平层插板偏离 （3）平层感应器受到干扰	（1）设定成一致 （2）调整平层插板 （3）换一芯无干扰电缆线
19	SM-0. A 板发现抱闸接触器 KM3 或者辅助接触器 KM2 触点不能安全释放（不启动）		
20	SM-0. A 板发现上平层干簧损坏或轿厢卡死		
21	SM-0. A 板发现下平层干簧损坏或轿厢卡死		
22	电梯倒溜	（1）变频器未工作 （2）严重超载 （3）编码器损坏	（1）检查变频器 （2）调整超载开关 （3）更换编码器
23	电梯超速	（1）编码器打滑或损坏 （2）严重超载	（1）检查编码器的连接 （2）调整超载开关
24	电梯失速	（1）机械上有卡死故障现象，如：安全钳动作，蜗轮蜗杆咬死，电动机轴承咬死 （2）抱闸未可靠张开 （3）编码器损坏	（1）检查安全钳，蜗轮，蜗杆、齿轮箱、电动机轴承 （2）检查抱闸张紧力 （3）检查编码器连线或更换
31	电梯静止时有一定数量脉冲产生	（1）抱闸弹簧过松 （2）严重超载 （3）钢丝绳打滑 （4）编码器损坏	（1）检查抱闸状况，紧抱闸弹簧 （2）减轻轿厢重量，调整超载开关 （3）更换绳轮或钢丝绳 （4）更换编码器
32	安全回路动作	（1）相序继电器不正常 （2）安全回路动作	（1）检查相序 （2）检查安全回路

续表

故障代码显示	内容	原因	对策
35	抱闸接触器检测出错	(1) 接触器损坏，不能正常吸合 (2) 接触器卡死 (3) X4 输入信号断开	(1) 更换接触器 (2) 检查连接线
36	KM2 接触器检测出错	(1) 接触器损坏，不能正常吸合 (2) 接触器卡死 (3) X15 输入信号断开	(1) 更换接触器 (2) 检查连接线
37	门锁检测出错	(1) 接触器损坏，不能正常吸合 (2) 接触器卡死 (3) 输入信号 X9 与 X3 不一致	(1) 更换接触器 (2) 检查连接线
38	抱闸开关触点检测		(1) 检查电动机抱闸的触点 (2) 检查连接线
39	安全回路继电器保护，停止运行	(1) 继电器损坏，不能正常吸合 (2) 继电器卡死 (3) X13 输入信号断开	(1) 更换接触器 (2) 检查连接线
44	门区开关检测错误		
45	再平层继电器触点检测故障		
46	开门到位信号故障	门机开门到位信号动作而门锁回路闭合	(1) 检查门机开门到位信号输出开关 (2) 检查门机开门到位开关的连线 (3) 检查 SM-02 板上的门机开门到位输入点 (4) 检查门机及 SM-01 板上的开门到位信号的常开/闭设置
47	关门到位信号故障	门锁回路闭合后，门机关门到位信号仍无动作	(1) 检查门机关门到位信号输出开关 (2) 检查门机关门到位开关的连线 (3) 检查 SM-02 板上的门机关门到位输入点 (4) 检查门机及 SM-01 板上的关门到位信号的常开/闭设置

三、永大 NTVF 故障代码

(一) 查阅故障履历的方法

(1) 按 INC 钮使故障资料由 01 读取直到 99 后，按下 RESET 钮直至正常显示才放手，故障记录清除。

（2）可先按MODE-10-SET后才再按MODE-2-SET，故障资料会自动由01显示至74，但显示的时间颇长（每个数相间约3s）。

（3）清除故障记录之前，先记下由01～99的数据作为参考。有些故障记录是不能直接清除，（处理了故障成因后），可开关电源开关一次，再MODE-2-SET清除即可。

（4）重置：RESET。

（二）故障码等级一览表

RANK　机能　区分　处理内容

A　走行停止（非常停止）再起动不能　A1　机能停止（50B，10T，CUT）

A2　再超动停止（10T，CUT）

B　走行停止（非常停止）再起动不能　B1　停止后3s可SAFFTY DRIVE

B2　低速运转可能

C　最近阶停止再起动不能　C1　机能停止（50B CUT）

C2　再起动停止（10T CUT）

D　群管理运转切离　D　电梯单独运转

E　不影响运转　E　LED

（三）故障码解析

1. TCD11 10T ON/OFF故障

故障等级：A1

含义：10T输出\输入信号ON/OFF故障时，电梯立即非常停止，提高制卸系统的可靠性。

说明：当执行主MICON下走行指令的整个过程中，从电梯起动（10T吸合）到电梯停止（10T释放），而MICON会自动检测ZX10TM及ZX10TS的回馈信号，做比较判别，若在100ms内未根据MICON的指令吸合或释放，则异常检出。

检查项目：

1）检查10T继电器状态，是否有烧结或卡死现象。

2）输入信号检查（双重输入）。主MICON ZX10TM（＄CA02H），从MICON ZX10TS（＄CD22H）的数据是否与10T继电器的状态同步。

3）输出信号检查。

电梯停止时，线圈（一）与GND间电压测定如下。

a. 10T CTT用电源GND间AC 100V。

b. 10T本身C. C2间AC 100V。

c. 输入信号电源RECT FUSE-GND间DC 48V。

d. 10T本身A. GND间DC 48V。

e. MPU PCB和FIO PCB之BUS线确认：确认FIO之FOS（10T）是否确实连接。

f. FIO PCB更换：2，3项有不良而第4项良好时，表示FIO输出信号不良，请更换FIO PCB。

g. MPU PCB更换：FIO更新后，仍有异常发生，表示MPU PCB不良，请更换MPU PCB。

2. TCD 12 15B ON/OFF故障

故障等级：A1

含义：15B驱动输出信号Z15B，与X15B触点回馈输入信号，做比较判断，不一致时500ms后检出异常。

说明：当主MICON下走行指令时（起动或停止），会命令从MICON驱动15B吸合或释放。而主MICON会检测ZX15BM及X15BS信号，做比较判断，此时若15B未在500ms内按从MICON命令吸合或释放，则异常检出。

检查项目：

1）15B继电器状态确认，检查10B继电器是否有烧结或卡阻现象。

2）用ANNUNCIATOR观察输入信号（双重输入）如下。

a. ZX15BM（主MICON输入信号），地址：＄CA00H（81H/ON，00H/OFF）。

b. ZX15BS（从MICON输入信号），地址：＄CD20H（81H/ON，00H/OFF）。

c. ZX50B（从MICON输出信号），地址：＄CD31H（81H/ON，00H/OFF）。

3）MPU PCB和FIO PCB之BUS线确认：FIO之FOW（15B）是否确实连接。

4）检查15B线圈线路：15B继电器CONTROL. GND间AC 100V；15B继电器线圈（C. C2）间AC 100V（15B ON）；15B继电器触点（. GND）间DC 48V（15B ON）。

5）以上各项皆正常请更换FIO PCB。

6）FIO PCB更换后，仍有异常发生，表示MPU PCB不良，请更换MPU PCB。

3. TCD 13 SDC运转异常

故障等级A2

含义：开机后SDC与SDA串行通信无法达成，异常检出电梯再启动不能。

说明：开机后SDA传送CHECK码至SDC，等候SDC回应，若SDC于500ms内无法回应则判定SDC当机。

检查项目：

1）SDA通信用LED检查。

a. TXD灯不亮，请检查传输线路Y.6、7。

b. RXD灯不亮，请检查传输线路Y.8、9。

c. RXD灯微亮，接收正常。

d. RXD灯明亮，TXD线与RXD线反接。

e. SDC之PCB上的EPROM是否插妥。

2）SDA通信线断线CHECK：通信CABLE有无断线或接触不良。

3）SDC PCB WATCH DOG LED是否正常动作。

4）SDC PCB电源检查（SDC-PCB之P48B LED与P5 LED是否点灯，点灯正常，熄灯不正常）。

5）以上各项正常，更换SDC PCB。

6）SDE PCB更换后仍无法正常运转，请更换MPU PCB。

4. TCD 14 从MICON当机

故障等级；A2

含义：因噪声干扰等原因，导致从MICON当机，WATCH DOG（SWDT LED）熄灯，故障检出，电梯运转禁止。

说明：当不明原因使从MICON当机时，主MICON侦测后即禁止电梯运行，并于2s后再次侦到从MICON是否正常动作，若从MICON已恢复正常且从MICON当机次数累计未达八次，则电梯再次正常运转。

检查项目：

1）从 MICON 现状 SWDT LED 的点/灭状态确认（是否点亮，点亮正常，熄灯不正常）。

2）电源 ON/OFF 时，从 MICON SWDT LED 的点/灭动作确认。

3）请检查 EPROM 之插入是否正常。

4）若 SWDT LED 无法再起动（点亮），则请更换 MPU PCB。

5. TCD 15 SDA 当机

故障等级：A2

含义：噪声干扰等原因，导致 SDA 当机，此时主 MICON 将故障检出，电梯运转停止。

说明：当主 MICON 向 SDA 要求共同 RAM 之使用权（BUS），而 SDA 无法让出使用权时，或 SDA 未在 200ms 内，重新改变（REFRESH）共用 RAM 之资料库时，判定 SDA 当机，此时主 MICON 主动 RESET SDA，并于 2s 后再次检查 SDA，若已恢复正常且 SDA 当机次数累计未达八次，则电梯继续正常运转。

检查项目：

1）SDA/80C320 在 MPU PCB 之 2H 位置（U. 80C320 SDA）。

2）检查 MPU PCB 中 SDA 有关线路及零件是否正确。

3）检查 SDA 之 EPROM U2. 27C512 是否插妥。

4）以上各项正常时，请更换 MPU PCB。

6. TCD 16 主从 MICON 并列通信异常

故障等级：A2

含义：由于噪声干扰等原因，导致主从 MICON 的通信异常，电梯运转禁止，防止制御系统的信赖性低下。

说明：每 20ms，主从 MICON 通信一次，而从 MICON 与主 MICON 并列 PORT 之指令（COMMAND），由 DULB-PORT RAM（ID7 7134）再度回传给主 MICON，而主 MICON 利用 DULB PORT RAM（ID7 7134）来判断与本身下达的指令是否正确，如果 200ms 后发生在主 MICON 这 COMMAND（指令）与从 MICON 回应之指令（COMMAND）不一致时，判定主/从 MICON 并列通信异常，电梯走行禁止。

检查项目：

1）请检查 MPU PCB 并列通信及 DULB PORT RAM 有关线路及零件是否正确。

2）重梯 DOWN-LOAD 主/从 MICON 之 EEPROM 资料。

3）以上各项正常时，请列换 MPU PCB。

7. TCD 17 SDA SDC 串列通信异常

故障等级：A2

含义：SDA SDC 因噪声干扰等不明原因造成串列通信异常，电梯走行禁止，防止信号误码输入，提高制御系统的信赖性。

说明：开机后当 SDA 与 SDC 达成通信协定后，于电梯运转状态下 SDA 与 SDC 因不明原因，如 NOISE 等导致通信中断，或通信检查码错误，SDA 则再次企图与 SDC 达成通信，当 SD RETRY 九次之后 SDC 仍无回应，判定 SDA/SDC 串列通信异常，电梯走行禁止。

检查项目：

1）SDC PCB 检查。

a. SDC-PCB 之 6A 位置 P5 之 LED 是否点亮（点亮正常）。

b. SDC-PCB之7A位置P22之LED是否点亮（点亮正常）。

c. 最好用电表确认SDC PCB上之P5V（P5V-LED 5A位置）与P22V（P22V-LED 7A位置）之电压为宜。

2）通信信号检查

a. SDA通信用LED检查（MPU-PCB之38位置）。

b. TXD（MPU-PCB之3B位置）灯不亮，请检查MPU PCB之传输线路。

c. RXD（MPU-PCB之3B位置）灯不亮，请检查SDC PCB或CABLE断线。

d. RXD（MPU-PCB之3B位置）灯微亮，接收正常。

e. RXD（MPU-PCB之3B位置）灯明亮，TXD线与RXD线反装。

3）SDA SDC通信线断线检查如下。

a. 通信线CABLE有无断线或接触不良。

b. MPU-PCB上之MUO MIC是否插妥。

4）以上各项正常，请更换SDC PCB。

5）SDC更换后仍无法运转，请更换MPU PCB。

8. TCD 18 50BC异常或E. STOP

故障等级：A2

含义：50BC之硬件回路，因异常而未输入，电梯运转停止，提高制御系统的信赖性。

说明：

1）当50BC之硬件回路，因FLS调速机、逃生孔等硬件回路动作而未输入，则检出异常。

2）E. STOP之开关切入时也会记录，但不属于异常。

附录B

电梯常见中英文对照表

1. 电梯英汉词汇对照表

层门、厅门　LANDING DOOR；SHAFT DOOR；HALL DOOR
防火层门、防火门　RIER-PROOF DOOR
轿厢门、轿门　CAR DOOR
安全触板　SAFETY EDGES FOR DOOR
铰链门、外敞门　HINGED DOOR
栅栏门　COLLAPSIBLE DOOR
水平滑动门　HORIZONTALLY SLIDING DOOR
中分门　CENTER OPENING DOOR
旁开门　TWO-SPEED SLIDING DOOR
双折门　TWO-PANEL SLIDING DOOR
双速门　TWO SPEED DOOR
左开门　LEFT HAND TWO SPEED SLIDING DOOR
右开门　RIGHT HAND TWO SPEED SLIDING DOOR
垂直滑动门　VERTICALLY SLIDING DOOR
垂直中分门　BI-PARTING DOOR
曳引绳补偿装置　COMPENSATING DEVICE FOR HOIST ROPES
补偿绳装置　COMPENSATING ROPE DEVICE
补偿绳防跳装置　ANTI-REBOUND OF COMPENSATION ROPE DEVICE
地坎　SILL
轿厢地坎　CAR SILLS；PLATE THRESHOLD ELEVATOR
层门地坎　LANDING SILLS；SILL ELEVATOR ENTEANCE
轿顶检修装置　INSPECTION DEVICE ON TOP OF THE CAR
轿顶照明装置　CAR TOP LIGHT
底坑检修照明装置　LIGHT DEVICE OF PIT INSPECTION
轿厢内指层灯；轿厢位置指示　CAR POSITION INDICATOR
层门门套　LANDING DOOR JAMB
层门指示灯　LANDING INDICATOR；HALL POSITION INDICATOR

层门方向指示灯　LANDING DIRECTION INDICATOR
控制屏　CONTROL PANEL
控制柜　CONTROL CABINET；CONTROLLER
操纵箱　OPERATION PANEL
操纵盘　CAR OPERATION PANEL
警铃按钮　ALARM BUTTON

电梯　LIFT；ELEVATOR
乘客电梯　PASSENGER LIFT
载货电梯　GOODS LIFT；FREIGHT LIFT
客货电梯　PASSENGER-GOODS LIFT
病床电梯、医用电梯　BED LIFT
住宅电梯　RESIDENTIAL LIFT
杂物电梯　DUMBWAITER LIFT；SERVICE LIFT
船用电梯　LIFT ON SHIPS
观光电梯　PANORAMIC LIFT；OBSERTION LIFT
汽车电梯　MOTOR VEHICLE LLIFT；AUTOMBILE LIFT
液压电梯　HYRAULIC LIFT
平层准确度过　LEVELING ACCURACY
电梯额定速度　RATED SPEED OF LIFT
检修速度　INSPECTION SPEED
额定载重量　RATED LOAD；RATED CAPACITY
电梯提升高度　TRAVELING HEIGHT OF LIFT；LIFTING HEIGHT OF LIFT
机房高度　MACHINE ROOM HEIGHT
机房宽度　MACHINE ROOM HEIGHT
机房宽度　MACHINE ROOM DEPTH
机房面积　MACHINE ROOM AREA
辅助机房　SECONDARY MACHINE ROOM ；
隔层　SECONDARY FLOOR
滑轮间隔　PULLEY ROOM
层站台票　LANDING
层站入口　LANDING ENTRANCE
基站　MAIN LANDING；MAIN FLOOR；HOME LANDING
预定基站　PREDETERMINED LANDING
底层端站　BOTTOM TERMINAL LANDING
顶层端站　TOP TERMINAL LANDING
层间距离　FLOOR TO FLOOR DISTANCE；INTERFLOOR DISTANCE
井道　WELL；SHAFT；HOISTWAY
单梯井道　SINGLE WELL
多梯井道　MULTIPLE WELL；COMMON WELL

井道壁 WELL ENCLOSURE；SHAFT WELL

井道宽度 WELL WIDTH；SHAFT WIDTH

井道深度 WELL DEPTH；SHAFT DEPTH

底坑 PIT

底坑深度 PIT DEPTH

顶层高度 HEADROOM HEIGHT；HEIGHT ABOVE THE HIGHEST LEVEL SERVED；TOP HEIGHT

井道内牛腿、加腋梁 HAUNCHED BEAM

围井 TRUNK

围井出口 HATCH

开锁区域 UNLOCKING ZONE

平层 LEVELING

平层区 LEVELING ZONE

开门宽度 DOOR OPENINGWIDTH

轿厢入口 CAR ENTRANCE

轿厢入口净尺寸 CLEAR ENTRANCE TO THE CAR

轿厢宽度 CAR WIDTH

轿厢深度 CAR DEPTH

轿厢高度 CAR HEIGHT

电梯司机 LIFT ATTENDANT

乘客人数 NUMBER OF PASSENGER

油压缓冲器工作行程 WORKING STROKE OF OIL BUFFER

弹簧缓冲器工作行程 WORKING STROKE OF SRING BUFFER

轿底间隙 BOTTOM CLEANCES FOR CAR

轿顶间隙 TOP CLEARANCES FOR COUNTERWEIGHT

对重装置顶部间隙 TOP CLEARANCES FOR COUNTERXEIGHT

对接操作规程 DOCKING OPERATION

隔层停 * 操作 SKIP-STOP OPERATION

检修操作规程 INSPECTION OPERATION

电梯拽引型式 TRACTION TYPES OF LIFT

电梯拽引机绳拽引 HOIST ROPES RATIO OF LIFT

消防服务 FIREMAN SERVICE

独立操作 INDEPENDENT OPERATION

缓冲器 BUFFER

油压缓冲器（耗能型缓冲器） HYDRAULIC BUFFER；OIL BUFFER

弹簧缓冲器；蓄能型缓冲器具 SPRING BUFFER

减振器具 VIBRATING ABSORBER

轿厢 CAR LIFT CAR

轿厢底；轿底 CAR PLATRORM；PLATFORM

轿厢壁；轿壁 CAR ENCLOSURES；CAR WALLS

轿车厢顶；轿顶　CAR ROOR

轿厢装饰顶　CAR HANDRAIL

轿厢扶手　CAR HANDRAIL

轿顶防护栏杆　CAR PROTECTION BALUSTADE

轿厢架；轿架　CAR FRAME

检修门　DOOR OPERATOR

检修门　ACCESS DOOR

手动门　MANUALLY OPERATED DOOR

自动门　POWER OPERATED DOOR

2. 操作面板中英文对照表

操作面板说明中英文对照表见附表 B1。

附表 B1　　操作面板中英文对照表

变频器状态	中文	英文	变频器状态	中文	英文
停机状态	M/E 进入菜单	M/E：Menu Mode	运行状态	输出端子 HEX	Output Terminal Status
	电梯额定速度	Elevator Rated Speed		AI1 值	Analog Input1
	端子组 1HEX	Terminal Group1 Status		AI2 值	Analog Input2
	端子组 2HEX	Terminal Group2 Status		转矩电流	Torque current
	输出端子 HEX	Output Terminal Status	编程状态	ESC 返回	ESC：Escape
	AI1 值	Analog Inpout1		ENT 确认	ENT：Enter
	AI2 值	Analog Input2		▲▼选择	▲▼：Modify
	转矩电流	Torque current		参数限制	Parameter Limit
	转矩偏置平衡	Pre-torque Bias	自动调谐	Run 确认	RUN：Autotuning
	减速距离	Dec Distance		ESC 放弃	ESC：Escape
	LS 开关距离	LS Distance		正在调谐	Autotuning...
	当前楼层	Present Floor		自动调谐结束	Autotuning Success
	当前位置	Present Height	参数拷贝	参数上传	Parameter Upload
	直流母线电压	DC Bus Voltage		参数下载	Parameter Download
	曲线 1 距离	Curve1 Distance	一级菜单	F0 基本参数	Basic Parameter
运行状态	►►切换参数	►►：Parameter Select		F1 曳引机参数	Traction Machine Parameter
	运行速度	Elevator Speed		F2 矢量控制	Vector Control
	输出电压	Output Voltage		F3 速度曲线	Speed Gurve
	输出电流	Output Current		F4 距离控制	Distance Control
	输出功率	Output Power		F5 开关量端子	Digital Terminal
	运行转速	Motor Speed		F6 模拟量端子	Analog Terminal
	输出频率	Output Frequency		F7 优化选项	Optimize Option
	当前楼层	Present Floor		F8 通信参数	Communication Parameter
	当前位置	Present Height		F9 状态监视	Status Monitor
	直流母线电压	DC Bus Voltage		FE 厂家设定	Factory Reserve
	转矩偏置增益	Pre-torque Gain	F0 组	F0. 00 用户密码	User Password
	端子组 1HEX	Terminal Group1 Status		F0. 01 语种选择	Language Select
	端子组 2HEX	Terminal Group2 Status			

续表

变频器状态	中文	英文
F0 组	F0. 02 操作方式	Operation Mode
	F0. 03 运行速度设定	Speed Digital Setup
	F0. 04 运行方向	Running Direction
	F0. 05 额定梯速	Elevator Rated Speed
	F0. 06 最大频率	MAX Output Frequency
	F0. 07 载波频率	Camier Frequency
	F0. 08 参数更新	Parameter Update
F1 组	F1. 00PG 脉冲数	PG Pulse/Rev
	F1. 01 电动机类型选择	Motor Type
	F1. 02 额定功率	Rated Power
	F1. 03 额定电压	Rated Voltage
	F1. 04 额定电流	Rated Cument
	F1. 05 额定频率	Rated Frequency
	F1. 06 额定转速	Rated Speed
	F1. 07 曳引机参数	Mechanical Parameter
	F1. 08 过载保护	Overload Protection
	F1. 09 电子热继电器	Electronic Thermo-relay
	F1. 10 自动调谐保护	Autonming Mask
	F1. 11 自动调谐进行	Autonming
	F1. 12 定子电阻	Stator Resistance
	F1. 13 定子电感	Stator Inductance
	F1. 14 转子电阻	Rotor Resistance
	F1. 15 转子电感	Rotor Inductance
	F1. 16 互感	Mutual Inductance
	F1. 17 空载激磁电流	Excitation Current
F2 组	F2. 00 ASR1-P	ASR1-P
	F2. 01 ASR1-I	ASR1-I
	F2. 02 ASR2-P	ASR2-P
	F2. 03 ASR2-I	ASR2-I
	F2. 04 高频切换频率	High Switching Frequency
	F2. 05 转差补偿增益	Slip Compensation Gain
	F2. 04 高频切换频率	High Switching Frequency
	F2. 05 转差补偿增益	Slip Compensation Gain
	F2. 06 电动转矩限定	Drive Torque Limit
	F2. 07 制动转矩限定	Brake Torque Limit
	F2. 08 预转矩选择	Pre-torque Select
F2 组	F2. 09 DI 称重信号 1	Digital Weigh Signal1
	F2. 10 DI 称重信号 2	Digital Weigh Signal2
	F2. 11 DI 称重信号 3	Digital Weigh Signal3
	F2. 12 DI 称重信号 4	Digital Weigh Signal4
	F2. 13 滤波系数	Filter Rate
	F2. 14 预转矩偏移	Torque Bias
	F2. 15 驱动侧增益	Drive Torque Gain
	F2. 16 制动侧增益	Brake Torque Gain
	F2. 17 低频切换频率	Low Switchig Frequency
F3 组	F3. 00 启动速度	Start Speed
	F3. 01 保持时间	Start Time
	F3. 02 停车急减速	Stop Deceleration Jerk
	F3. 03 多段速度 0	MS 0
	F3. 04 多段速度 1	MS 1
	F3. 05 多段速度 2	MS 2
	F3. 06 多段速度 3	MS 3
	F3. 07 多段速度 4	MS 4
	F3. 08 多段速度 5	MS 5
	F3. 09 多段速度 6	MS 6
	F3. 10 多段速度 7	MS 7
	F3. 11 加速度	Acceleration Rate
	F3. 12 开始段急加速	Start Acceleration Jerk
	F3. 13 结束段急加速	End Acceleration Jerk
	F3. 14 减速度	Deceleration Rate
	F3. 15 开始段急减速	Start Deceleration Jerk
	F3. 16 结束段急减速	End Deceleration Jerk
	F3. 17 自学习速度	Auto-learning Speed
	F3. 18 应急速度	Emergency Speed
	F3. 19 检修速度	Inspection Speed
	F3. 20 检修减速度	Inspection Deceleration
	F3. 21 爬行速度	Creeping Speed
	F3. 22 强迫减速度 1	Forced Deceleration 1
F4 组	F4. 00 总楼层数	Floor Number
	F4. 01 最大楼层高度	MAX Floor Height
	F4. 02 VMAX1	VMAX1
	F4. 03 VMAX2	VMAX2
	F4. 04 VMAX3	VMAX3
	F4. 05 VMAX4	VMAX4
	F4. 06 VMAX5	VMAX5
	F4. 07 平层距离调整	Levelling Distance

续表

变频器状态	中文	英文
F4组	F4.08 层高分频率系数	Height Division Rate
	F4.09 层高 1	Floor Height 1
	F4.10 层高 2	Floor Height 2
	F4.11 层高 3	Floor Height 3
	F4.12 层高 4	Floor Height 4
	F4.13 层高 5	Floor Height 5
	F4.14 层高 6	Floor Height 6
	F4.15 层高 7	Floor Height 7
	F4.16 层高 8	Floor Height 8
	F4.17 层高 9	Floor Height 9
	F4.18 层高 10	Floor Height 10
	F4.19 层高 11	Floor Height 11
	F4.20 层高 12	Floor Height 12
	F4.21 层高 13	Floor Height 13
	F4.22 层高 14	Floor Height 14
	F4.23 层高 15	Floor Height 15
	F4.24 层高 16	Floor Height 16
	F4.25 层高 17	Floor Height 17
	F4.26 层高 18	Floor Height 18
	F4.27 层高 19	Floor Height 19
	F4.28 层高 20	Floor Height 20
	F4.29 层高 21	Floor Height 21
	F4.30 层高 22	Floor Height 22
	F4.31 层高 23	Floor Height 23
	F4.32 层高 24	Floor Height 24
	F4.33 层高 25	Floor Height 25
	F4.34 层高 26	Floor Height 26
	F4.35 层高 27	Floor Height 27
	F4.36 层高 28	Floor Height 28
	F4.37 层高 29	Floor Height 29
	F4.38 层高 30	Floor Height 30
	F4.39 层高 31	Floor Height 31
	F4.40 层高 32	Floor Height 32
	F4.41 层高 33	Floor Height 33
	F4.42 层高 34	Floor Height 34
	F4.43 层高 35	Floor Height 35
	F4.44 层高 36	Floor Height 36
	F4.45 层高 37	Floor Height 37
	F4.46 层高 38	Floor Height 38
	F4.47 层高 39	Floor Height 39
F4组	F4.48 层高 40	Floor Height 40
	F4.49 层高 41	Floor Height 41
	F4.50 层高 42	Floor Height 42
	F4.51 层高 43	Floor Height 43
	F4.52 层高 44	Floor Height 44
	F4.53 层高 45	Floor Height 45
	F4.54 层高 46	Floor Height 46
	F4.55 层高 47	Floor Height 47
	F4.56 层高 48	Floor Height 48
	F4.57 层高 49	Floor Height 49
F5组	F5.00X1 端子功能	X1 Teminal
	F5.01X2 端子功能	X2 Teminal
	F5.02X3 端子功能	X3 Teminal
	F5.03X4 端子功能	X4 Teminal
	F5.04X5 端子功能	X5 Teminal
	F5.05X6 端子功能	X6 Teminal
	F5.06X7 端子功能	X7 Teminal
	F5.07X8 端子功能	X8 Teminal
	F5.08X9 端子功能	X9 Teminal
	F5.09X10 端子功能	X10 Teminal
	F5.10 PX1 端子功能	Programmable Terminal 1
	F5.11 PX2 端子功能	Programmable Terminal 2
	F5.12 PX3 端子功能	Programmable Terminal 3
	F5.13 PX4 端子功能	Programmable Terminal 4
	F5.14 逻辑 0000	Logic 0000
	F5.15 逻辑 0001	Logic 0001
	F5.16 逻辑 0010	Logic 0010
	F5.17 逻辑 0011	Logic 0011
	F5.18 逻辑 0100	Logic 0100
	F5.19 逻辑 0101	Logic 0101
	F5.20 逻辑 0110	Logic 0110
	F5.21 逻辑 0111	Logic 1111
	F5.22 逻辑 1000	Logic 1000
	F5.23 逻辑 1001	Logic 1011
	F5.24 逻辑 1010	Logic 1010
	F5.25 逻辑 1011	Logic 1011
	F5.26 逻辑 1100	Logic 1100
	F5.27 逻辑 1101	Logic 1101
	F5.28 逻辑 1110	Logic 1110
	F5.29 逻辑 1111	Logic 1111
	F5.30 Y1 功能选择	Y1 Function Select

续表

变频器状态	中文	英文
F5 组	F5.31 Y2 功能选择	Y2 Function Select
	F5.32 Y3 功能选择	Y3 Function Select
	F5.33 Y4 功能选择	Y4 Function Select
	F5.34 PR 功能选择	Programmable Relay Function
	F5.35 动作模式选择	Action Mode Select
	F5.36 减速点输出	Dec-point Output
	F5.37 FDT1 电平	FDT1 Level
	F5.38 FDT2 电平	FDT2 Level
	F5.39 FDT 滞后	FDT Delay
	F5.40 速度等效范围	FAR
F6 组	F6.00 AI1 滤波	AI1 Filter Time
	F6.01 AI2 滤波	AI2 Filter Time
	F6.02 AO1 功能选择	Analog Output 1
	F6.03 AO2 功能选择	Analog Output 2
F7 组	F7.00 C/B 抱闸打开时间	Brake On Delay
	F7.01 抱闸关闭时间	Brake Off Delay
	F7.02 反馈输入选择	Feedback Signal Select
	F7.03 分频系数	Encoder Division Rate
	F7.04 斜坡时间	Start Ramp Time
	F7.05 C/B 控制	C/B Control
	F7.06 AI2 零调整	AI2 Zero Adjust
	F7.07 LS 速度设定 3	Speed in LS3
	F7.08 强迫减速度 3	Forced Deceleration 3
	F7.09 LS 速度设定 2	Speed in LS2
	F7.10 强迫减速度 2	Forced Deceleration 2
	F7.11 LS 速度设定 1	Speed in LS 1
F8 组	F8.00 波特率选择	Baud Rate Select
	F8.01 数据格式	Data Format
	F8.02 本机号码	Lcal Address
	F8.03 异常检出时间	Time Out Delay

变频器状态	中文	英文
F9 组	F9.00 运行显示 1	Monitor Parameter 1
	F9.01 运行显示 2	Monitor Parameter 3
	F9.02 停机显示	Monitor Parameter 3
	F9.03 当前层楼	Present Floor
	F9.04 运行次数高位	Operation Counter High
	F9.05 运行次数低位	Operation Counter Low
	F9.06 第 1 次故障	Fault Message 1
	F9.07 第 2 次故障	Fault Message 2
	F9.08 第 3 次故障	Fault Message 3
	F9.09 故障时速度	Last Fault Elevator Speed
	F9.10 故障时电流	Last Fault Output Current
	F9.11 故障母线电压	Last Fault DC Bus Voltage
	F9.12 故障时输入 1	Last Fault Terminal Group 1
	F9.13 故障时输入 2	Last Fault Terminal Group 2
	F9.14 故障时输出	Last Fault Output Terminals
故障说明	无异常记录	No Abnormal Record
	加速过电流（E001）	Acc Overcurrent
	减速过电流（E002）	Dec Overcurrent
	恒速过电流（E003）	Constant Speed Overcurrent
	加速过电压（E004）	Acc Overvoltage
	减速过电压（E005）	Dec Overvoltage
	恒速过电压（E006）	Constant Speed Overvoltage
	控制电源电压（E007）	Control Power Overvoltage
	输入侧缺相（E008）	Input Phaseless
	输出侧缺相（E009）	Output Phaseless
	功率模块故障（E010）	Power Module Fault
	散热器过热（E011）	Power Module Overheat
	变频器过载（E013）	Inverter Overload
	电机过载（E014）	Motor Overload

续表

变频器状态	中文	英文	变频器状态	中文	英文
故障说明	外部设备故障（E015）	EXT Error	故障说明	参数设定出错（E028）	Parameter Setting Error
	读写错误（E016）	EEPROM Error		保留	Reserve
	通信错误（E017）	Communication Error		电梯超速（E030）	Elevator Over Speed
	接触器未吸合（E018）	Contactor Error		VMAX1 太大（E032）	Curve Parameter Error
	电流检测故障（E019）	Current Detect Error		自学习出错（E033）	Auto-learning Error
	CPU 故障（E020）	CPU Error		保留	Reserve
	健盘读写故障（E023）	Keyboard EEPROM Error		C/B 故障（E035）	C/B Error
	调谐故障（E024）	Autotuning Error		欠压状态	Power off
	编码器故障（E025）	Encoder Error		检查欠压原因	Check Power
	制动单元故障（E027）	Brake Unit Error		RST 复位	RST：Reset